Schnelleinstieg in die SAP-S/4HANA®-Vertriebsprozesse (SD)

Frank Bechly

Willkommen bei Espresso Tutorials!

Unser Ziel ist es, SAP-Wissen wie einen Espresso zu servieren: Auf das Wesentliche verdichtete Informationen anstelle langatmiger Kompendien – für ein effektives Lernen an konkreten Fallbeispielen. Viele unserer Bücher enthalten zusätzlich Videos, mit denen Sie Schritt für Schritt die vermittelten Inhalte nachvollziehen können. Besuchen Sie unseren YouTube-Kanal mit einer umfangreichen Auswahl frei zugänglicher Videos:

https://www.youtube.com/user/EspressoTutorials.

Kennen Sie schon unser Forum? Hier erhalten Sie stets aktuelle Informationen zu Entwicklungen der SAP-Software, Hilfe zu Ihren Fragen und die Gelegenheit, mit anderen Anwendern zu diskutieren:

http://www.fico-forum.de.

Eine Auswahl weiterer Bücher von Espresso Tutorials:

- Ilona Bauer: **Preisfindung und Konditionstechniken in SAP S/4HANA® – 2., erweiterte Auflage** *http://5362.espresso-tutorials.de*
- Jörg Weißmann: **Praxishandbuch Vertrieb (SD) in SAP S/4HANA®** *http://5370.espresso-tutorials.de*
- Robin Schneider: **Praxishandbuch SAP® CVI (Customer-Vendor-Integration)** *http://5419.espresso-tutorials.de*
- Paul-Werner Neiss: **Schnelleinstieg in SAP S/4HANA® EAM – Anlagenmanagement** *http://5423.espresso-tutorials.de*
- Robin Schneider: **Praxishandbuch SAP®-Geschäftspartner (Business Partner) – Funktionen und Integration in SAP® S/4HANA (2., erweiterte Auflage)** *http://5468.espresso-tutorials.de*
- Simone Bär, Andreas Wunsch: **Abrechnungsmanagement in SAP S/4HANA® – Konditionskontraktabrechnung (2., eweiterte Auflage)** *http://5557.espresso-tutorials.de*

Bibliografische Information der Deutschen Nationalbibliothek
Die Deutsche Nationalbibliothek verzeichnet diese Publikation in der Deutschen Nationalbibliografie; detaillierte bibliografische Daten sind im Internet über https://portal.dnb.de abrufbar.

Frank Bechly
Schnelleinstieg in die SAP-S/4HANA®-Vertriebsprozesse (SD)

ISBN: 978-3-960129-92-9

Lektorat: Christine Weber

Korrektorat: Bernhard Edlmann Verlagsdienstleistungen, Raubling

Coverdesign: Philip Esch

Coverfoto: © wragg | ID 168718196 – istockphoto.com

Satz & Layout: Johann-Christian Hanke

1. Auflage 2021

URL: *www.espresso-tutorials.de*

Feedback:
Wir freuen uns über Fragen und Anmerkungen jeglicher Art. Bitte senden Sie diese an: *info@espresso-tutorials.com*.

Inhaltsverzeichnis

Vorwort

Der Mensch lernt sein ganzes Leben lang. Wie oft hat man diesen Satz gehört oder selbst seinen Kindern immer wieder aufgesagt? Dabei wird das Lernen für uns Erwachsene auf keinen Fall leichter, aber umso notwendiger. Keine Branche entwickelt sich so rasant wie die IT-Branche. Unternehmen werden ständig vor neue Herausforderungen gestellt, um Hard- und Software sowie die Möglichkeiten, die das Internet in der heutigen Zeit bietet, zu vereinen. Die SAP hat seit Beginn ihrer Unternehmensgeschichte diese Entwicklung nie aus den Augen verloren. Nur so ist u. a. zu erklären, was den Erfolg ihrer Software ausmacht. Sie vereint nicht nur alle wesentlichen Bereiche eines Unternehmens in einem Programm, sondern bietet auch deren Integration. Mit der Einführung des Systems SAP S/4HANA hat die SAP neue Maßstäbe gesetzt. Zudem wurde mit SAP Fiori eine moderne Oberfläche entwickelt, die auch auf mobilen Endgeräten läuft. Anwender könnten also künftig ihre Materialbestände über das Handy abrufen.

Für die Endanwender bedeutet dies aber auch, sich umzustellen, zu lernen und die neue Herausforderung anzunehmen. Dieses Buch soll den Mitarbeitern im Vertrieb helfen, SAP S/4HANA schnell zu verstehen und die Vertriebsfunktionen anwenden zu können. Als langjähriger Trainer habe ich hier meine Erfahrungen aus Schulungen und Dokumentationen mit eingebracht.

Zielgruppe

Das Buch richtet sich grundsätzlich an Endanwender, welche bereits SAP-Erfahrungen gesammelt haben, aber auch an SAP-Neueinsteiger. Erfahrungsgemäß sind diese Mitarbeiter im Verkaufsinnendienst tätig. Technische Abhandlungen und ausführliche Beschreibungen aus dem Customizing wird man in diesem Buch nicht finden. Es soll dem Leser einen Einblick in die Bedienung wesentlicher Vertriebsprozesse in SAP S/4HANA geben. Es ist so konzipiert, dass die beschriebenen Prozesse leicht nachvollziehbar und an einem SAP-S/4HANA-System sofort umsetzbar sind.

Das Buch ersetzt keine individuelle Schulung. Es dient als Ergänzung und Hilfestellung, um wesentliche Schritte im System durchführen zu können. Mit kurzen Erläuterungen zu Prozessen und der Erklärung zentraler SAP-Begriffe wird versucht, dem Anwender ein grundlegendes Verständnis für die Zusammenhänge im Vertrieb zu vermitteln. Die Erläuterungen im Buch beziehen sich auf die Bedienung der SAP GUI und der Fiori-Oberfläche. Anwender, die bereits über langjährige SAP-Erfahrungen verfügen, können dank praxisnaher Erläuterungen den Umstieg auf das SAP-S/4HANA-System leicht nachvollziehen. Mit der Umstellung von SAP ERP auf SAP S/4HANA hat sich bei SAP auch die Modulbezeichnung geändert. Haben wir früher über das Modul SD (Sales and Distribution) gesprochen, so wird dieses heute nur noch »Sales« genannt. Für den Anwender spielt die neue Bezeichnung jedoch keine Rolle.

Aufbau des Buches

Zunächst wird der Vertriebsprozess vorgestellt, der als Standardprozess im SAP-System definiert ist. Dabei werden die Schritte von der Erfassung des Vertriebsauftrags über die Lieferung bis hin zur Fakturierung im Detail beschrieben. Sie bilden die Basis für alle weiteren dargestellten Prozesse, so z. B. die Anlage eines Angebots und dessen Umwandlung in einen Auftrag.

Natürlich dürfen die Stammdaten nicht fehlen. Alles, worauf im Vertrieb typischerweise zurückgegriffen wird – von den Kunden- und Materialstammsätzen bis hin zur Preispflege und kundenindividuellen Informationen – wird in Kapitel 3 behandelt.

Ein wichtiges Thema in jedem Unternehmen ist die Reklamationsabwicklung. In Kapitel 5 erfahren Sie, wie Retourenprozesse mithilfe der SAP-Software abgebildet werden, was auch Lösungsansätze für die Praxis beinhaltet. Gutschriften und Ersatzlieferungen sind wesentliche Bestandteile dieser Erläuterungen.

Neben der Einzelbearbeitung eines Belegs werden in Kapitel 6 auch die Sammelverarbeitung und die Verwendung von Arbeitsvorräten von der Lieferung bis zur Faktura veranschaulicht.

Bei der Skizzierung einiger Reports und von deren Verwendung in Kapitel 7 liegt der Fokus auf der Bearbeitung entsprechender Listen.

Zum Schluss sollen einige Schnittstellen zwischen der Materialwirtschaft und dem Rechnungswesen erläutert werden – ein nicht ganz unwichtiger Aspekt in der Praxis. Bei der anschaulichen Beschreibung sämtlicher Vorgänge steht der Vergleich zwischen der SAP-GUI- und der Fiori-Oberfläche im Vordergrund.

Persönliche Widmung

Als SAP-Trainer bin ich in den letzten Jahren vielen Menschen begegnet – immer mit dem Ziel, Wissen zu vermitteln, Lösungsvorschläge für die kleinen und großen Sorgen mit SAP vorzustellen oder Ansätze für eine effizientere Handhabung mit dem System zu zeigen. Oft werde ich dann gefragt, woher ich mein Wissen habe, wie ich mich weiterbilde. Die Antwort liegt auf der Hand: beim Kunden, in Einführungsprojekten, Trainings oder Workshops. Daher gilt zunächst mein Dank allen Kunden und Geschäftspartnern, die mir ihr Vertrauen entgegengebracht haben, indem ich für sie arbeiten durfte. Jedes Training und jedes Projekt sind eine neue Herausforderung, bei der nicht nur die Anwender dazulernen, sondern immer wieder auch ich. Ganz nach dem Motto: Wir wachsen im Austausch mit anderen Menschen.

Mein herzlicher Dank gilt dem Verlag Espresso Tutorials. Ohne das Vertrauen und die hilfreichen Ideen wäre das Buch nicht möglich gewesen. Besonders meinen Lektorinnen Anja Achilles und Christine Weber möchte ich danken. Sie haben einiges wieder geradegerückt und mit ihren konstruktiven Anmerkungen einen erheblichen Anteil am guten Gelingen dieses Buches gehabt.

Mein innigster Dank gebührt meiner Familie, die mich bei der einen oder anderen Formulierung unterstützte und mir auch immer wieder Mut machte, wenn gar nichts mehr ging. Ganz besonders möchte ich mich bei meiner Frau bedanken. Sie musste mich so einige Abende und Wochenenden entbehren. Danke für deine Hilfe und dein Verständnis.

In den Text sind Kästen eingefügt, um wichtige Informationen besonders hervorzuheben. Jeder Kasten ist zusätzlich mit einem Piktogramm versehen, das diesen genauer klassifiziert:

Hinweis

Hinweise bieten praktische Tipps zum Umgang mit dem jeweiligen Thema.

Beispiel

Beispiele dienen dazu, ein Thema besser zu illustrieren.

! Achtung

Warnungen weisen auf mögliche Fehlerquellen oder Stolpersteine im Zusammenhang mit einem Thema hin.

Die Form der Anrede

Um den Lesefluss nicht zu beeinträchtigen, verwenden wir im vorliegenden Buch bei personenbezogenen Substantiven und Pronomen zwar nur die gewohnte männliche Sprachform, meinen aber gleichermaßen Personen weiblichen und diversen Geschlechts.

Hinweis zum Urheberrecht

Sämtliche in diesem Buch abgedruckten Screenshots unterliegen dem Copyright der SAP SE. Alle Rechte an den Screenshots hält die SAP SE. Der Einfachheit halber haben wir im Rest des Buches darauf verzichtet, dies unter jedem Screenshot gesondert auszuweisen.

1 SAP Fiori und SAP GUI – ein Vergleich der SAP-S/4HANA-Oberflächen

Die Anwendungsbeschreibungen in diesem Buch beziehen sich sowohl auf die neue SAP-Fiori- als auch auf die SAP-GUI-Oberfläche. Bevor ich Sie in die Welt der Vertriebsprozesse mitnehme, möchte ich diese beiden in S/4HANA potenziell verwendbaren Oberflächen einem kleinen Vergleich unterziehen und ihre grundsätzliche Bedienung veranschaulichen.

1.1 Bedienung und Einstellungen der SAP GUI

In vielen Unternehmen wird die SAP GUI von den Endanwendern und SAP-Beratern weiterhin genutzt, da die jahrelangen Erfahrungen hiermit für viele von ihnen unersetzlich sind. Auch für Neueinsteiger kann die Bedienung unter der SAP GUI ein guter Anfang sein, um schnell die wichtigsten Funktionen kennenzulernen. Durch die Einführung von S/4HANA und der damit verbundenen Fiori-Oberfläche mit ihren Apps werden die Funktionen aus der SAP GUI nach und nach ersetzt.

Die Einrichtung der SAP-GUI-Oberfläche kann individuell erfolgen. Sicher haben Sie schon feststellen können, dass der Bildschirm bei einem Kollegen anders aussieht als bei Ihnen, und dennoch sind Sie alle im selben System unterwegs. Die Layouteinstellungen können Sie in der SAP-Logon-Maske vornehmen.

Klicken Sie dazu, wie in Abbildung 1.1 zu sehen, links in der Ecke das Menüsymbol ❶ an und wählen Sie dann den Eintrag OPTIONEN... ❷ aus.

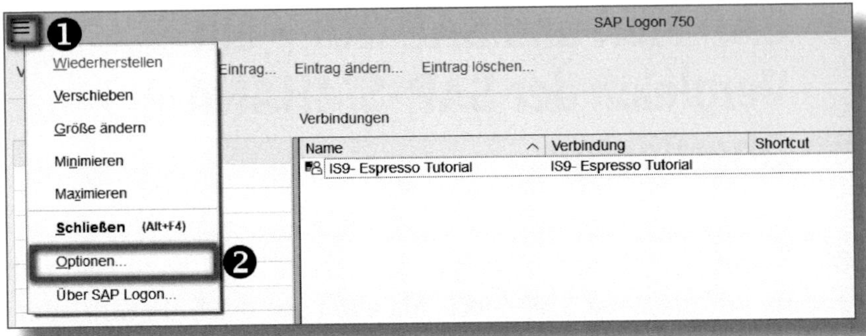

Abbildung 1.1: Menü im SAP Logon für »Optionen«

Wie Abbildung 1.2 zeigt, wurde hier das Thema SAP SIGNATURE THEME ❶ ausgewählt. In der Ansicht THEME-VORSCHAU/-EINSTELLUNGEN ❷ ist zusätzlich in den Detaildaten der Haken bei SAP-FIORI-THEME ANNEHMEN ❸ gesetzt. Dies bedeutet, dass die Maske der SAP-GUI-Oberfläche identisch ist mit jener der Fiori-Oberfläche.

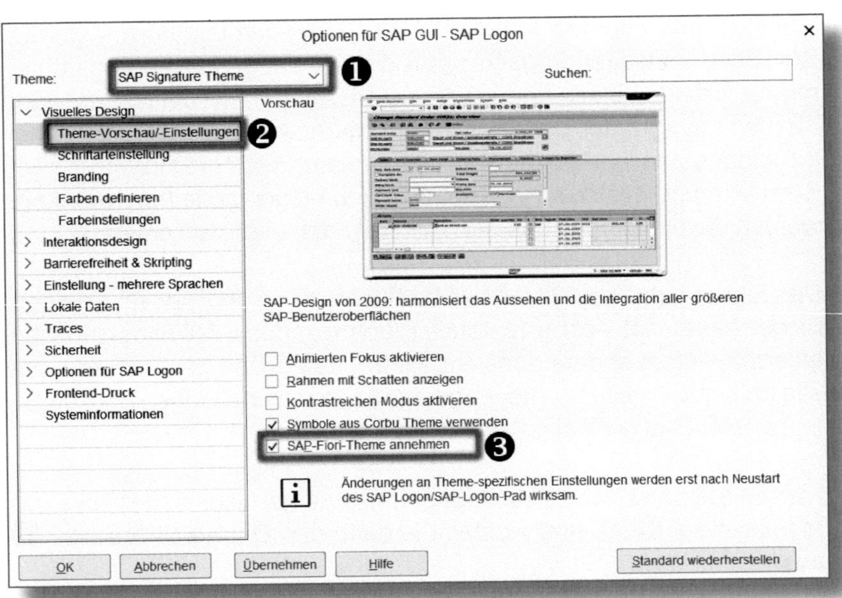

Abbildung 1.2: Layouteinstellung für die SAP-GUI-Oberfläche

Tipp für erfahrene SAP-Anwender

Setzen Sie den Haken ❸ nicht, so erhalten Sie Ihre gewohnte Oberfläche. Das Design entspricht dann den Einstellungen aus dem Vorgängersystem SAP ECC 6.0.

Haben Sie Änderungen für das Layout vorgenommen, müssen Sie diese mit Klick auf den Übernehmen-Button annehmen, alle Fenster im Programm SAP schließen, auch das SAP Logon, und sich anschließend neu anmelden.

In diesem Buch wurde die Einstellung verwendet, die in Abbildung 1.2 zu sehen ist. Der Vorteil hierbei besteht darin, dass viele Anwendungen auf der Fiori-Oberfläche sogenannte *transaktionale Anwendungen* (Apps) sind (siehe auch Abschnitt 1.3). Diese sind hinsichtlich Optik und Bedienung identisch mit den dazugehörigen Transaktionen aus der SAP GUI.

Nachteilig ist, dass z. B. gewohnte Symbole nun nicht mehr abgebildet werden und der Aufruf der Funktionen aus der Menüleiste umständlicher ist.

In Abbildung 1.3, dem SAP-Easy-Access-Menü mit der Einstellung für die Fiori-Themenanzeige, ist die gesamte Symbolleiste verschwunden. Die gewohnten Funktionen finden Sie nun unter dem Menü Mehr ❶.

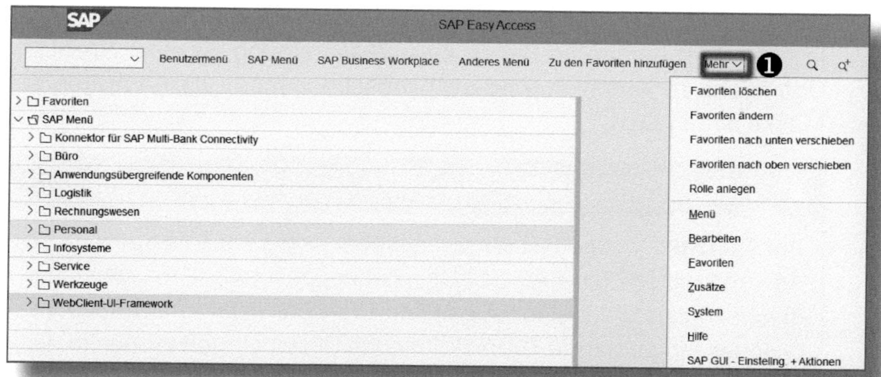

Abbildung 1.3: SAP-Easy-Access-Menü mit Fiori-Thema

SAP Easy Access

Haben Sie sich über die SAP-Logon-Maske angemeldet, gelangen Sie in das Menü von SAP Easy Access. Dies ist die Oberfläche mit den Hauptmenüordnern. Von hier starten Sie Ihre Transaktionen.

Die in Abbildung 1.4 dargestellte Oberfläche wurde ohne den Fiori-Haken aus Abbildung 1.2 erzeugt. Es handelt sich hierbei um das gleiche System wie in Abbildung 1.3, also auch ein SAP-S/4HANA-System. Die Oberfläche dürfte Nutzern, die mit SAP-Programmen schon länger vertraut sind, bekannt vorkommen.

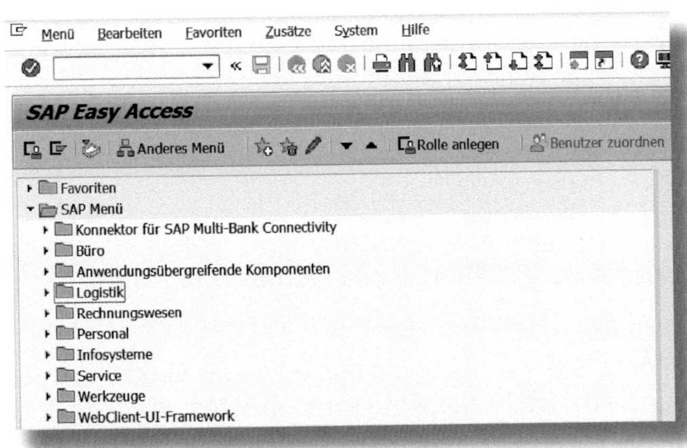

Abbildung 1.4: SAP-Easy-Access-Menü ohne Fiori-Thema

In allen Abschnitten, in denen eine Beschreibung zu einer SAP-GUI-Oberfläche zu finden ist, wird der Transaktionscode zum Aufrufen der Maske angegeben.

Transaktionscode

Der *Transaktionscode* ist ein technischer Code, der eine spezifische Anwendung in der SAP-GUI-Oberfläche beschreibt. Er ist daher diesbezüglich stets eindeutig und in allen SAP-Systemen gleich. Individuell eingerichtete Transaktionen in Unternehmen fangen in der Regel mit »Z« oder »Y« an.

Der schnellste Weg, eine Transaktion aufzurufen, ist die Verwendung des Kommandofeldes ❶ (siehe Abbildung 1.5). Tragen Sie auf der Ebene von SAP EasyAccess den gewünschten Code ein und bestätigen Sie dann mit `Enter`. In diesem Beispiel wurde der Transaktionscode *VA01* im Kommandofeld eingetragen. Dies bedeutet, dass damit die Einstiegsmaske zur Erfassung eines Vertriebsauftrags geöffnet werden kann.

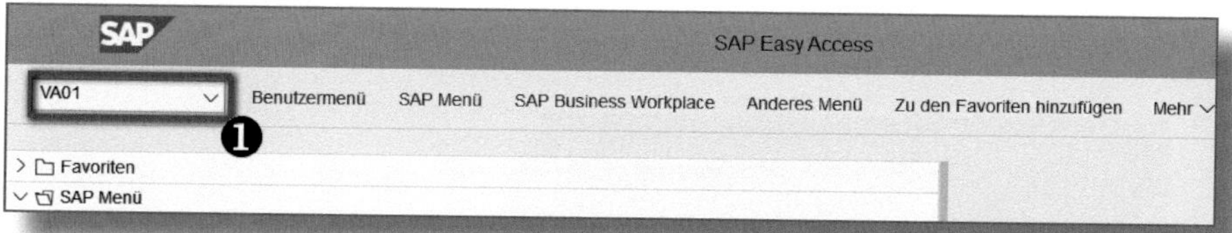

Abbildung 1.5: Eingabe eines Transaktionscodes im Kommandofeld

Eine andere Möglichkeit bestünde darin, die Transaktion über das SAP Menü aufzurufen. Häufig stehen dem Anwender aber nur Benutzermenüs mit individuellen Unterordnern zur Verfügung. Dort wäre dann der Menüpfad ein anderer.

In Abbildung 1.6 ist als Alternative der Menüpfad aufgezeigt, der zur Transaktion *VA01 – Auftrag anlegen* führt. Die einzelnen Ordner öffnen oder schließen Sie mit Doppelklick auf den Ordner oder einem einfachen Klick auf den Pfeil vor dem Ordner.

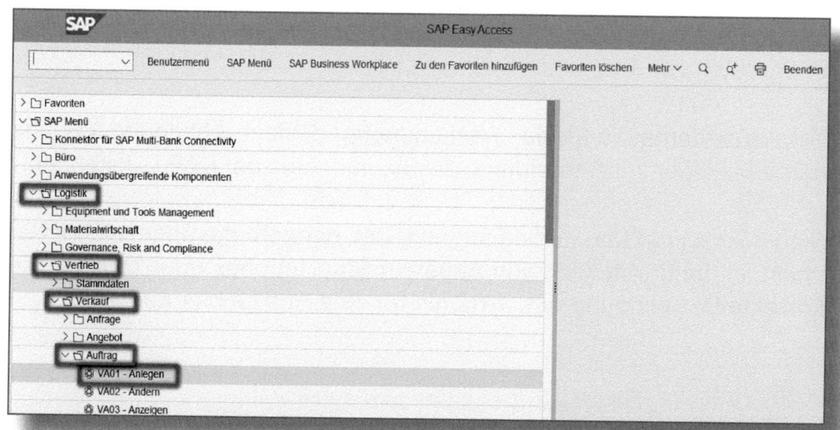

Abbildung 1.6: Menüpfad für Transaktion VA01

1.2 Genereller Hinweis zu den Abbildungsbeschreibungen

Häufig werden Sie bei Klickanweisungen in diesem Buch aufgefordert, zu speichern, auszuführen, auf eine Weiter-Schaltfläche zu klicken oder einfach nur mit [Enter] Ihre Eingaben zu bestätigen. Aus Gründen der besseren Darstellung der Abbildungen wurden die entsprechenden Buttons nicht immer mit abgebildet. Sie befinden sich meist unten rechts in den gerade geöffneten Fenstern. Abbildung 1.7 zeigt Ihnen ein Beispiel mit einer Auswahl an möglichen Befehlen.

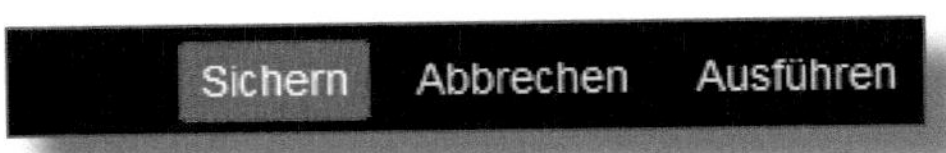

Abbildung 1.7: Befehle rechts unten im Bild

Für den Abschluss einer Transaktion sollten Sie daher immer die Statusleiste im unteren Bereich des Bildes im Blick haben.

1.3 Bedienung und Einstellungen der Fiori-Oberfläche

Mit SAP S/4HANA stellt die SAP eine neue Benutzeroberfläche in den Vordergrund. Das SAP Fiori Launchpad soll dem Anwender eine vereinfachte und übersichtlichere Oberfläche bieten und ihm so ermöglichen, seine Arbeitsweise zu optimieren. Um SAP Fiori nutzen zu können, benötigen Sie einen Internetbrowser auf Ihrem Rechner oder den mobilen Endgeräten wie Tablets oder Smartphones.

Die Anmeldemaske für das Fiori Launchpad, siehe Abbildung 1.8, enthält alle Felder zur Anmeldung, die Sie auch aus der SAP GUI kennen.

Sind Sie im Fiori Launchpad angemeldet, erinnern die angezeigten Kacheln an die Darstellung von Apps auf Smartphones oder Tablets. Die korrekte Bezeichnung des Symbols für eine App ist hier *Kachel*.

Abbildung 1.8: Fiori Launchpad, Anmeldemaske

Kachel oder App?

Über das Fiori Launchpad greifen Sie auf Apps zu. Diese werden mithilfe von Kacheln angezeigt. Der Zugriff auf die einzelnen Apps erfolgt also über Kacheln. Ich verwende in den Anleitungen den Begriff App, da er in der Praxis gebräuchlicher ist.

Mehrere Kacheln können zu einer *Kachelgruppe* zusammengefasst werden. In Abbildung 1.9 sehen Sie einige *Kachelgruppen* aus dem Einkauf, z. B. LIEFERANTENRECHNUNGSBEARBEITUNG, EINKAUFSBONI oder EINKAUFSBONUSABWICKLUNG.

Die Kachelgruppe MEINE STARTSEITE ❶ könnte man mit dem Favoritenordner in der SAP GUI vergleichen. Sie können hier die Kacheln einordnen, die Sie am häufigsten verwenden. Die Standardgruppen werden aufgrund Ihrer persönlichen Rollenzuordnung angezeigt.

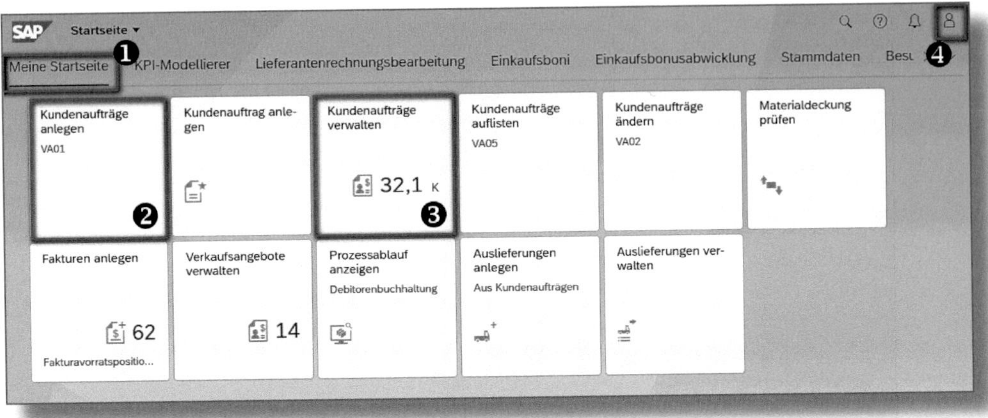

Abbildung 1.9: Fiori Launchpad, Startseite

> **☛ Rollenzuordnung**
>
> Der SAP-Administrator weist Ihrem User eine Rolle zu. In dieser sind die Autorisierungen festgelegt, die Sie in einem SAP-System haben, und ebenso mögliche Kacheln, welche Sie aufrufen können und welche in vordefinierten Kachelgruppen zusammengefasst sind.

Die App KUNDENAUFTRÄGE ANLEGEN VA01 ❷ ist eine *transaktionale App*. Die hinterlegte Funktionsweise entspricht der Transaktion *VA01* in der SAP GUI. Die App KUNDENAUFTRÄGE VERWALTEN ❸ ist eine *Fact-Sheet-App*, die Ihnen Auswertungen zu bestimmten Themen liefert. Aber auch Anwendungen können von hier aus gestartet werden.

Persönliche Einstellungen zum Layout und weitere nützliche anwendergebundene Einstellungen nehmen Sie über das Symbol rechts oben in der Ecke vor ❹.

Die in diesem Buch vorgestellten Apps sind Standardanwendungen, die von der SAP entwickelt wurden. In den nachfolgenden Kapiteln ist immer angegeben, welche App für die jeweils vorgestellte Anwendung verwendet wird.

Sollten Sie eine App nicht in den Kachelgruppen finden, wird der *App Finder* empfohlen. Diesen starten Sie mit Klick auf [Benutzersymbol] rechts oben in Ihrem Benutzermenü ❹ und dann auf [App Finder].

App Finder

Nicht alle Apps, die dem Benutzer durch die Rolle zugeordnet wurden, sind in Kachelgruppen zusammengefasst. Um sie dennoch zu nutzen, können Sie die Funktion des App Finder verwenden und gezielt nach Apps suchen.

Abbildung 1.10: App Finder im Fiori Launchpad

Geben Sie im Suchfeld des App Finder (siehe Abbildung 1.10) einen Begriff ein, der in der Bezeichnung der zu suchenden App auftreten kann ❶, und bestätigen Sie mit `Enter`. Es ist auch möglich, nur einen Teil eines Wortes in das Suchfeld einzugeben. Ihnen werden nach dem Bestätigen alle Apps angezeigt, in deren Bezeichnung dieser Begriff oder die Wortteile vorkommen. Voraussetzung ist, dass Sie berechtigt sind, diese App zu verwenden.

Kachelbearbeitung

Damit Sie nicht immer wieder die gleiche App suchen müssen, können Sie mithilfe der Pinn-Nadel ❷ die gewünschte App einer Gruppe, z. B. der Gruppe MEINE STARTSEITE, zuordnen.

Die dargestellte Bedienung der SAP-GUI- und Fiori-Oberfläche kann lediglich einen Einstieg bieten, um die in den folgenden Kapiteln skizzierten Schritte nachzuvollziehen. Möchten Sie tiefer in die Bedienung und Möglichkeiten der Fiori-Oberfläche einsteigen, empfehle ich das Buch »Schnelleinstieg in SAP S/4HANA« (Brunner/Munzel/Reichhardt, Espresso Tutorials, 2021).

1.4 Zusammenfassung

In diesem Kapitel habe ich Ihnen die Unterschiede und Kern-Bedienungselemente der Fiori-Oberfläche und der SAP GUI aufgezeigt. Nun können Sie die Anleitungen in den Folgekapiteln besser umsetzen. Egal welche Oberfläche nachfolgend beschrieben wird – Sie werden sehr schnell merken, dass sich viele Befehle wiederholen und die Bedienung Ihnen immer leichter fallen wird.

2 Vertriebsprozesse in SAP S/4HANA

Der Vertriebsprozess beginnt mit der Anlage des Kundenauftrags. Hier werden alle relevanten Informationen erfasst, die für die weitere Abwicklung wichtig sind. Dabei greifen Sie auf die zuvor angelegten Stammdaten und Steuerungsparameter zurück. Ist die Ware verfügbar, starten Sie den Versandprozess durch Anlegen der Lieferung. Diese unterstützt Versandfunktionen wie z. B. Kommissionierung, Verpackung und Buchung des Warenausgangs. Am Ende des Vertriebsprozesses wird die Faktura angelegt.

2.1 Aufbau der Auftragserfassungsmaske

Die Auftragserfassungsmaske in SAP ist in drei Ansichten unterteilt: die Übersichtsmaske, die Kopfdaten und die Positionsdaten. Für eine schnelle Erfassung genügt die Übersichtsmaske, da Sie hier den AUFTRAGGEBER, die MATERIALNUMMER und die AUFTRAGSMENGE eintragen und anschließend den Auftrag sichern können. Möchten Sie detaillierte Angaben für den gesamten Beleg erfassen oder nur ansehen, springen Sie in die KOPFDATEN. Für genauere Angaben zu einer Position können Sie in die POSITIONSÜBERSICHT und von jeder Position wiederum in die EINTEILUNGEN wechseln.

Jeder Verkaufsbeleg ist in drei Ebenen gegliedert (siehe Abbildung 2.1):

- *Auftragskopf* – enthält Daten, die für den gesamten Beleg gelten, z. B. die Kunden- oder Bestellnummer.
- *Verkaufsbelegpositionen* – enthält Daten wie z. B. Materialnummer, Menge oder Preis. In jedem Verkaufsbeleg kann es mehrere Positionen geben, die unterschiedlich ausgeprägt sind.
- *Positionseinteilungen* – enthält Liefermengen und -termine. Jede Position muss über mindestens eine Einteilung verfügen. Mehrere Einteilungen werden benötigt, wenn es z. B. diverse Teillieferungen zu einer Position geben soll.

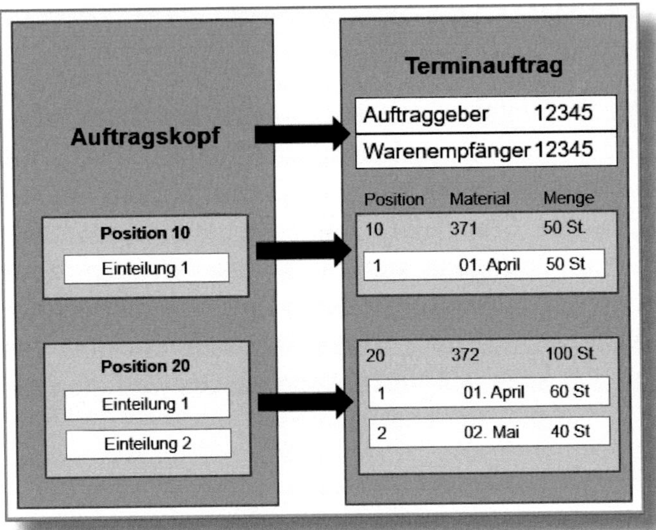

Abbildung 2.1: Aufbau Verkaufsbeleg

Die Daten der drei Ebenen werden zur besseren Übersicht in verschiedenen Sichten angezeigt und können dort auch geändert werden. Bei der Erfassung und beim späteren Aufruf eines Auftrags gelangen Sie immer zuerst auf das Übersichtsbild. Hier werden die wichtigsten und die am häufigsten verwendeten Daten aus *Kopf-* und *Positionsebene* zusammengefasst abgebildet.

2.2 Kundenauftrag erfassen

Für die Erfassung eines Kundenauftrags rufen Sie die Transaktion *VA01* oder im Fiori Launchpad die App »Kundenaufträge anlegen« auf. Letztere ist eine transaktionale App und dementsprechend mit der genannten Transaktion vergleichbar.

In der Einstiegsmaske (siehe Abbildung 2.2) müssen Sie zunächst eine AUFTRAGSART eintragen ❶. Diese kann bei Bedarf auch über den Suchbutton ⧉ ausgewählt werden.

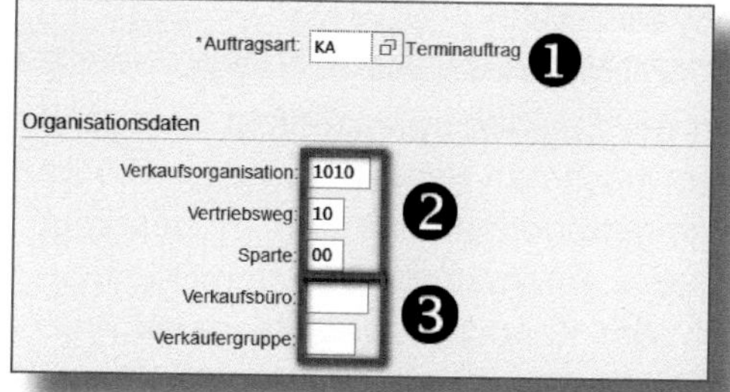

Abbildung 2.2: Einstiegsmaske für die Auftragserfassung

Definition: Auftragsart

Die *Auftragsart* ist ein zentrales Objekt in der Vertriebsabwicklung und wird im *Customizing* definiert. Mögliche vor- oder nachgelagerte Vorgänge sowie ein *Nummernkreis* für die interne oder externe Nummernvergabe werden hier zugeordnet. Bei der internen Nummernvergabe vergibt das SAP-Programm während des Speicherns automatisch eine Auftragsnummer.

Die Auftragsart ist somit ein Mittel, um beim Abbilden Ihrer Vertriebsprozesse den Vorgang in eine bestimmte Richtung zu lenken. Wir werden in anderen Kapiteln Vorgänge erfassen, die genau an dieser Stelle beginnen, aber einer anderen Auftragsart zugeordnet sind und somit einen anderen Prozess beschreiben. Die AUFTRAGSART *KA (Terminauftrag)* soll hier einen normalen Kundenauftrag darstellen.

Im Bereich der ORGANISATIONSDATEN können Sie den *Vertriebsbereich* ❷ erfassen.

Definition: Vertriebsbereich

Der Vertriebsbereich ist eine Kombination aus Verkaufsorganisation, Vertriebsweg und Sparte. Er ist die zentrale Organisationseinheit im Vertrieb. Alle Verkaufsbelege werden innerhalb eines Vertriebsbereichs erfasst.

Erfassen des Vertriebsbereichs

Der Vertriebsbereich muss in der Einstiegsmaske nicht zwingend erfasst werden. Spätestens im nächsten Schritt, nachdem Sie im Auftrag die Kundennummer eingetragen und mit `Enter` bestätigt haben, wird der Vertriebsbereich automatisch aus dem Kundenstamm gezogen. Sind Daten zum Kunden in verschiedenen Vertriebsbereichen angelegt, können Sie diese Bereiche aus einer Tabelle wählen, die Ihnen bei der Erfassung der Auftraggeber angezeigt wird.

Das VERKAUFSBÜRO und die VERKÄUFERGRUPPE (siehe ❸ in Abbildung 2.2) sind interne Organisationsstrukturen. Werden diese in Ihrem Unternehmen nicht verwendet, müssen die entsprechenden Felder nicht ausgefüllt werden.

Klicken Sie auf `Enter` oder auf den WEITER-Button. Sie gelangen in die Maske TERMINAUFTRAG ANLEGEN: ÜBERSICHT ❶. In Abbildung 2.3 können Sie dazu einen Ausschnitt sehen.

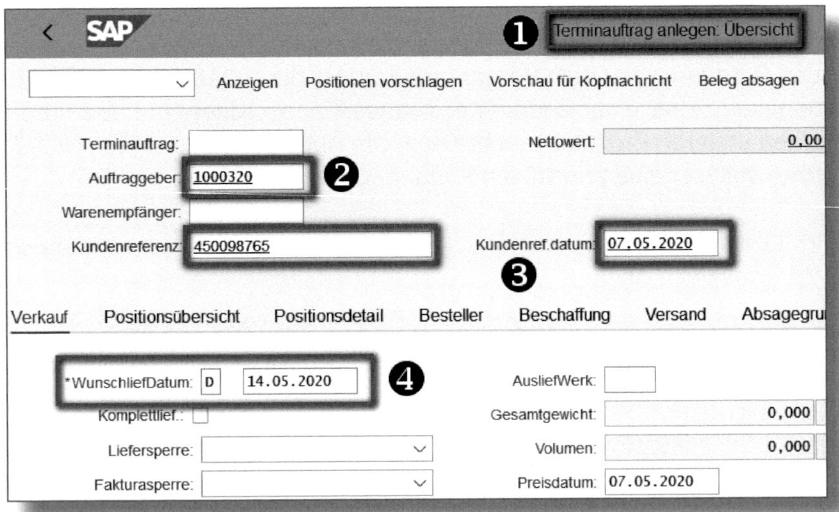

Abbildung 2.3: Auftragserfassung, Übersichtsbild (Teil 1)

Zunächst erfassen Sie die Kundennummer, hier im Feld AUFTRAGGEBER ❷, sowie die KUNDENREFERENZ und das Kundenreferenzdatum (KUNDENREF.DATUM) ❸. Erst nachdem Sie diese Eintragungen vorgenommen haben, sollten Sie mit [Enter] bestätigen, da die Felder zur Kundenreferenz oft als Pflichtfelder eingestellt sind und Sie dadurch unnötige Fehlermeldungen vermeiden.

Kundenreferenz

Das Feld KUNDENREFERENZ ist für die Bestellnummer des Kunden vorgesehen. Das Feld KUNDENREF.DATUM wird für das Bestelldatum des Kunden verwendet.

Das Wunschlieferdatum (WUNSCHLIEFDATUM) ❹ ist das Datum, an dem der Kunde die Ware erhalten möchte. Dieses ist häufig systemseitig voreingestellt. Es sollte auf jeden Fall geprüft und dem Kundenwunsch angepasst werden. Möchte der Kunde die Ware so schnell wie möglich erhalten, können Sie das aktuelle Datum eintragen. Das System ermittelt das früheste Lieferdatum automatisch anhand eines Abgleichs mit Verfügbarkeiten und Lieferzeit.

Im unteren Teil der Übersichtsmaske finden Sie die Tabelle für die Erfassung der Positionen, siehe Abbildung 2.4.

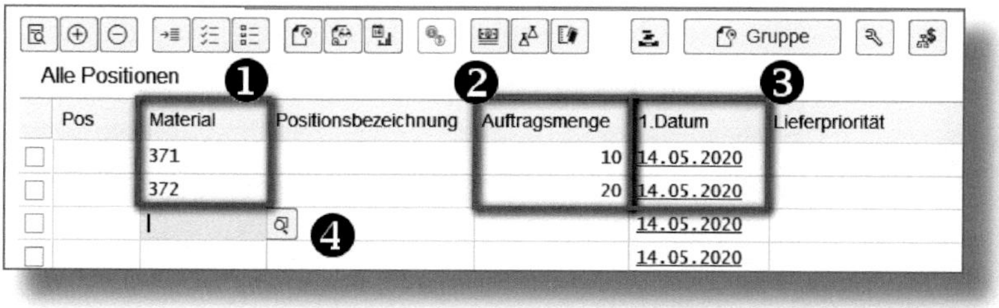

Abbildung 2.4: Auftragserfassung, Übersichtsbild (Teil 2)

In der Spalte MATERIAL geben Sie in der ersten Zeile die Materialnummer ❶ und in der Spalte AUFTRAGSMENGE die gewünschte Bestellmenge ❷ ein. In der Spalte 1.DATUM wird Ihnen das Wunschlieferdatum ❸ vorgeschlagen. Falls Ihnen die Materialnummer nicht vorliegt, können Sie nach ihr mithilfe des Buttons suchen ❹.

Erst wenn Sie die Materialnummer und die Menge erfasst haben, sollten Sie Ihre Eingaben mit Enter bestätigen. Damit werden im Hintergrund alle relevanten Stammdaten geprüft und die für den gesamten Vertriebsprozess benötigten Daten ermittelt. Ebenso findet die *Verfügbarkeitsprüfung* statt, bei der kontrolliert wird, ob das Wunschlieferdatum eingehalten werden kann.

Nun werden Ihnen die Bezeichnungen der Materialien (POSITIONSBEZEICHNUNG) ❶ sowie über die Spalte VERSAND-/... ❷ die ermittelte Versandstelle im Werk angezeigt (siehe Abbildung 2.5).

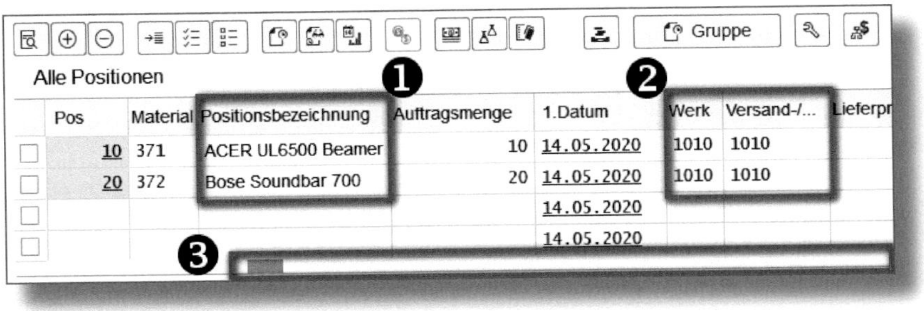

Gruppe

Alle Positionen

	Pos	Material	Positionsbezeichnung	Auftragsmenge	1.Datum	Werk	Versand-/...	Lieferpr
☐	10	371	ACER UL6500 Beamer	10	14.05.2020	1010	1010	
☐	20	372	Bose Soundbar 700	20	14.05.2020	1010	1010	
☐					14.05.2020			
☐					14.05.2020			

Abbildung 2.5: Auftragserfassung, Übersichtsbild (Teil 3)

Um weitere Informationen zu der erfassten Position sehen zu können, wie z. B. den Preis, schieben Sie die Bildlaufleiste ❸ nach rechts.

Spaltendarstellung in der Positionsübersicht

In Abbildung 2.5 sehen Sie die Versandstelle in der Spalte VERSAND-/...; um den gesamten Spaltennamen lesen zu können, müssen Sie die Spalten mit der linken Maustaste verkleinern oder vergrößern, wie Sie es beispielsweise von Excel kennen.

Klicken Sie auf den Button SICHERN. Sie erhalten die Meldung, dass Ihr Terminauftrag gesichert wurde: ☑ Terminauftrag 32193 wurde gesichert.

Die vergebene Nummer resultiert aus dem zur Auftragsart zugeordneten Nummernkreis. Erfassen Sie später Aufträge mit anderen Auftragsarten, werden Sie durchaus Nummern aus anderen Nummernkreisen erhalten. Dies ist auch aus praktischen Gründen sinnvoll, da Sie anhand der Nummer erkennen können, um welche Art Vorgang es sich handelt.

Definition: Werk

Als *Werk* wird im SAP-Programm eine Produktionsstätte, Niederlassung oder Filiale abgebildet. Im Vertrieb wird es für den Versandprozess benötigt. Hier wird es als Auslieferungswerk bezeichnet. Ein Werk ist immer genau einem *Buchungskreis* zugeordnet. Einem Buchungskreis können mehrere Werke zugeordnet sein.

Definition: Versandstelle

Die *Versandstelle* ist eine eigenständige organisatorische Einheit, in der die Einplanung, Bearbeitung und Überwachung von Lieferungen an den Kunden erfolgt. Typische Versandaktivitäten sind daher:

- Kommissionierung
- Verpacken
- Verladen
- Transportieren
- Disposition

Jede Lieferung wird von genau einer Versandstelle bearbeitet. Das System führt im Hintergrund eine *Versandstellenfindung* durch. Dabei werden verschiedene Abhängigkeiten, die Versandbedingungen aus dem Debitorenstammsatz, die Ladegruppe aus dem Materialstammsatz sowie das Auslieferungswerk geprüft. Sie können die vorgeschlagene *Versandstelle* in vorgegebenen Grenzen ändern.

2.3 Kundenaufträge bearbeiten

Erfasste Kundenaufträge müssen unter Umständen vom Sachbearbeiter erneut aufgerufen werden, um Änderungen zu erfassen oder Informationen herauszusuchen. Vom System wird in *Anzeige-* und *Änderungsmodus* unterschieden. Das Aufrufen des entsprechenden Modus ist dabei von den zugeordneten Berechtigungen abhängig. In S/4HANA gibt es im Fiori Launchpad eine spezielle App zum Suchen der Kundenaufträge. Wir betrachten daher zunächst das Handling des Fiori Launchpad und anschließend die Handhabung in der SAP GUI.

2.3.1 Kundenaufträge suchen im Fiori Launchpad

Für das Fiori Launchpad wurde die App KUNDENAUFTRÄGE VERWALTEN entwickelt (Abbildung 2.6).

Abbildung 2.6: App »Kundenaufträge verwalten«

Die auf der Kachel angegebene Zahl bedeutet, dass hier in etwa 32.000 Kundenaufträge aufrufbar sind. Dies ist eine technische Einstellung, die sich in der hinterlegten App verbirgt. Anwender haben meist keine Berechtigung, eigene Einstellungen zur Darstellung der App zu hinterlegen.

Rufen Sie diese App mit einem Klick auf. Im oberen Bereich des sich öffnenden Screens haben Sie nun die Möglichkeit, abhängig von bereits vorliegenden Informationen nach unterschiedlichen Kriterien zu suchen (siehe Abbildung 2.7).

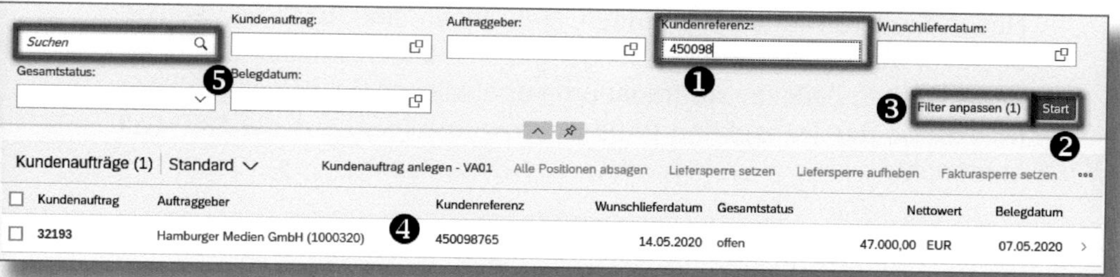

Abbildung 2.7: App »Kundenaufträge verwalten«, Suche

Bei dem in der Abbildung gezeigten Vorgehen wurde nach der KUNDENREFERENZ ❶ gesucht, also der Bestellnummer des Kunden. Haben Sie diese eingetragen, klicken Sie auf den Button START ❷. Mit dem Button FILTER ANPASSEN ❸ können Sie individuell Felder zum Suchen ein- oder ausblenden. Haben Sie sich vertippt oder nur Teile der Auftragsnummer oder eines Begriffs eingetragen, greift die Technik der *Fuzzy-Suche*.

☛ Fuzzy-Suche

Die Fuzzy-Suche ist eine schnelle und fehlertolerante Suchfunktion. Sie gibt auch Ergebnisse aus, wenn der Suchbegriff zusätzliche bzw. fehlende Zeichen oder andere Arten von Tippfehlern enthält.

Das Feld SUCHEN ❺ können Sie für die verschiedensten Suchkriterien (Kundennummer, Materialnummer, Auftragserfasser usw.) verwenden. Im unteren Bereich wird Ihnen das Ergebnis Ihrer Suche angezeigt ❹.

2.3.2 Kundenaufträge im Fiori Launchpad bearbeiten

In diesem Abschnitt soll gezeigt werden, wo Änderungen im Kundenauftrag mittels der App »Kundenaufträge verwalten« möglich sind. Für den angelegten Auftrag aus Abschnitt 2.2 sind hier keine Änderungen vorgenommen worden.

Haben Sie Ihren Auftrag gefunden, steht Ihnen eine Reihe von Funktionen zur Verfügung. Wie in Abbildung 2.8 zu sehen, können Sie in der gewünschten Zeile die Auftragsnummer anklicken. Es öffnet sich eine Maske, die der Transaktion *VA03 (Auftrag anzeigen)* aus der SAP GUI entspricht.

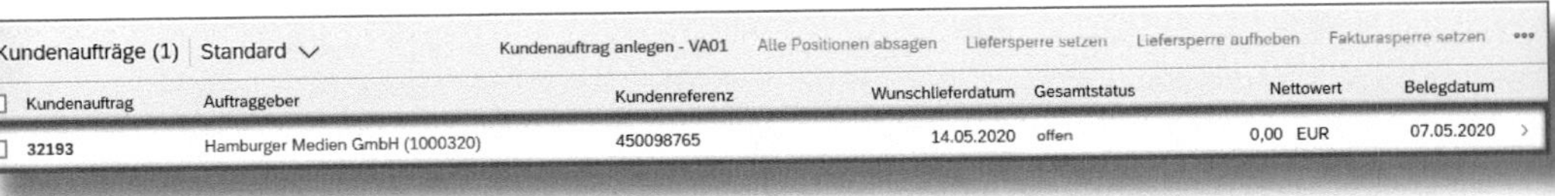

Abbildung 2.8: Auftragsbearbeitung Fiori Launchpad (1)

Andere Bearbeitungsmöglichkeiten bieten sich aber auch in der Maske direkt an (Abbildung 2.9). Dabei sollte zuerst immer der entsprechende Vorgang markiert werden ❶.

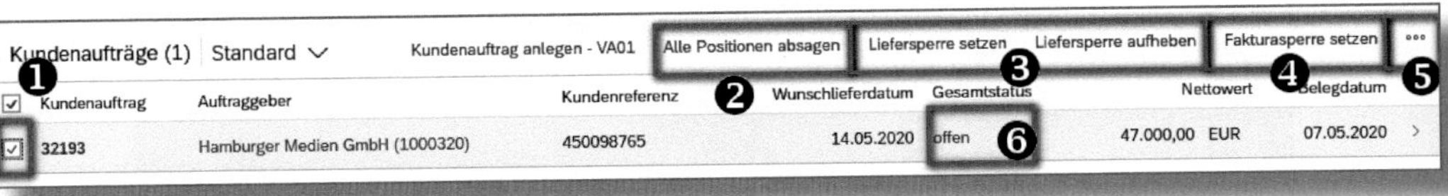

Abbildung 2.9: Auftragsbearbeitung Fiori Launchpad (2)

Anschließend stehen Ihnen folgende Funktionen zur Verfügung:

- ALLE POSITIONEN ABSAGEN ❷ – Damit werden sämtliche zuvor markierten Positionen storniert. Zusätzlich müssen Sie einen *Absagegrund* auswählen, der dann in allen markierten Positionen gesetzt wird.
- LIEFERSPERRE SETZEN ❸ – Der *Kundenauftrag* wird für den Versand gesperrt. Ein *Liefersperrgrund* muss hier zusätzlich ausgewählt werden. Soll die Liefersperre wieder aufgehoben werden, wählen Sie LIEFERSPERRE AUFHEBEN.
- FAKTURASPERRE SETZEN ❹ – Der Kundenauftrag wird für die Fakturierung gesperrt. Auch hier ist die Auswahl eines *Sperrgrundes* erforderlich.

Werden nicht alle Bearbeitungsoptionen angezeigt, müssen Sie über den Button unter ❺ ggf. die gewünschten Funktionen aufrufen.

Bearbeitung mehrerer Aufträge

Sie können bis zu 25 Vorgänge (Aufträge) gleichzeitig bearbeiten. Markieren Sie die benötigten Aufträge ❶ und setzen Sie beispielsweise für alle eine FAKTURASPERRE ❹.

Der Gesamtstatus ❻ zeigt den Fortschritt der Abwicklung Ihres Auftrags an. Gleichzeitig verbirgt sich hinter dem Statusfeld ein Link (per Klick auf den Status OFFEN) zum Prozessablauf. Sie erhalten eine schematische Darstellung zum Belegfluss, siehe Abbildung 2.10.

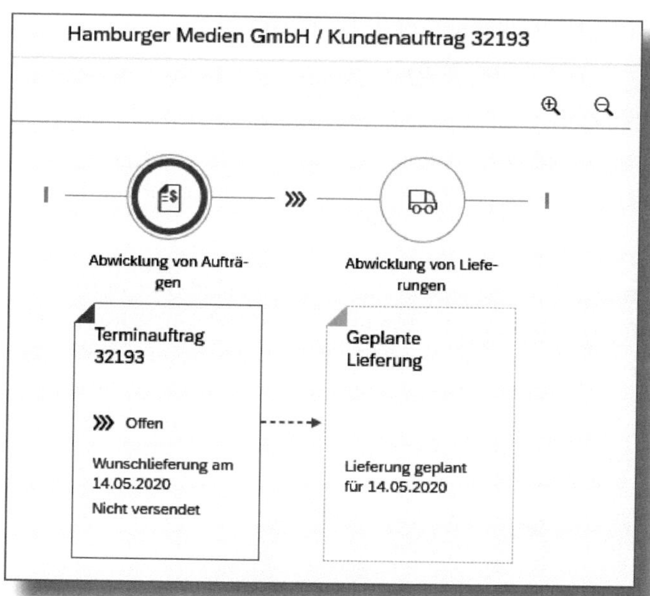

Abbildung 2.10: Darstellung zu Prozessablauf nach Auftragserfassung

Der abgebildete Prozessablauf bietet Ihnen eine Übersicht zu den bis zu diesem Zeitpunkt absolvierten und noch anstehenden Verkaufsphasen. Gleichzeitig werden Ihnen mögliche Probleme dargestellt und Sie haben die Möglichkeit, diese aus dieser Maske heraus zu klären (siehe Abbildung 2.11), indem Sie z. B. direkt in den Auftrag springen.

Abbildung 2.11: Absprung in Auftragsdetails

Klicken Sie hierfür auf das Feld TERMINAUFTRAG ❶. Es werden Ihnen folgende Bearbeitungsmöglichkeiten angeboten:

- Absprung in den Auftrag ❷ – So können Sie Änderungen direkt vornehmen.
- WEITERE LINKS ❸ – Mit Klick auf diesen Button öffnet sich ein Menü, welches eine Fülle von Bearbeitungsmöglichkeiten zum Vorgang oder zu den Stammdaten bietet.

Klicken Sie dort auf OK, um zurück in die Maske KUNDENAUFTRÄGE VERWALTEN zu gelangen. Die Vorgehensweise des Absprungs in die weitere Bearbeitung von Aufträgen wiederholt sich an vielen Stellen. So können Sie aus der Ergebnisliste der App »Kundenaufträge verwalten« direkt auf die Auftragsnummer klicken und in den gewünschten Auftrag abspringen (siehe Abbildung 2.12).

Abbildung 2.12: Absprung in Auftrag aus Ergebnisliste

Klicken Sie nun auf WEITERE LINKS ❶. Sie erhalten erneut eine Liste mit möglichen Verlinkungen (Abbildung 2.13). In dieser Abbildung ist der Link KUNDENAUFTRÄGE • ISTDATEN ❷ bereits markiert.

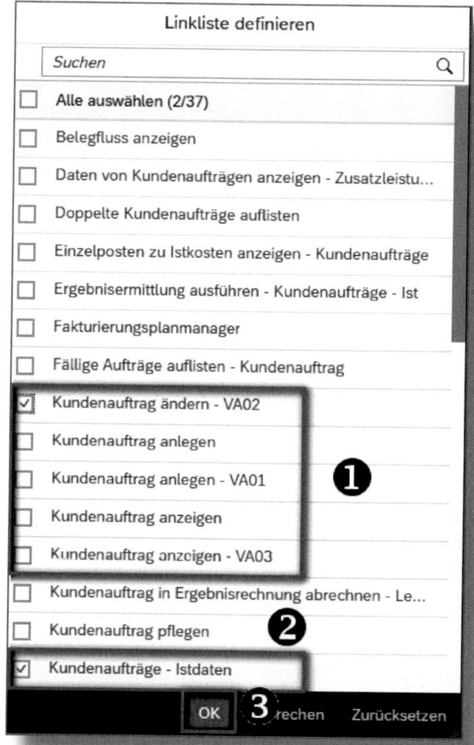

Abbildung 2.13: Linkliste für Auftragsbearbeitung

Linkliste

In der Liste kommen einige Links doppelt vor ❶ (siehe Abbildung 2.13). Hierbei handelt es sich sowohl um transaktionale Masken (z. B. KUNDENAUFTRAG ANZEIGEN – VA03, siehe Abschnitt 2.4.4) als auch um Apps, die es nur im Fiori Launchpad gibt (KUNDENAUFTRAG ANZEIGEN).

Wenn Sie einen Link häufiger benötigen, können Sie ihn ebenfalls mit einem Haken markieren ❶ und anschließend mit Klick auf OK bestätigen ❸.

Ihre neue Verlinkung wird nun sofort beim ersten Klick ❶ auf die Auftragsnummer sichtbar (siehe Abbildung 2.14).

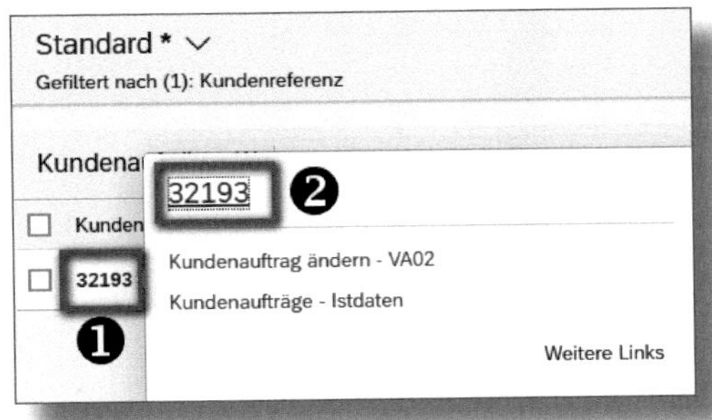

Abbildung 2.14: Ergebnis nach Bearbeitung der Linkliste

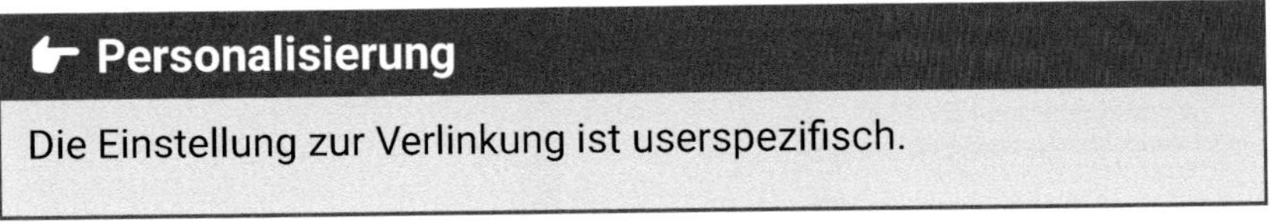

Personalisierung

Die Einstellung zur Verlinkung ist userspezifisch.

Die Möglichkeiten zur Bearbeitung des Auftrags über KUNDENAUFTRAG ÄNDERN – VA02 beschreibe ich in Abschnitt 2.3.4.

Um den Auftrag im Fiori Launchpad zu ändern, klicken Sie auf die Auftragsnummer ❷ (Abbildung 2.14). Sie gelangen in den gewünschten Terminauftrag und sehen wesentliche Informationen für dessen Abwicklung (siehe Abbildung 2.15). Diese sind in verschiedene Abschnitte ❶ untergliedert, die Sie durch Scrollen oder direktes Anklicken aufrufen können – hier die Abschnitte ALLGEMEINE INFORMATIONEN und POSITIONEN ❷.

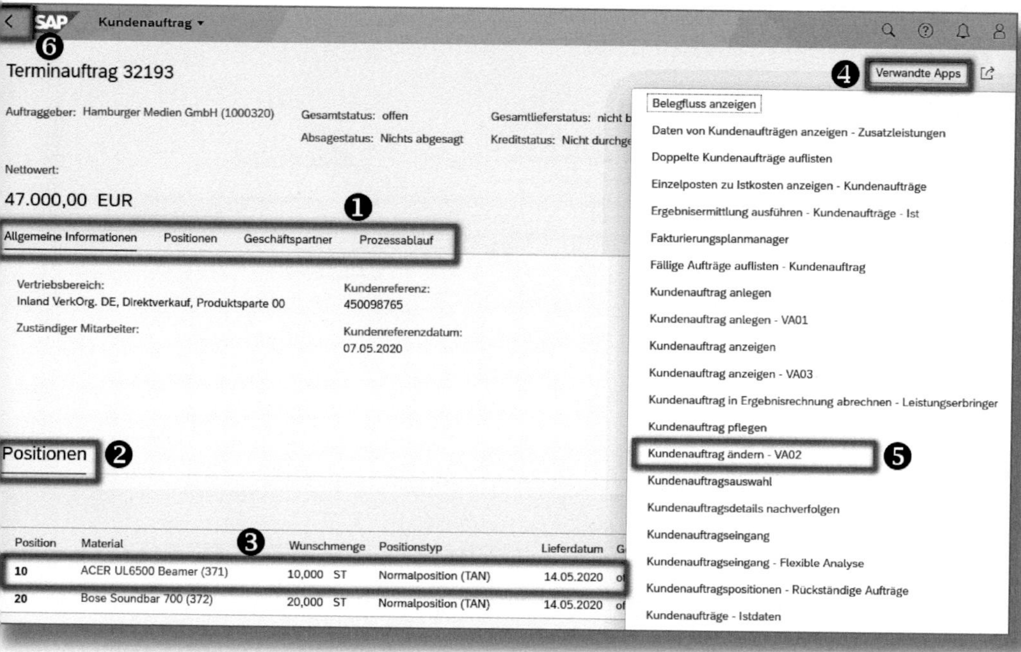

Abbildung 2.15: Kundenauftrag ändern

Über den Button VERWANDTE APPS ❹ öffnen Sie eine Auflistung mit Verlinkungen zu anderen Funktionen. Liegen entsprechende Berechtigungen vor, können Sie diese aufrufen. Für Änderungen am Kundenauftrag empfiehlt sich der Absprung in die App KUNDENAUFTRAG ÄNDERN – VA02 ❺. Mit einem Klick auf den Pfeilbutton ❻ gelangen Sie später zurück in die Ausgangsansicht.

Wollen Sie in die Positionsebene wechseln, so klicken Sie in die gewünschte POSITION ❸. Es öffnet sich eine Maske, die Details zur KUNDENAUFTRAGSPOSITION anzeigt (siehe Abbildung 2.16).

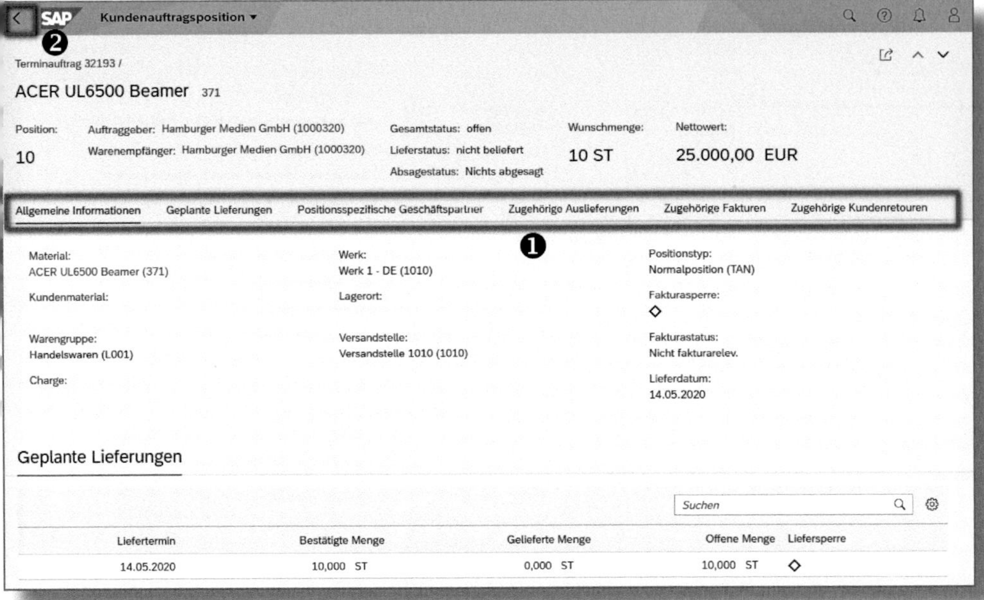

Abbildung 2.16: Kundenauftrag ändern, Positionsdetails

Auch auf der Positionsebene können Sie sich mit einem Klick den gewünschten Bereich ❶ anzeigen lassen oder über den Pfeilbutton ❷ wieder zurück in die Kundenauftragsmaske springen.

Fazit

Die Änderungsmöglichkeiten am Auftrag sind für den Anwender in der Fiori-Ansicht überschaubar. Lediglich der Informationscharakter und die Möglichkeit, in Sichten zu anderen Funktionalitäten zu wechseln, sind sehr vielseitig. In der Praxis bietet es sich an, Änderungen durch den Absprung in die Maske KUNDENAUFTRAG ÄNDERN • VA02 (siehe Abbildung 2.15) oder direkt in der SAP GUI mit der Transaktion *VA02* vorzunehmen.

2.3.3 Kundenaufträge suchen mit SAP GUI

Rufen Sie in der SAP-GUI-Oberfläche die Transaktion *VA02* auf. Haben Sie vorher einen Auftrag angelegt oder bearbeitet, so wird Ihnen die letzte Auftragsnummer angezeigt. Sie können dann mit WEITER oder [Enter] den Auftrag aufrufen. Bei einer Neuanmeldung am System ist das Feld AUFTRAG leer ❶ (siehe Abbildung 2.17). Liegt Ihnen die Auftragsnummer nicht vor oder wird Ihnen nicht die gewünschte Nummer vorgeschlagen, können Sie danach über den Button 🔍 suchen.

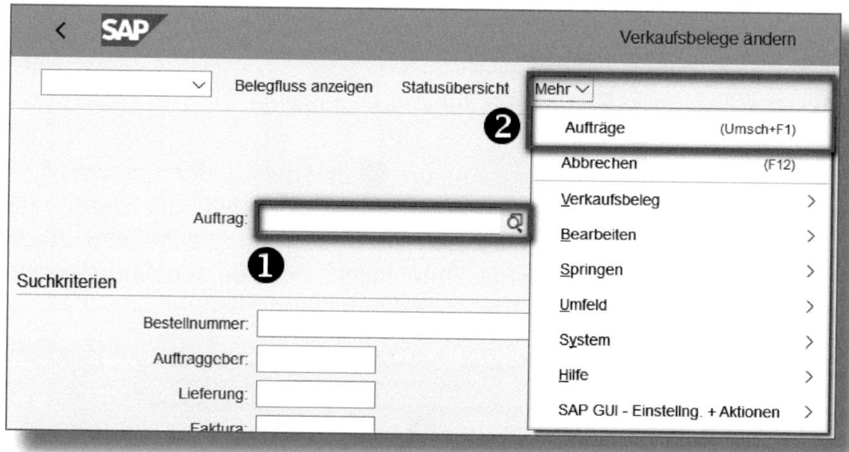

Abbildung 2.17: Transaktion VA02, Einstieg für Auftragssuche

Eine zweite Suchoption bietet der Menüpfad MEHR • AUFTRÄGE ❷. Diese Variante eröffnet Ihnen nicht nur mehr Suchmöglichkeiten, sondern ist zudem im Handling komfortabler. In Abbildung 2.18 ist ein Ausschnitt aus der sich daraufhin öffnenden Selektionsmaske dargestellt.

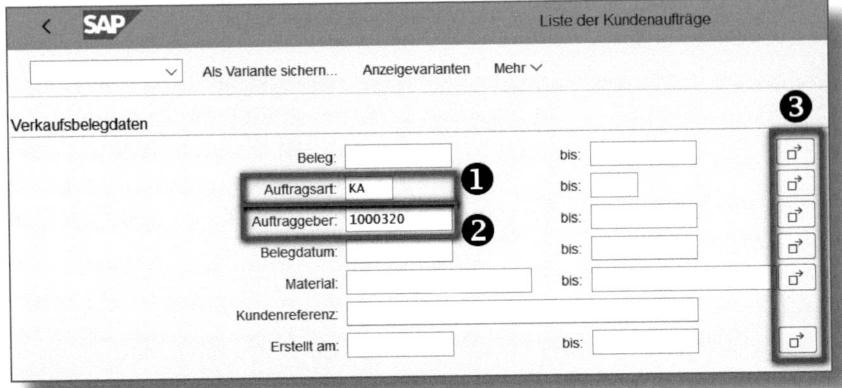

Abbildung 2.18: Suchoptionen für Kundenaufträge

Im Beispiel wurden die AUFTRAGSART ❶ und die Kundennummer (AUFTRAGGEBER) ❷ als Suchkriterien eingetragen. Mithilfe der Buttons für die *Mehrfachselektion* ❸ können Sie in den entsprechenden Zeilen nach Einzelwerten, Bereichen (Intervallen) oder beiden Optionen suchen bzw. diese ausschließen (siehe Abbildung 2.19).

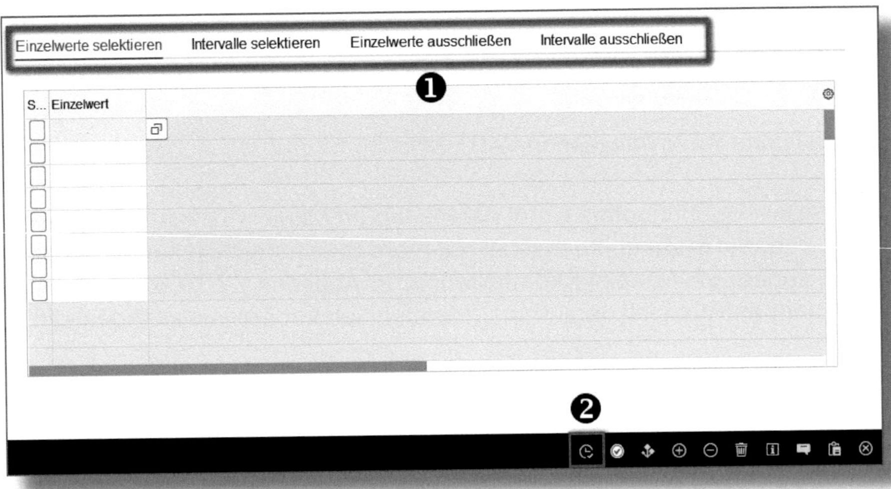

Abbildung 2.19: Mehrfachselektion

Wählen Sie den benötigten Reiter aus ❶ und erfassen Sie die erforderlichen EINZELWERTE. Anschließend klicken Sie auf den Button zum Übernehmen ❷.

Haben Sie alle Kriterien übernommen, können Sie die Suche starten. Klicken Sie dazu in der Selektionsmaske (Abbildung 2.18) auf AUSFÜHREN oder drücken Sie die Funktionstaste [F8]. Sie erhalten eine Ergebnisliste zu Ihren Suchkriterien (siehe Abbildung 2.20).

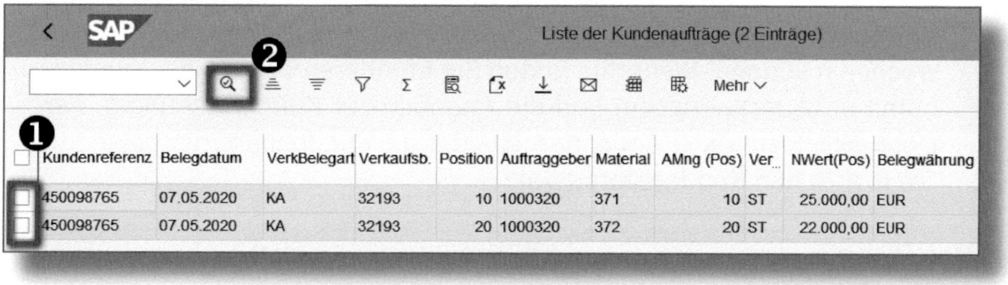

Liste der Kundenaufträge (2 Einträge)

Kundenreferenz	Belegdatum	VerkBelegart	Verkaufsb.	Position	Auftraggeber	Material	AMng (Pos)	Ver...	NWert(Pos)	Belegwährung
450098765	07.05.2020	KA	32193	10	1000320	371	10	ST	25.000,00	EUR
450098765	07.05.2020	KA	32193	20	1000320	372	20	ST	22.000,00	EUR

Abbildung 2.20: Ergebnisliste Kundenaufträge

Sollte das Ergebnis nicht Ihren Erwartungen entsprechen, kehren Sie mit dem Button BEENDEN zurück in die Selektionsmaske und korrigieren Ihre Suchkriterien.

In der Ergebnisliste wird jede Auftragsposition in einer Zeile angezeigt. Markieren Sie eine Position ❶ und klicken Sie anschließend auf das Lupensymbol ❷. Alternativ ist ein Doppelklick in die gewünschte Position möglich.

Sie gelangen direkt in die Positionsübersicht des gewählten Auftrags, in der diese Position bereits markiert ❶ ist (einen Teil der Sicht zeigt Abbildung 2.21).

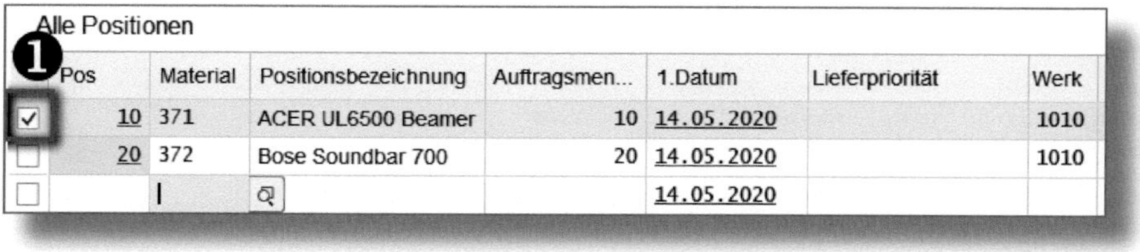

Alle Positionen

Pos	Material	Positionsbezeichnung	Auftragsmen...	1.Datum	Lieferpriorität	Werk
10	371	ACER UL6500 Beamer	10	14.05.2020		1010
20	372	Bose Soundbar 700	20	14.05.2020		1010
				14.05.2020		

Abbildung 2.21: Positionsanzeige im Auftrag nach Suche

2.3.4 Kundenaufträge bearbeiten

Im *Übersichtsbild* können Sie wichtige Eingaben zum Auftrag vornehmen. Es ist möglich, in die Kopfebene sowie in die Positionsebene zu springen bzw. alternativ in den verwendeten Kunden- oder Materialstamm zu wechseln.

In Abbildung 2.22 sehen Sie ein Übersichtsbild ❶. Die Menüleiste ❷ bietet Ihnen einige Funktionen zur Bearbeitung. Hervorzuheben ist der Button MEHR ganz rechts, von dem aus Sie in verschiedene Bereiche wechseln können. Weiterhin finden Sie im oberen Teil ❸ die Kundennummer (AUFTRAGGEBER) und die Angaben zur KUNDENREFERENZ. Per Doppelklick auf den Kundennamen oder die Kundennummer gelangen Sie u. a. in den Kundenstammsatz.

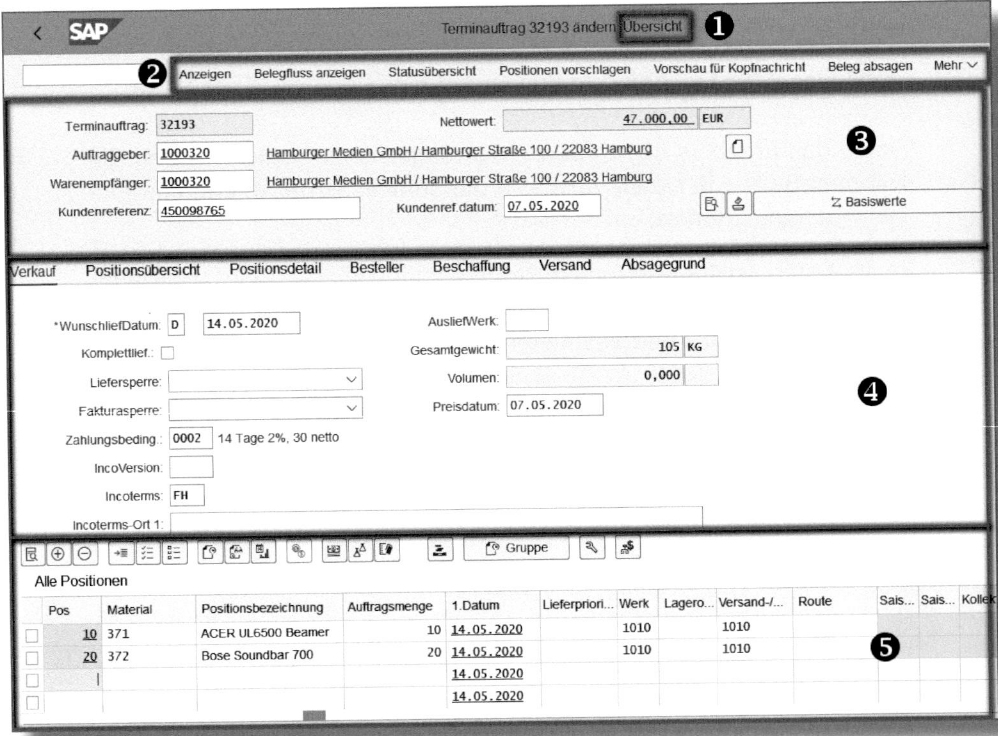

Abbildung 2.22: Übersicht zu einem Terminauftrag

Im mittleren Bereich ❹ erkennen Sie eine Reihe von Sichten, welche die Erfassung bzw. Änderung des Kundenauftrags vereinfachen sollen. Hinweise zu den Sichten und ihrer Verwendung finden Sie in Tabelle 2.1. In der Positionstabelle im unteren Bereich ❺ können Sie die erfassten Materialien sehen und ggf. ändern. Mit einem Doppelklick auf die Materialnummer gelangen Sie in den Materialstamm.

Sicht	Verwendung
VERKAUF	für alle relevanten Werte wie *Wunschlieferdatum*, *Liefer-* und *Fakturasperre*, *Zahlungs-* und *Lieferbedingungen*. Angaben gelten für alle Positionen.
POSITIONSÜBERSICHT	In der Tabelle für die Erfassung der Positionen werden viel mehr Zeilen angezeigt als in der Sicht VERKAUF. Optimal, wenn viele Positionen erfasst/angezeigt werden müssen.
POSITIONSDETAIL	Verschiedene Detaildaten zur Position werden oberhalb der Positionstabelle dargestellt.
BESTELLER	Hier kann mithilfe der *Kundenmaterialnummer* (siehe Abschnitt 3.3) der Auftrag optimal erfasst werden.
BESCHAFFUNG	Liefert Informationen zur Beschaffung oder Produktion des Materials, insbesondere zur Einhaltung des Lieferdatums.
VERSAND	Liefert Informationen zum Versandprozess. So können mehrere Positionen zu einer *Liefergruppe* zusammengefasst werden. Diese Positionen müssen dann gemeinsam geliefert werden.
ABSAGEGRUND	In der Positionstabelle kann pro Position ein *Absagegrund* (Stornokennzeichen) hinterlegt werden, z. B. dass der Liefertermin nicht einhaltbar ist.

Tabelle 2.1: Sichten im Übersichtsbild

Änderungen auf Kopfebene

Änderungen, die Sie auf *Kopfebene* des Auftrags vornehmen, können sich auch auf die erfassten Positionen auswirken. Für die Bearbeitung bietet sich der Button MEHR an. Hierüber gelangen Sie in die *Kopfda-*

ten. Wählen Sie Mehr • Springen • Kopf. Nun öffnet sich ein Untermenü, von dem aus Sie gezielt in eine Sicht springen können. Sie gelangen direkt in das ausgewählte Fenster der Kopfebene ❶ (Abbildung 2.23).

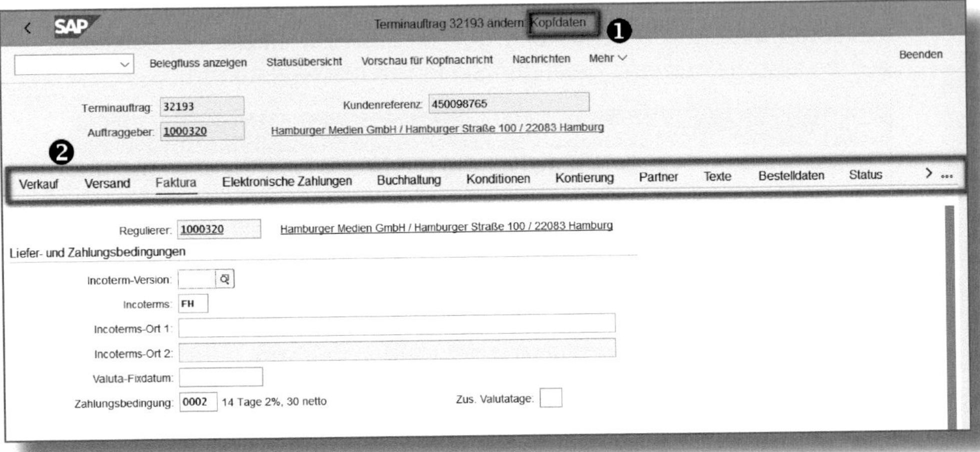

Abbildung 2.23: Kopfdaten im Kundenauftrag

In der aktuell angezeigten Sicht Faktura ❷ sind die Zahlungsbedingung, die Lieferbedingung (Incoterms) oder Angaben zur Fakturierung änderbar.

> **Praxishinweis zum Ändern**
>
> Viele Optionen haben Sie bereits im Übersichtsbild des Auftrags gesehen. Es ist daher nicht immer notwendig, für Änderungen in die Kopfebene zu wechseln.

Drei Sichten, die in der Praxis häufig genutzt werden, sollen im Folgenden näher betrachtet werden: die für Konditionen, Partner und Texte.

Mit Klick auf Konditionen öffnet sich eine Tabelle (Abbildung 2.24), in der die Summe aller Positionswerte in der Spalte Konditionswert ❶ dargestellt wird. Die Summe ergibt sich aus den Angaben zu den entsprechenden Konditionsarten (KArt) ❷.

Konditionsarten

Mithilfe von *Konditionsarten* können Preise, Zu-/Abschläge, Rabatte, Frachtkosten oder Steuern abgebildet werden. Konditionsarten sind auf Kopf- oder Positionsebene einsetzbar. Sie sind in *Konditionstabellen* nach betriebswirtschaftlichen Berechnungsgrundlagen angeordnet. Die Konditionstabellen können sowohl auf Kopf- als auch auf Positionsebene aufgerufen werden.

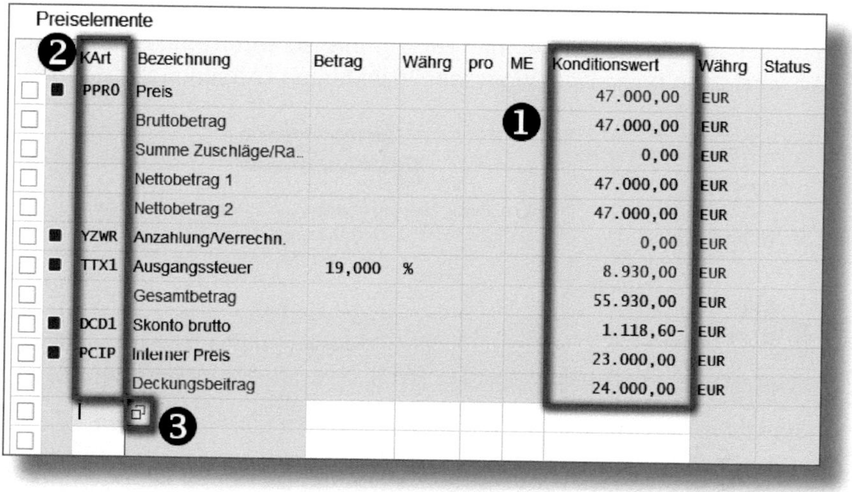

Preiselemente

KArt	Bezeichnung	Betrag	Währg	pro	ME	Konditionswert	Währg	Status
PPR0	Preis					47.000,00	EUR	
	Bruttobetrag					47.000,00	EUR	
	Summe Zuschläge/Ra...					0,00	EUR	
	Nettobetrag 1					47.000,00	EUR	
	Nettobetrag 2					47.000,00	EUR	
YZWR	Anzahlung/Verrechn.					0,00	EUR	
TTX1	Ausgangssteuer	19,000	%			8.930,00	EUR	
	Gesamtbetrag					55.930,00	EUR	
DCD1	Skonto brutto					1.118,60-	EUR	
PCIP	Interner Preis					23.000,00	EUR	
	Deckungsbeitrag					24.000,00	EUR	

Abbildung 2.24: Konditionstabelle, Kopfebene

In unserem Beispiel ergibt sich ein Gesamtauftragswert von 47.000,00 Euro (netto, ohne Umsatzsteuer). Dieser wird mit der Konditionsart PPR0 abgebildet. Der INTERNE PREIS (Konditionsart PCIP) von 23.000,00 Euro kann als Wareneinsatz (Einkaufswert oder Herstellkosten) betrachtet werden. Demzufolge ergibt sich für unseren Auftrag ein DECKUNGSBEITRAG (in der Praxis auch häufig als Rohgewinn bezeichnet) von 24.000,00 Euro. Mithilfe des Suchbuttons ❸ können weitere Konditionsarten ermittelt und in diese Tabelle eingefügt werden. In Abbildung 2.25 wurde die Konditionsart YBHD ausgewählt ❶ und der Wert *100* eingetragen ❷.

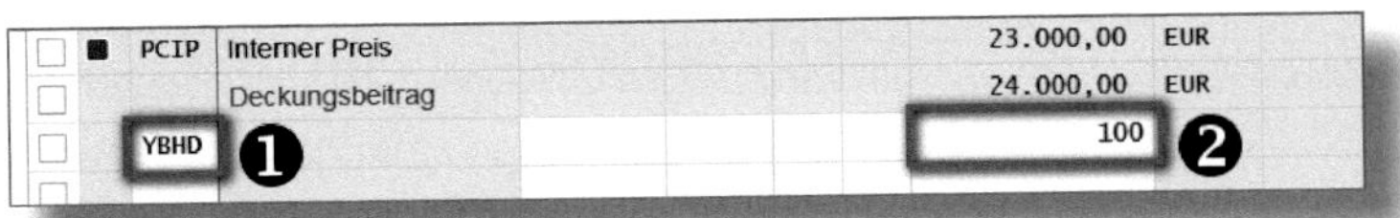

Abbildung 2.25: Einfügen zusätzlicher Konditionsart

Weitere Eintragungen für das Hinzufügen einer Konditionsart sind nicht erforderlich. Die Konditionsart ist so definiert, dass das System weiß, ob es sich um einen Zu- oder Abschlag handelt, welche Einheit (»Euro« oder »Prozent«) verwendet wird und an welcher Stelle in der Konditionstabelle die gewählte weitere Konditionsart eingefügt werden muss. Bestätigen Sie Ihre Eingaben mit `Enter`. Ihre zu ergänzende Konditionsart wird dann in die Konditionstabelle inkludiert (Abbildung 2.26).

Konditionssatz | Aktivieren | Aktualisieren

Preiselemente

I...	KArt	Bezeichnung	Betrag	Währg	pro	ME	Konditionswert	Währg	Status	ATO/MTS
■	PPRO	Preis					47.000,00	EUR		
		Bruttobetrag					47.000,00	EUR		
		Summe Zuschläge/Ra...					0,00	EUR		
		Nettobetrag 1					47.000,00	EUR		
■	YBHD	Fracht in Lieferung	100,00	EUR			0,00	EUR		
		Nettobetrag 2					47.000,00	EUR		

Abbildung 2.26: Aktivierung der neuen Konditionsart im Auftrag

Allerdings beträgt der KONDITIONSWERT null ❶, der Betrag wird also noch nicht in der Berechnung berücksichtigt. Dazu müssen Sie die neue Zeile markieren ❷ und anschließend auf den Button AKTIVIEREN klicken ❸. Das Ergebnis sehen Sie in Abbildung 2.27.

Der Betrag wird nun als KONDITIONSWERT angezeigt ❶. In diesem Fall sollen dem Kunden 100,00 Euro Frachtkosten berechnet werden. Dies führt dazu, dass sich auch unser Deckungsbeitrag auf 24.100,00 Euro erhöht ❷. Natürlich können Sie eine Konditionsart wieder entfernen. Markieren Sie dazu die gewünschte Zeile ❸ und klicken Sie auf den Löschbutton ❹.

Für unser Beispiel ist die Konditionsart YBHD (Fracht in Lieferung) wieder gelöscht worden. Dies entspricht auch der verwendeten Lieferbedingung (Incoterms) »frei Haus«.

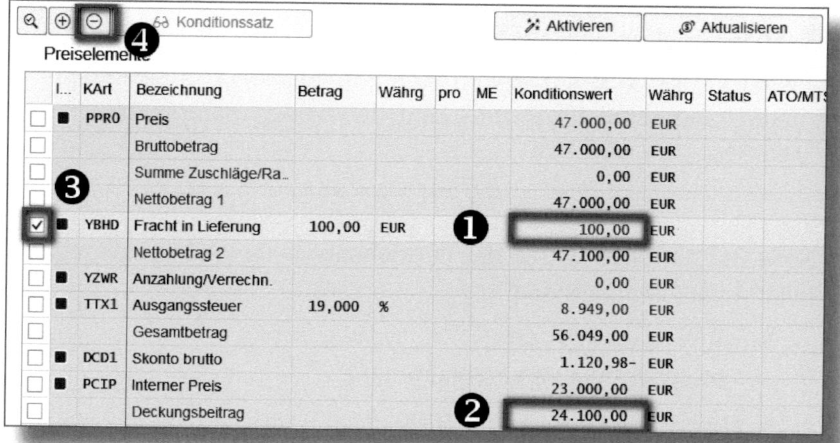

Abbildung 2.27: Ergebnis nach Aktivierung der Konditionsart

Kehren wir zurück in die Kopfebene. Die Sicht PARTNER ❶ zeigt Ihnen vier PARTNERROLLEN (siehe Abbildung 2.28).

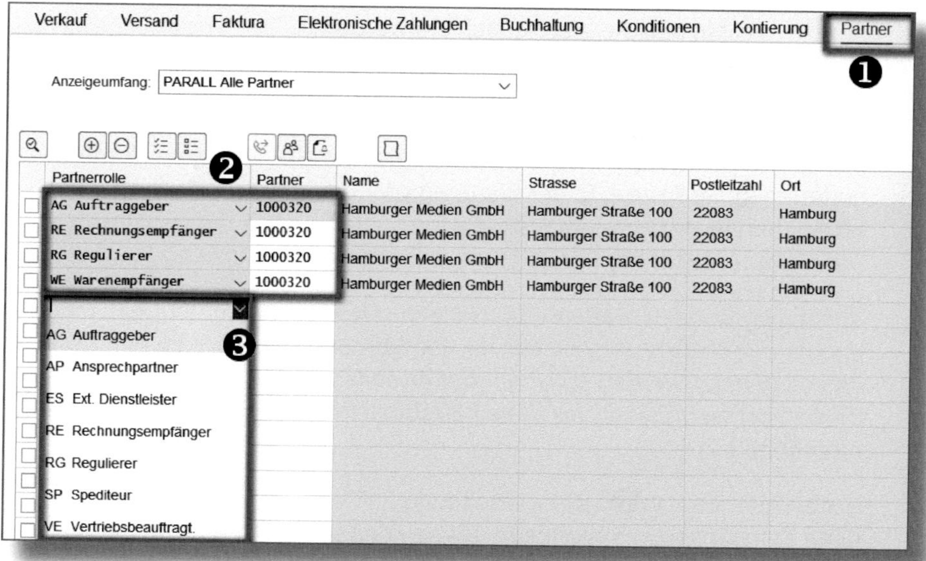

Abbildung 2.28: Kopfebene, Sicht »Partner«

Partnerrolle

Jedem *Geschäftspartner* wird eine Partnerrolle in den Stammdaten zugeordnet. Ein Partner kann dabei auch mehrere Rollen einnehmen.

Diese Partnerrollen sind in der Vertriebsabwicklung obligatorisch und haben folgende Bedeutung:

- Auftraggeber (AG):
  entspricht der »Kundennummer«,
- Rechnungsempfänger (RE):
  »Wer soll die Rechnung für diesen Auftrag erhalten?«,
- Regulierer (RG):
  »Wer wird die Rechnung bezahlen?«. Oft ist der Regulierer identisch mit dem Rechnungsempfänger.
- Warenempfänger (WE):
  »Wohin soll die Ware geschickt werden?«.

Häufig übernimmt der Auftraggeber alle vier Funktionen. Dann ist für jede Partnerrolle dieselbe Nummer eingetragen ❷. Sie können in allen Partnerrollen, außer der Rolle Auftraggeber, eine andere Nummer hinterlegen. So kann z. B. der Warenempfänger eine vom Auftraggeber abweichende Adresse erhalten. Dazu muss lediglich die gewünschte Partnernummer in der Spalte Partner eingetragen werden.

Zusätzlich können weitere Partnerrollen erfasst werden ❸. Dies könnte ein Spediteur sein, der für den Versand der Ware an den Kunden eingesetzt werden soll, oder der Ansprechpartner beim Kunden. Diese Partner müssen als Geschäftsbeziehung angelegt sein (siehe Abschnitt 3.1).

In der Sicht Texte ❶ (siehe Abbildung 2.29) ist es möglich, verschiedene Textarten zu hinterlegen. Diese können für interne Zwecke verwendet werden oder erscheinen auf Vertriebsbelegen *(Auftragsbestätigung, Lieferschein, Rechnung)*.

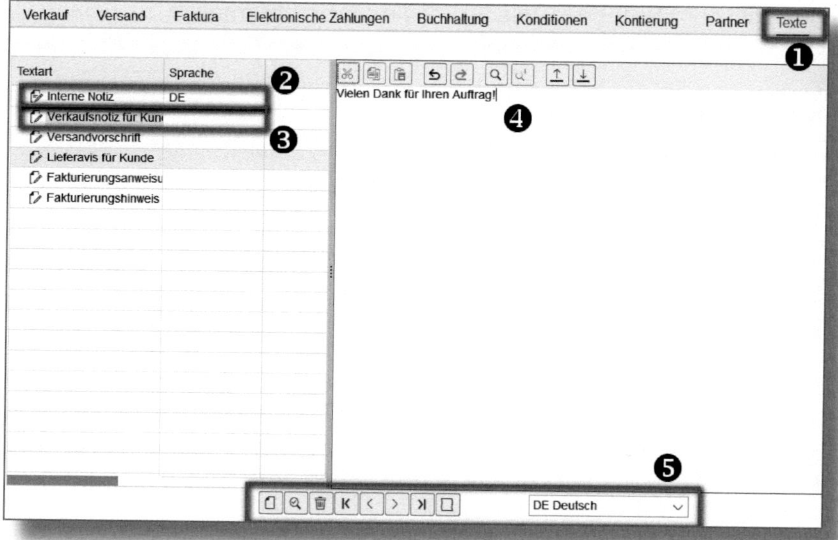

Abbildung 2.29: Kopfebene, Sicht »Texte«

Ist ein Text bereits hinterlegt, erkennen Sie dies am vorangestellten Symbol und daran, dass die SPRACHE des Textes mit angezeigt wird ❷. Möchten Sie einen neuen Text pflegen, markieren Sie die gewünschte TEXTART ❸ und erfassen in dem sich rechts öffnenden Feld Ihren Text ❹. Mit einem Doppelklick auf die TEXTART können Sie später den Text wieder aufrufen und ggf. anpassen.

Im unteren Bereich sehen Sie eine Symbolleiste ❺. Hier können Sie u. a. die Sprache für den Text wählen, einen Text löschen oder in die Textdetails springen, in denen Ihnen einige Formatierungsfunktionen angeboten werden, welche aus MS Word bekannt sind.

☛ Individualisierte Textarten

Die Textarten in Ihrem System können angepasst worden sein. Es ist zudem möglich, dass es noch mehr oder weniger Textarten gibt, als Sie in Abbildung 2.29 sehen. Auch können Textarten mit Texten vorbelegt sein. Das Handling ist auf *Kopf-* und *Positionsebene* identisch.

Um von der Kopfebene wieder in die Übersichtsmaske zu gelangen, klicken Sie auf den Pfeil oben links neben dem SAP-Logo (Abbildung 2.30).

Abbildung 2.30: Kopfdaten beenden

Änderungen auf Positionsebene

Die Herangehensweisen für Modifikationen auf *Positionsebene* sind sehr vielseitig. Eine einfache und schnelle Variante bietet die Übersichtsmaske, in der Sie Änderungen direkt in der Tabelle der erfassten Positionen vornehmen können (siehe Abbildung 2.31).

Gruppe ❷

Alle Positionen

	Pos	Material	Positionsbezeichnung	Auftragsmenge	E	1.Datum	Lieferpriorität	Werk	Lagero...	Versand-/...	Route
☐	10	371	ACER UL6500 Beamer	10	☐	14.05.2020		1010		1010	
☐	20	372	Bose Soundbar 700	20	☐	14.05.2020		1010		1010	
☐					☐	14.05.2020					
☐					☐	14.05.2020					

❶

Abbildung 2.31: Navigation in der Positionstabelle

Das Problem hierbei ist, dass Sie immer nur einen Teil der Positionsdaten sehen. Mithilfe der Bildlaufleiste ❶ navigieren Sie in der Tabelle nach rechts, um zu weiteren Daten zu gelangen oder diese zu ändern.

Eine weitere Option, Änderungen vorzunehmen, bietet Ihnen die Symbolleiste oberhalb der Positionstabelle ❷. Um eine dieser Funktionen auszuführen, muss vorher die gewünschte Position markiert werden (siehe Abbildung 2.32).

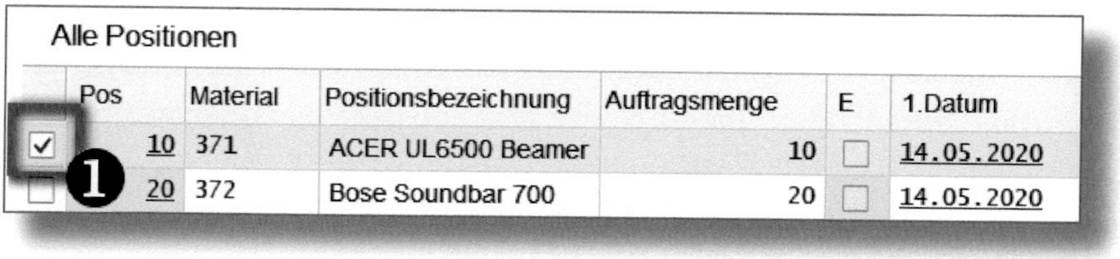

Alle Positionen

	Pos	Material	Positionsbezeichnung	Auftragsmenge	E	1.Datum
☑ ❶	10	371	ACER UL6500 Beamer	10	☐	14.05.2020
☐	20	372	Bose Soundbar 700	20	☐	14.05.2020

Abbildung 2.32: Position zur Bearbeitung markieren

Anschließend klicken Sie auf den gewünschten Button der Symbolleiste. Tabelle 2.2 listet eine Auswahl von Buttons für die Bearbeitung auf.

Button	Funktion	Auswirkungen
	Positionsdetails	Wechsel in die Positionsebene der von Ihnen markierten Position
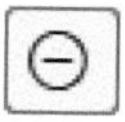	Position löschen	Löschen der markierten Position
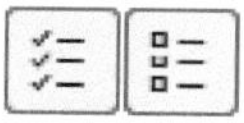	alle markieren bzw. alle Markierungen löschen	Markieren aller Positionen bzw. Löschen dieser Markierungen
	Verfügbarkeit anzeigen	Bestandsanzeige zur markierten Position
	Einteilungen für Position	Wechsel in die Einteilungen der markierten Positionen
	Positionskonditionen	Absprung in die Konditionstabelle der markierten Position

Tabelle 2.2: Buttons für die Positionsbearbeitung

Eine weitere Alternative, in die Positionsdetails zu gelangen, bietet sich, indem Sie einen Doppelklick auf die gewünschte Position ausführen. Wie in Abbildung 2.33 gezeigt, springen Sie direkt in die *Positionsebene* – zu erkennen in der Titelleiste am Feld POSITIONSDATEN ❶ –, deren Aufbau dem der Kopfebene ähnelt. Im Feld POSITION ❷ wird Ihnen die Positionsnummer ausgegeben (in dem Fall die *10*). Darunter sehen Sie die MATERIALnummer.

Positionsnummerierung

Standardmäßig erfolgt die Nummerierung der Positionen in Zehnerschritten. Die erste Position bekommt die 10, die zweite die 20 usw. Diese Einstellung kann systemseitig angepasst werden.

Möchten Sie in andere Positionen wechseln, können Sie mit den Pfeiltasten ❸ arbeiten.

Es stehen Ihnen verschiedene Sichten zur Verfügung ❹. Aktuell wird die Sicht VERKAUF A angezeigt. Mit dem Pfeilbutton ❺ gelangen Sie auch hier zurück in das Übersichtsbild.

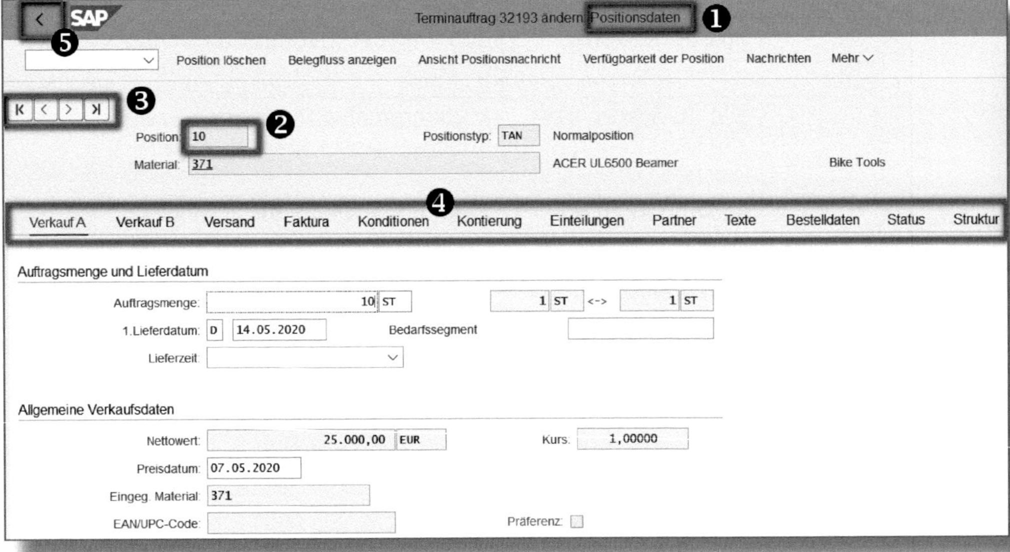

Abbildung 2.33: Positionsebene, Übersicht

Welche Möglichkeiten der Bearbeitung haben Sie nun auf der Positionsebene? Dazu zeige ich beispielhaft die Sichten KONDITIONEN, KONTIERUNG, PARTNER und TEXTE.

In Abbildung 2.34 sehen Sie die Sicht KONDITIONEN ❶ mit der Konditionstabelle für das Material der ersten Position.

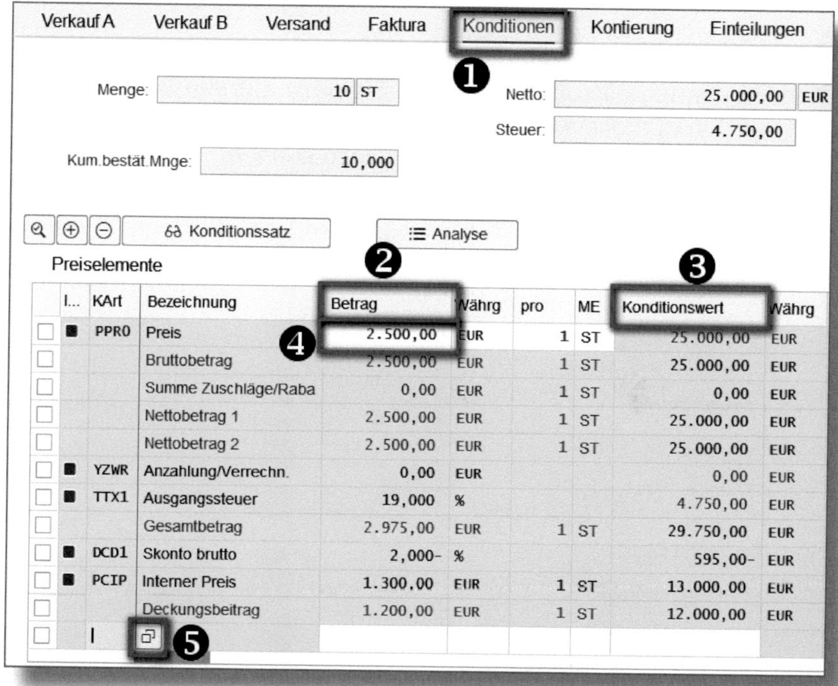

Abbildung 2.34: Positionsebene, Sicht »Konditionen«

In der Spalte BETRAG ❷ ist der Wert für ein Stück pro Konditionsart abgebildet. In der Spalte KONDITIONSWERT ❸ wird Ihnen der Gesamtwert der Position angezeigt (Verkaufsmenge mal Betrag). Der PREIS ❹ kann bei Bedarf verändert werden.

Preisänderung im Auftrag

Preisänderungen im Auftrag sind nur möglich, wenn Sie die Berechtigungen dazu haben. Wenn Sie keine Preisänderungen vornehmen dürfen, ist das Feld PREIS ❹ ausgegraut.

Die *Konditionstabelle* ist ähnlich aufgebaut wie auf der Kopfebene. So sehen Sie alle beteiligten Konditionen zu genau dieser Position, einschließlich Deckungsbeitrag.

In der nächsten freien Zeile können Sie, analog zur Kopfebene, weitere Konditionsarten hinzufügen. Klicken Sie dazu auf den Button ❺. Ihnen werden nun alle Konditionsarten angezeigt (Abbildung 2.35), die Sie auf Positionsebene zusätzlich erfassen können.

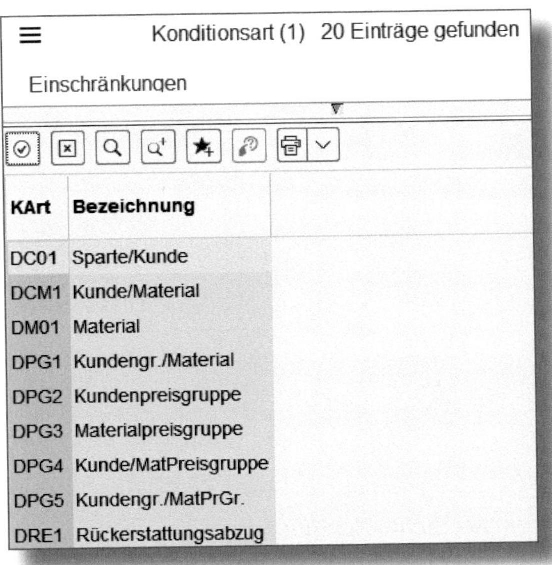

Abbildung 2.35: Positionsebene, Konditionsarten

Notwendige Kontierungsobjekte lassen sich in der Sicht Kontierung ❶ (Abbildung 2.36) erfassen.

> **Kontierungsobjekte**
>
> *Kontierungsobjekte* kommen aus dem Rechnungswesen. Auf ihnen werden z. B. die Umsätze oder die Wareneinsätze aus dem Auftrag gebucht. Damit sind spätere Auswertungen, insbesondere im Controlling, möglich.

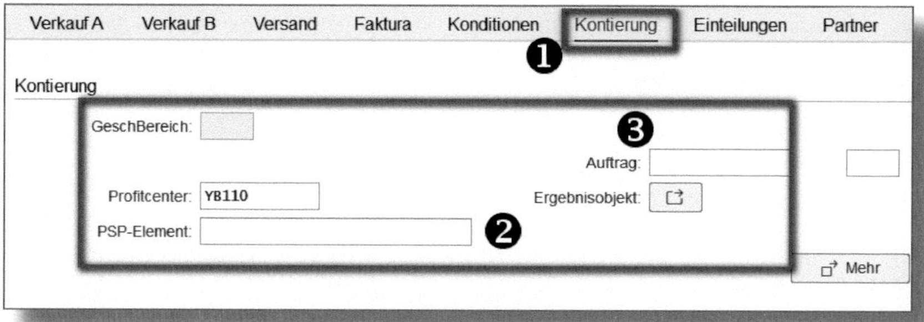

Abbildung 2.36: Positionsebene, Sicht »Kontierung«

Welche *Kontierungsobjekte* erfasst werden müssen, hängt von Ihren internen Prozessen und natürlich von den verwendeten Komponenten ab. Häufig sind zusätzlich ein PSP-ELEMENT ❷ oder ein AUFTRAG ❸ erforderlich.

PSP-Element

»PSP« steht für *Projektstrukturplan* und wird im SAP-Modul PS definiert. Ein Projektstrukturplan besteht aus verschiedenen PSP-Elementen, welche hierarchisch gegliedert sind. Je nach Ausprägung lassen sich bestimmte PSP-Elemente kontieren.

Kontierungsobjekt »Auftrag«

Der Begriff »Auftrag« wird im SAP-Programm für verschiedene Vorgänge verwendet. Hier handelt es sich um einen Innenauftrag. Dieser wird im SAP-Modul CO angelegt und von verschiedenen Anwendungen als Kontierungsobjekt benötigt.

In unserem Beispiel soll auf weitere Kontierungen verzichtet werden.

Wir schauen noch einmal in die Sicht PARTNER ❶, siehe Abbildung 2.37. Dort können Sie analog zur *Kopfebene* die Partnerzuordnung ändern oder ergänzen.

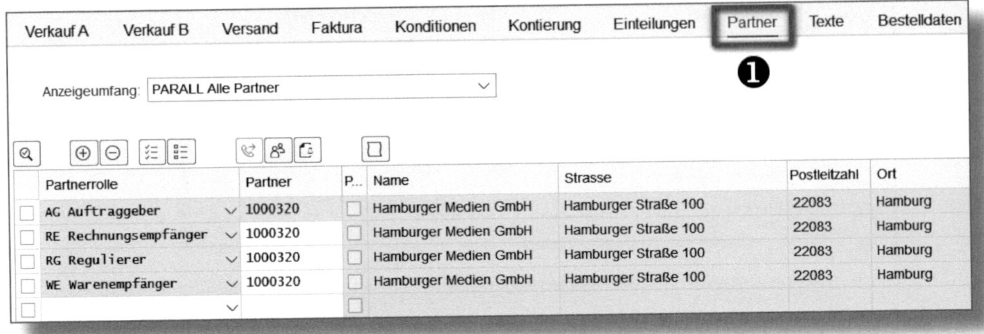

Abbildung 2.37: Positionsebene, Sicht »Partner«

So lässt sich z. B. in jeder Position ein anderer WARENEMPFÄNGER hinterlegen. Bei der Erstellung der Lieferung wird dann automatisch für jede Position ein Lieferschein erstellt. Die Rechnung hingegen geht an einen Rechnungsempfänger und enthält alle gelieferten Positionen.

Auch die Sicht TEXTE ❶ (Abbildung 2.38) entspricht in Aufbau und Funktion der *Kopfebene*. Hervorzuheben ist hier die TEXTART MATERIALVERKAUFSTEXT ❷. Diese wurde im Stammsatz des Materials gepflegt (siehe Abschnitt 3.2.1) und wird in den Verkaufsbelegen mit ausgegeben.

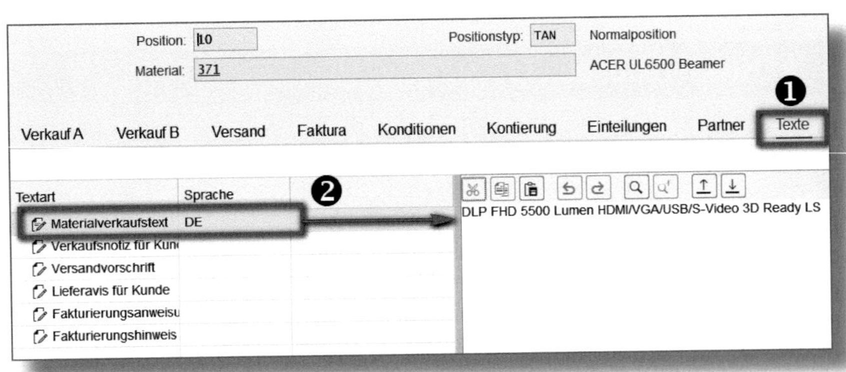

Abbildung 2.38: Positionsebene, Sicht »Texte«

Um von der Positionsebene wieder in die Übersichtsmaske zu gelangen, klicken Sie auf den Pfeil oben links neben dem SAP-Logo.

Schnelländerungen

Umfasst Ihr Auftrag viele Positionen, in die überall die gleiche Änderung eingetragen werden muss, so bietet Ihnen das SAP-Programm eine begrenzte Auswahl in der Schnelländerung an. Dazu sollten Sie zunächst im Übersichtsbild, siehe Abbildung 2.22, alle benötigten Positionen markieren. Anschließend können Sie über den Pfad MEHR • BEARBEITEN • SCHNELLÄNDERUNG VON das Thema auswählen, zu dem Sie Änderungen durchführen möchten (siehe Abbildung 2.39).

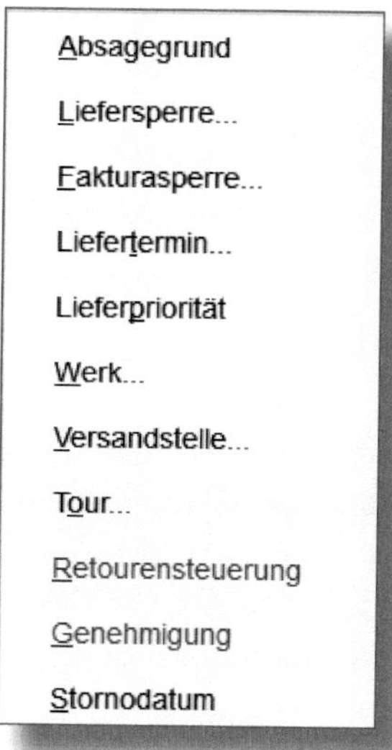

Abbildung 2.39: Schnelländerungsmöglichkeiten

Um beispielsweise die Auslieferung der gewählten Positionen zu verhindern, könnten Sie LIEFERSPERRE auswählen.

In der sich nun öffnenden Sicht entscheiden Sie, ob alle markierten Positionen ❷ gesperrt werden sollen oder ob die Sperre auf Kopfebene ❶ erfolgen soll (Abbildung 2.40). Letzteres bewirkt, dass der gesamte Beleg für die Lieferung gesperrt ist. Eine Liefersperre ❶ wird gesetzt, indem Sie einen Sperrgrund ❸ auswählen. Die auswählbaren Gründe sind in der Regel auf Kopf- und Positionsebene identisch.

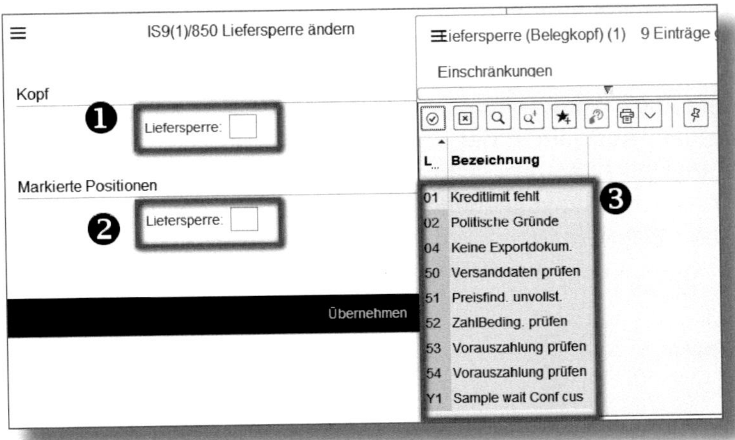

Abbildung 2.40: Gründe für eine Liefersperre

Für die weitere Auftragsbearbeitung wurden in diesem Beispiel keine Sperren gesetzt.

! Folgeprozesse im Auge behalten

Die Bearbeitung eines Auftrags kann in der Praxis sehr komplex ausfallen. Dementsprechend gibt es viele Möglichkeiten, im System Änderungen vorzunehmen, die zum gewünschten Ergebnis führen. Bedenken Sie bitte immer, dass die Einstellungen, die Sie als Vertriebsmitarbeiter im Auftrag vornehmen, Auswirkungen auf alle Folgeprozesse haben.

Kundenauftrag stornieren in der SAP GUI

Um einen Auftrag zu stornieren, müssen Sie zuvor nicht sämtliche Positionen markieren. Klicken Sie im Änderungsmodus (Transaktion *VA02*) auf den Button BELEG ABSAGEN ❶ in der Übersichtsmaske des Auftrags (Abbildung 2.41).

Sie werden aufgefordert, einen ABSAGEGRUND ❶ auszuwählen (siehe Abbildung 2.42).

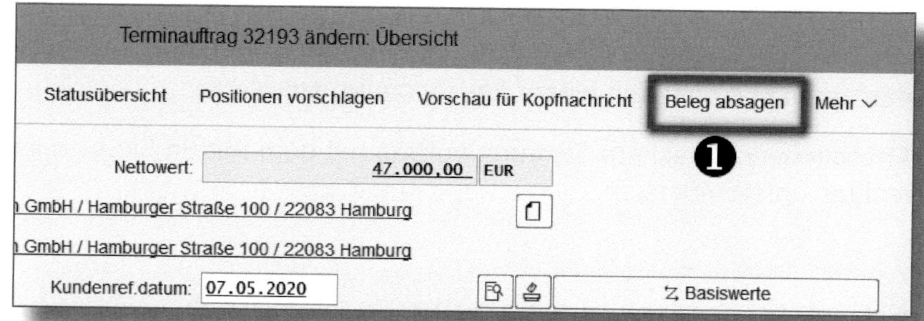

Abbildung 2.41: Übersicht Terminauftrag ändern, Beleg absagen

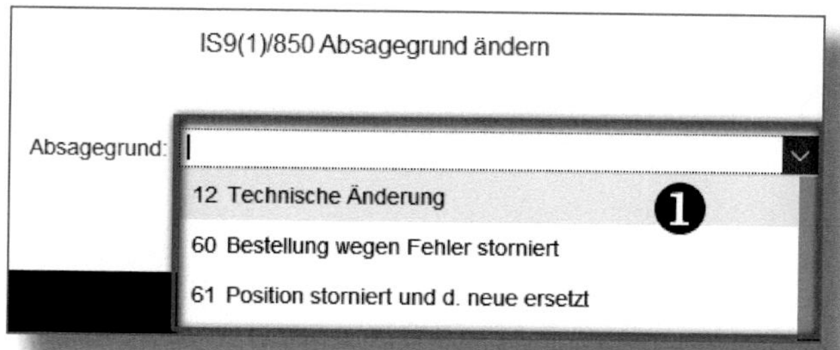

Abbildung 2.42: Absagegrund auswählen

Klicken Sie anschließend auf den Button ÜBERNEHMEN. Ihnen werden in der Sicht ABSAGEGRUND ❶ (Abbildung 2.43) auf dem Übersichtsbild alle ausgewählten Positionen ❷ mit dem Grund für die Stornierung angezeigt. In diesem Beispiel ist es der ABSAGEGRUND *60 Bestellung wegen Fehler storniert.*

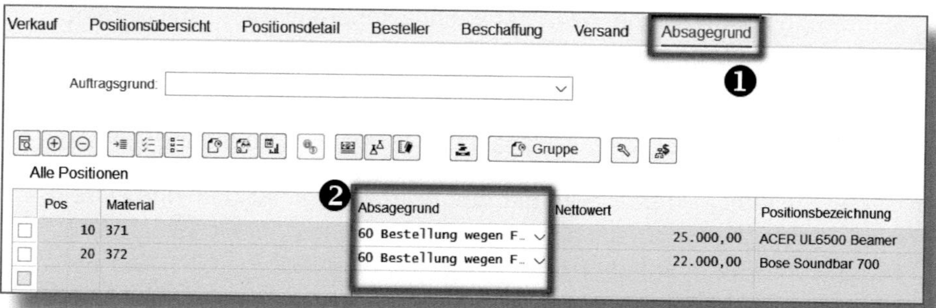

Abbildung 2.43: Absagegrund, Übersichtsbild

Die beschriebene Funktion gilt für den gesamten Auftrag. Einzelne Positionen können Sie im Reiter ABSAGEGRUND ❶ in der Positionstabelle markieren und dann mit einem ABSAGEGRUND stornieren.

Anschließend speichern Sie Ihren Auftrag mit dem Button SICHERN im rechten unteren Bereich.

2.4 Folgeprozesse mit SAP GUI

In den Folgeprozessen werden der Lieferungsprozess und die Fakturierung mit der SAP-GUI-Oberfläche vorgestellt. Dabei wird der Verkaufsbeleg aus Abschnitt 2.2 weiterbearbeitet. Die Prozesse werden jeweils als Einzelbelege angelegt. Die Sammelverarbeitung, also die Erstellung der Vorgänge für mehrere Vorgängerbelege, wird in Kapitel 6 beschrieben.

2.4.1 Lieferung anlegen mit SAP GUI

Bestandssituation vor Lieferung

Der Lieferungsprozess hat Auswirkungen auf die Bestandssituation der Materialien. An einem Beispiel sollen für ein Material aus unserem Auftrag die Bestandsänderungen während des Lieferungsprozesses verfolgt werden. Dazu wollen wir, bevor wir die Lieferung anlegen, einen Blick in den Bestand werfen sowie noch einmal auf die Vorgänge »Lieferung anlegen« und »Warenausgang« schauen. Dabei soll gezeigt werden, wie in SAP die einzelnen Module ineinandergreifen und im Hintergrund weitere Vorgänge gestartet werden.

Rufen Sie in der SAP GUI die Transaktion *MD04* auf (Abbildung 2.44).

Geben Sie eine MATERIALnummer des Auftrags ein, für den eine Lieferung angelegt werden soll ❶, sowie das beteiligte WERK ❷. Klicken Sie anschließend auf den Button WEITER oder auf `Enter`. Sie bekommen die aktuelle Bestands- und Bedarfsliste angezeigt (Abbildung 2.45).

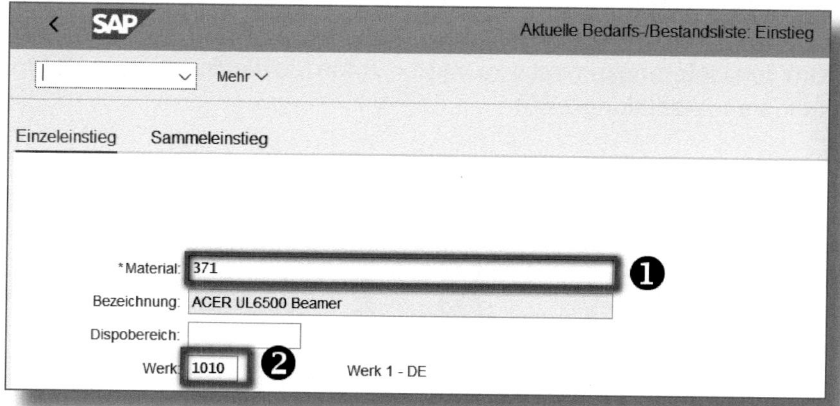

Abbildung 2.44: Transaktion MD04, Einstiegsmaske

Bedarfs-/Bestandsliste von 18:05 Uhr

Materialbaum ein | Auffrischen | Filter ein | Mail an Disponent senden | Mehr

Material: 371
Bezeichnung: ACER UL6500 Beamer
Dispobereich: 1010 Plant 1 DE
Werk: 1010 Dispomerkmal: PD Materialart: HAWA Einheit: ST

Dat. | WE | BV Ein | Ein | Lieferant | Kunde

Z...	Datum	Dispoel...	Daten zum Dispoelem.	Umterminieru...	A...	Zugang/Bed...	Verfügbare Menge
	14.05.2020	Best.					300
	14.05.2020	KunAuf	0000032201/000010/000...			10-	290

Abbildung 2.45: Aktuelle Bedarfs-/Bestandsliste vor Lieferung

In diesem Beispiel gibt es gegenwärtig eine VERFÜGBARE MENGE von 300 Stück im WERK 1010. Dies wird in der ersten Zeile als DISPOEL... *Best.* ausgewiesen. Unser Dispoelement Kundenauftrag, erkennbar als DISPOEL... *KunAuf*, beinhaltet einen Bedarf von 10 Stück. Die VERFÜGBARE MENGE verringert sich entsprechend ❶. Der Bedarf für unseren Kunden ist also in diesem Fall gedeckt.

Lieferung anlegen

Um den Lieferungsprozess zu starten, rufen Sie die Transaktion *VL01N* auf (siehe Abbildung 2.46).

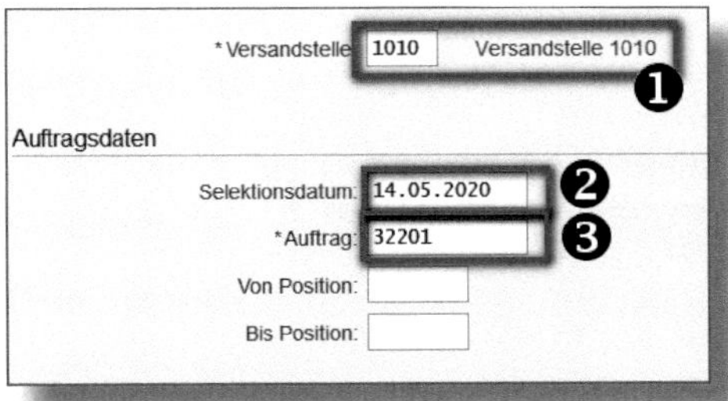

Abbildung 2.46: Transaktion VL01N, Einstiegsmaske

Tragen Sie die VERSANDSTELLE ❶, das SELEKTIONSDATUM ❷ und den AUFTRAG ❸ in die entsprechenden Felder ein. Das SELEKTIONSDATUM entspricht hier dem *Materialbereitstellungsdatum* aus dem Auftrag.

> **Materialbereitstellungsdatum**
>
> Dieses Datum wird bei der Anlage eines Auftrags automatisch ermittelt, ausgehend vom Wunschlieferdatum des Kunden. An diesem Tag muss mit den Versandaktivitäten begonnen werden, also der Kommissionierung, Verpackung und dem Versenden der Ware.

Die Versandstelle ist der Ort in Ihrem Unternehmen, wo die Versandaktivitäten durchgeführt werden. Durch die Versandstellenfindung im Auftrag wurde die für diesen Auftrag zuständige Versandstelle ermittelt, siehe auch Abschnitt 2.2. Klicken Sie auf WEITER.

Es öffnet sich die Maske zum Anlegen einer Lieferung (siehe Abbildung 2.47), in welcher Ihnen sämtliche lieferrelevanten Positionen vorgeschlagen werden ❶.

Sollen diese alle geliefert werden, klicken Sie auf SICHERN. Möchten Sie nur bestimmte Positionen liefern, markieren Sie diese vorher in der Tabelle.

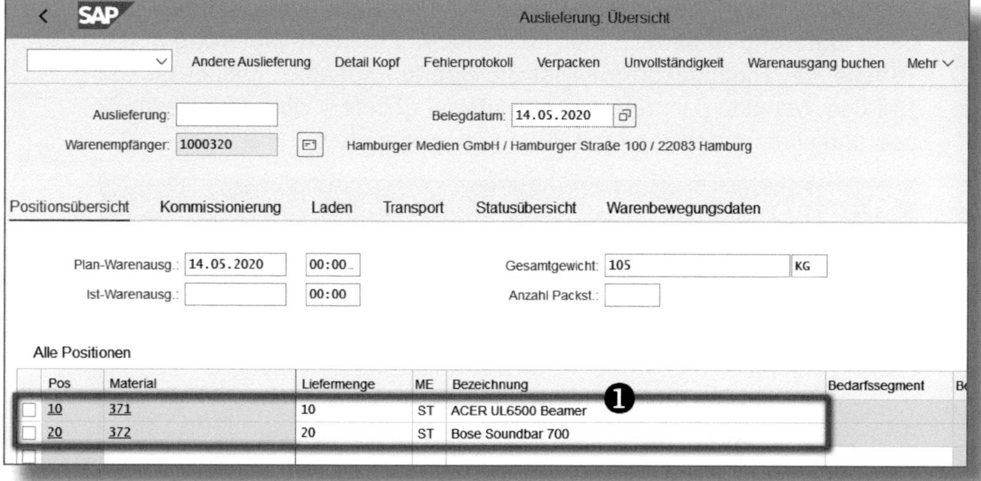

Abbildung 2.47: Lieferung anlegen

Nachdem Sie gesichert haben, wird dies in der Statusleiste durch die entsprechende Erfolgsmeldung bestätigt: Auslieferung 80020983 gesichert

Welche Auswirkungen hat dieser Schritt auf die Bedarfs- und Bestandsliste? Um die entsprechenden Informationen einzusehen, starten Sie die Transaktion *MD04* und selektieren, wie im Text zu Abbildung 2.44 bereits erläutert.

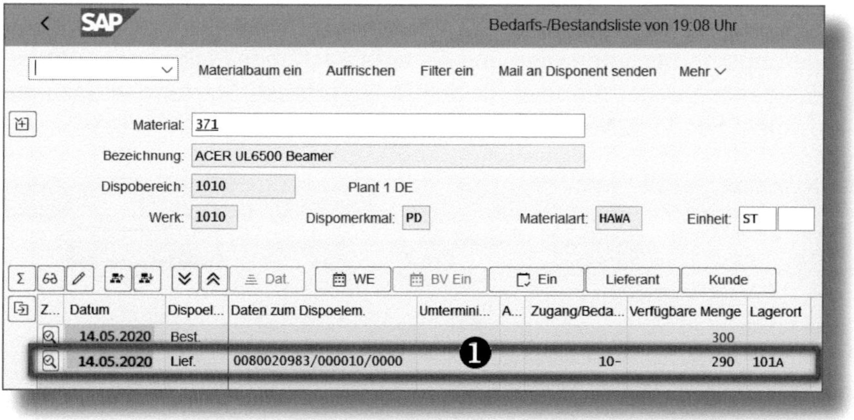

Abbildung 2.48: Bedarfs-/Bestandsliste nach Anlage der Lieferung

Wie Sie in Abbildung 2.48 erkennen können, steht jetzt das Dispoelement Lieferung (DISPOEL... *Lief.*) für unsere angelegte Lieferung in der Tabelle ❶. Hinzugekommen ist die Spalte LAGERORT. Dieser ist der Teil des WERKES, aus dem unser Material geliefert wird. Der Gesamtbestand wird immer noch mit *300* Stück angegeben.

Definition: Lagerort

Mithilfe des Lagerortes wird eine Unterscheidung von Materialbeständen innerhalb eines Werkes ermöglicht. So kann es ein Rohstoff-, ein Fertigteil- oder ein Retourenlager geben. Innerhalb eines Werkes existieren ggf. mehrere Lagerorte. Die dem Lagerort zugewiesene Nummer ist nur innerhalb des Werkes eindeutig.

2.4.2 Warenausgang buchen in der SAP GUI

Der nächste Schritt ist die *Kommissionierung*. In SAP kann diese mit der Komponente Warehouse-Management-System (WMS) abgebildet werden. Mit der Markteinführung von S/4HANA hat die SAP auch hier ein neues Produkt auf den Markt gebracht: das *SAP Extended Warehouse Management (EWM)*, eine Lösung, die im Vergleich zum WMS eine Vielzahl zusätzlicher Funktionalitäten bietet. Kommt keine der Warehouse-Management-Lösungen zum Einsatz, kann die Kommissionierung auch manuell erfolgen. Dazu wird der Lieferbeleg im Änderungsmodus aufgerufen und die entsprechende Pickmenge (Warenausgangsmenge) manuell für den Beleg erfasst. Starten Sie dazu die Transaktion *VL02N*.

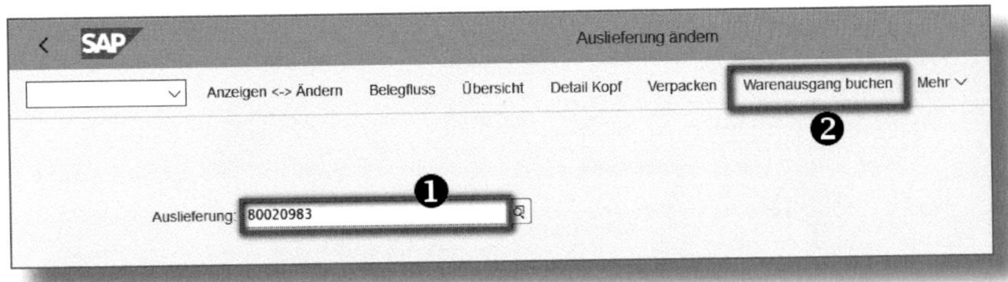

Abbildung 2.49: Lieferung ändern, Einstiegsmaske

Die letzte verwendete Nummer wird im Feld AUSLIEFERUNG ❶ angezeigt, siehe Abbildung 2.49. Sie haben die Möglichkeit, diesen Vorgang mit Klick auf den Menüpunkt WARENAUSGANG BUCHEN ❷ abzuschließen, können aber auch den Lieferbeleg aufrufen und die entnommene Menge direkt eingeben. Dazu klicken Sie auf WEITER, um in den Änderungsmodus der Lieferung zu gelangen (siehe Abbildung 2.50).

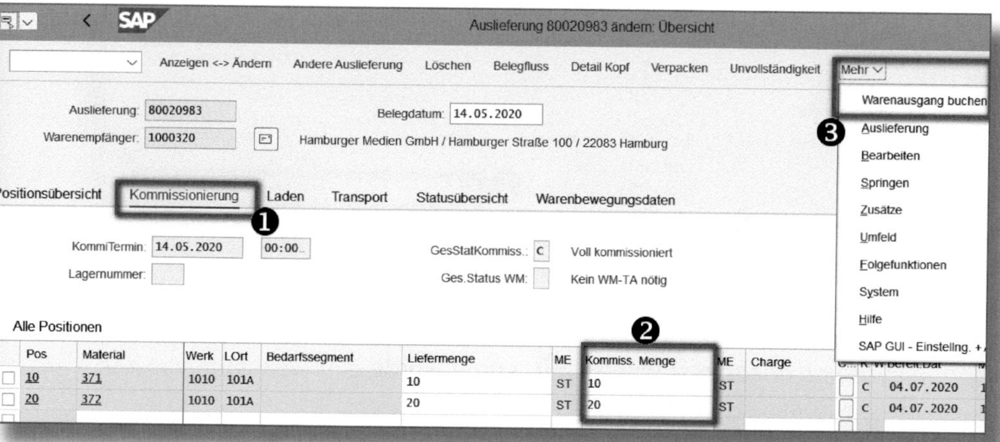

Abbildung 2.50: Auslieferung ändern, Warenausgang buchen

Klicken Sie auf den Reiter KOMMISSIONIERUNG ❶. Es werden Ihnen alle zu liefernden Positionen tabellarisch angezeigt. In der Spalte KOMMISS. MENGE tragen Sie die Menge ein ❷, die tatsächlich aus dem Lager entnommen wurde und nun gebucht werden soll.

Würden Sie diesen Vorgang jetzt SPEICHERN, hätten Sie lediglich die Werte für die Lieferung geändert, aber noch nicht die für den Warenausgang. Dazu müssen Sie aus der Maske heraus den Pfad MEHR • WARENAUSGANG BUCHEN ❸ aufrufen. Sie erhalten die Meldung, dass die Auslieferung gesichert wurde.

Diese Vorgehensweise können Sie wählen, wenn Sie die entnommene Menge und die LIEFERMENGE vergleichen möchten, um keine Differenzen zu erhalten. Auch wenn der Lagerbestand nicht stimmt oder ein Teil sogar beschädigt ist und die gewünschte Menge nicht vollständig geliefert werden kann, müssen Sie diesen Weg gehen. Sie haben dann ebenfalls die Möglichkeit, im Feld KOMMISS. MENGE die tatsächlich entnommene Anzahl zu erfassen. Zusätzlich muss die LIEFERMENGE angepasst werden.

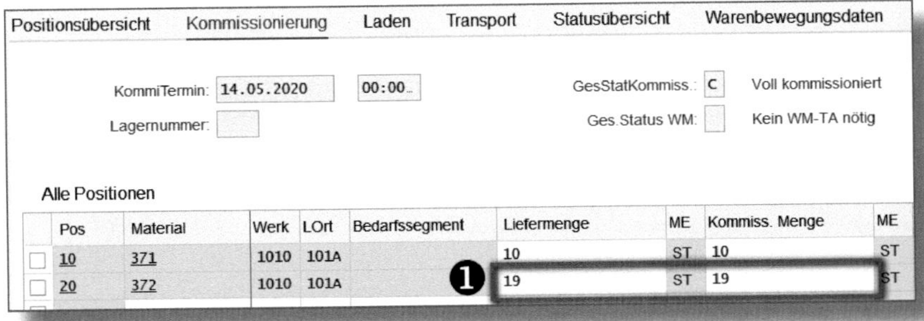

Abbildung 2.51: Warenausgang mit Mengenabweichung buchen

Aus Abbildung 2.51 geht hervor, dass die KOMMISS. MENGE und die LIEFERMENGE angepasst wurden ❶, somit würde ein Rückstand von »1« für die Position (Pos) 20 entstehen.

Praxishinweis zur Teillieferung

Ob eine Anpassung der Liefermenge erlaubt ist, hängt u. a. von den Einstellungen im Kundenstamm ab. Dort kann ein Flag (Haken) gesetzt sein, dass keine Teillieferungen erlaubt sind.

In unserem Fall haben wir die komplette Menge entnommen und geliefert. Das System hat den Lagerbestand automatisch angepasst. In der Transaktion *MD04* wird dies deutlich (siehe Abbildung 2.52). Die verfügbare Menge beträgt nach dem Warenausgang für diesen Artikel *290* Stück.

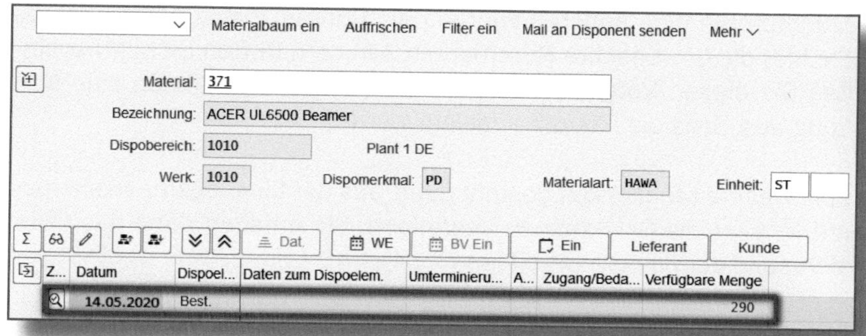

Abbildung 2.52: Aktuelle Bedarfs- und Bestandsliste nach Warenausgang

2.4.3 Fakturierung anlegen

Der letzte Schritt in der Auftragsabwicklung ist die Fakturierung. Hiermit wird der Auftrag vertriebsseitig abgeschlossen. Der Kunde erhält eine Rechnung, und in der Buchhaltung wird diese als Ausgangsrechnung automatisch gebucht.

Um eine Rechnung anzulegen, starten Sie die Transaktion *VF01*. Es wird Ihnen in der Einstiegsmaske, siehe Abbildung 2.53, unter der Spalte BELEG die letzte verwendete Lieferungsnummer angezeigt ❶.

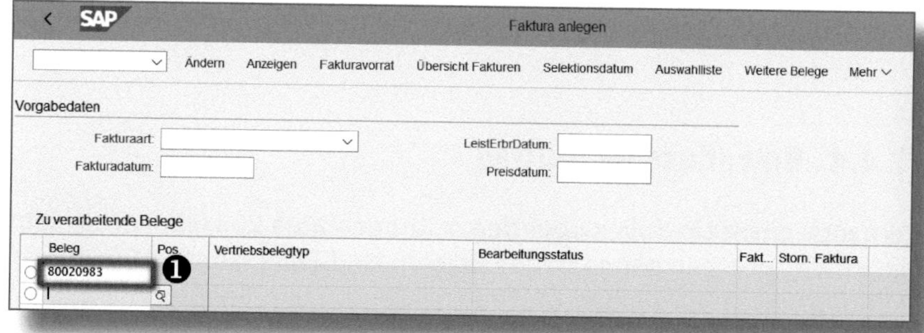

Abbildung 2.53: Faktura anlegen, Einstiegsmaske

Möchten Sie eine andere Lieferung als Referenzbeleg nutzen, tragen Sie hier die gewünschte Nummer ein. Mit dem Button SICHERN schließen Sie diesen Vorgang sofort ab. Das System gibt Ihnen eine Meldung aus, dass die Faktura angelegt wurde.

Eine weitere Möglichkeit besteht darin, aus der Einstiegsmaske heraus mit [Enter] die Selektion zu bestätigen. Sie erhalten dann das Übersichtsbild der Faktura (Abbildung 2.54).

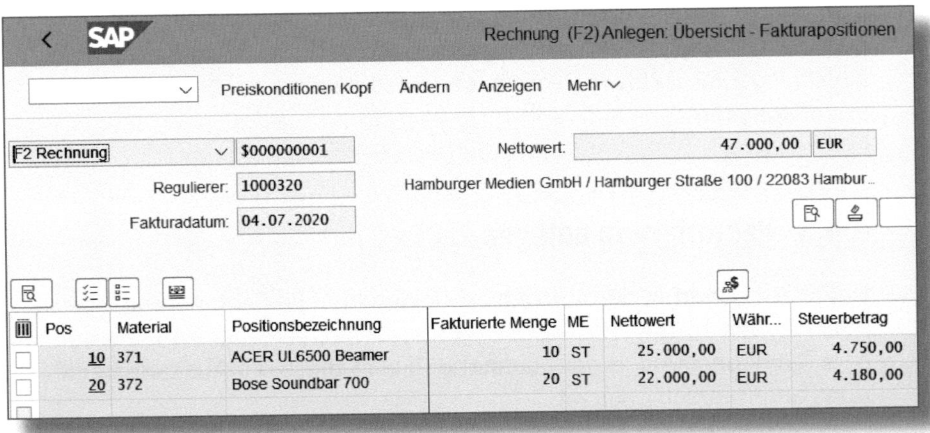

Abbildung 2.54: Faktura anlegen, Übersichtsbild

Der Vorteil hierbei besteht darin, dass Sie die zu fakturierenden Positionen vorher noch mal einsehen können. Eine Änderung ist jedoch nicht möglich. Sichern Sie die Faktura.

2.4.4 Belegfluss im Auftrag

Um sich einen Überblick über den Auftragsstatus zu verschaffen, gibt es im Vertrieb den sogenannten *Belegfluss*. Diesen können Sie aus allen beteiligten Vorgängen (Auftrag, Lieferung und Faktura) heraus im Anzeige- oder Änderungsmodus aufrufen. Als Beispiel soll nachfolgend die Auftragsanzeige dargestellt werden.

Rufen Sie die Transaktion *VA03* auf.

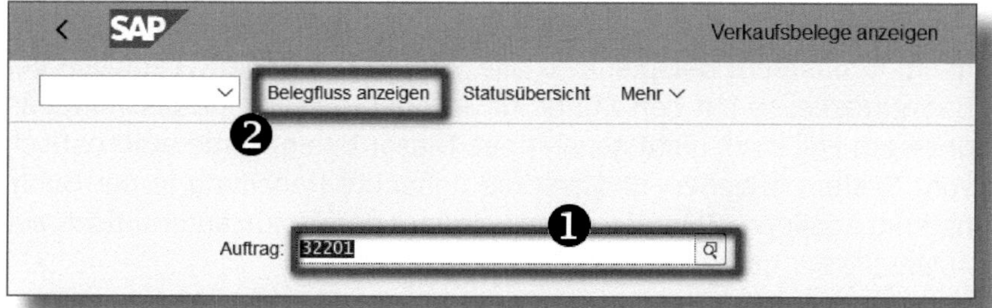

Abbildung 2.55: Transaktion VA03, Einstiegsmaske

Sie können bereits aus der Einstiegsmaske heraus den Belegfluss zum Auftrag aufrufen, siehe Abbildung 2.55. Geben Sie dazu die gewünschte Auftragsnummer ein ❶ und klicken Sie anschließend auf BELEGFLUSS ANZEIGEN ❷.

Sie erhalten eine Übersicht über alle beteiligten Vorgänge ❶ zum ausgewählten Auftrag (siehe Abbildung 2.56).

Belegfluss aufrufen

Sie können den Belegfluss auch aus jedem Vertriebsvorgang heraus aufrufen. Dazu steht Ihnen in der Menüleiste immer der Button BELEGFLUSS ANZEIGEN zur Verfügung.

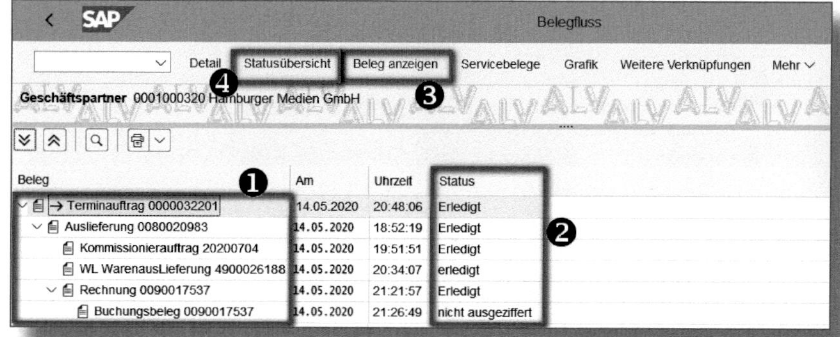

Abbildung 2.56: Belegfluss im Auftrag

In der Spalte STATUS sehen Sie den aktuellen Stand ❷ zum Vorgang. In unserem Beispiel sind alle Vorgänge ERLEDIGT. Lediglich der BUCHUNGSBELEG hat den Status NICHT AUSGEZIFFERT, da der Kunde in unserem Fall noch nicht gezahlt hat. Dieser Beleg wurde automatisch vom System generiert und soll die gebuchte Rechnung in der Buchhaltung abbilden. Zahlt der Kunde, springt der Status automatisch auf AUSGEZIFFERT um.

Möchten Sie sich einen Beleg erneut ansehen, so klicken Sie in die entsprechende Zeile und anschließend auf den Button BELEG ANZEIGEN ❸.

Der Button STATUSÜBERSICHT ❹ ermöglicht einen genaueren Aufruf der einzelnen Vorgänge im Auftrag. Sie können zu jeder Position die gelieferte und berechnete Menge sehen sowie, welche Mengen noch OFFEN sind.

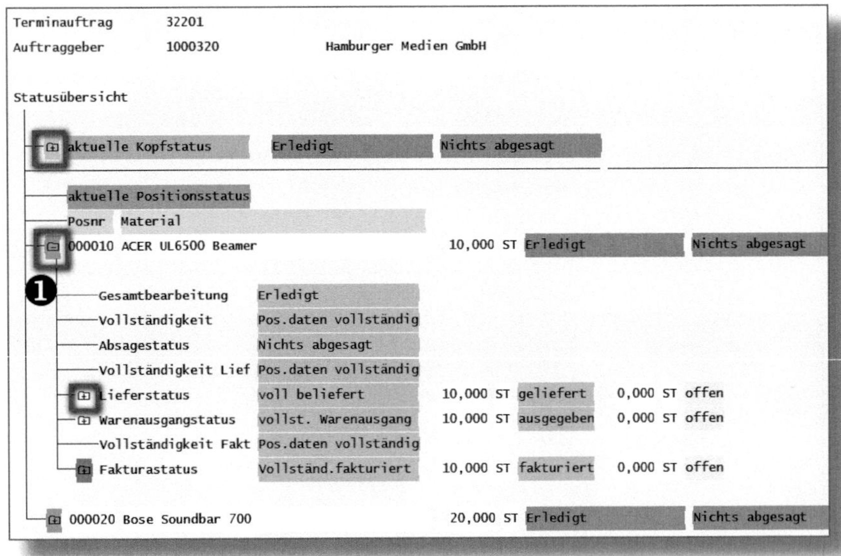

Abbildung 2.57: Statusübersicht eines Auftrags

In Abbildung 2.57 sehen Sie die STATUSÜBERSICHT zum gezeigten Auftrag. Über die Ordnerstruktur ❶ können Sie weitere Details einsehen, indem Sie einzelne Ordner auf- und zuklappen. Die Anzeige verlassen Sie mit dem Button BEENDEN.

2.5 Folgeprozesse mit dem Fiori Launchpad

Der Lieferungs- und Fakturierungsprozess kann mit SAP S/4HANA auch mithilfe der entsprechenden Fiori-Apps abgebildet werden. Es ist möglich, nur einen Teil der Prozesse sowohl mit Fiori als auch mit den SAP-GUI-Masken durchzuführen. Letztlich entscheidet das SAP-Projekt in Ihrem Unternehmen, welche Funktionen bei Ihnen zum Einsatz kommen. Im Folgenden wird vorausgesetzt, dass ein zweiter Auftrag mit den gleichen Ausgangsbedingungen vorliegt wie im Ablauf mit der SAP-GUI-Oberfläche.

2.5.1 Lieferung anlegen mit dem Fiori Launchpad

Bestandssituation vor Lieferung

Auch in SAP Fiori gibt es Möglichkeiten, sich eine *Bedarfs- und Bestandsliste* aufzurufen. Die entsprechenden Informationen finden Sie mithilfe der App »Materialdeckung prüfen«. Öffnen Sie dieses Fenster, so werden Sie aufgefordert, die MATERIALnummer ❶ und das WERK ❷ auszuwählen (siehe Abbildung 2.58).

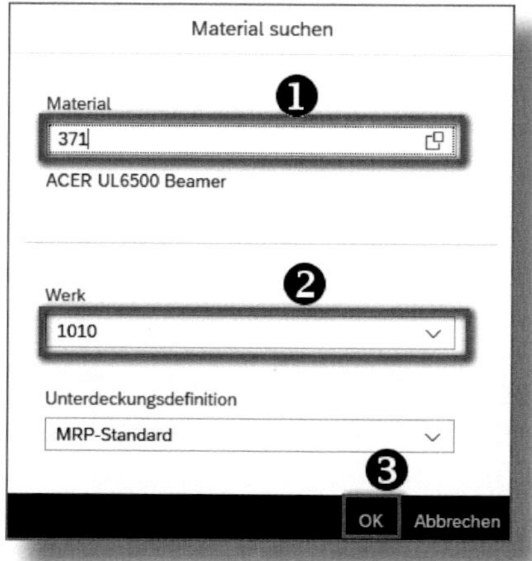

Abbildung 2.58: App »Materialdeckung prüfen«, Einstiegsmaske

Mit Klick auf OK ❸ erhalten Sie die gewünschte Übersicht. Als Beispiel wird hier nur **ein** Material aus dem Auftrag bestandsmäßig verfolgt. Für das zweite Material gilt dieselbe Vorgehensweise.

> **Hinweis zur App »Materialdeckung prüfen«**
>
> Diese App ist eine Anwendung aus der Produktion (Modul PP). Wird sie Ihnen über den App Finder nicht angezeigt, dann liegt Ihnen dafür keine Berechtigung vor. Lassen Sie sich diese App freischalten oder nutzen Sie alternativ die SAP-GUI-Transaktion *MD04*.

In der Abbildung 2.59 ist erkennbar, dass es für das ausgewählte Material ❶ einen Bedarf von *10 Stück* ❷ gibt. Dieser wird wieder mit dem Dispoelement KUNAUF (Kundenauftrag) abgebildet.

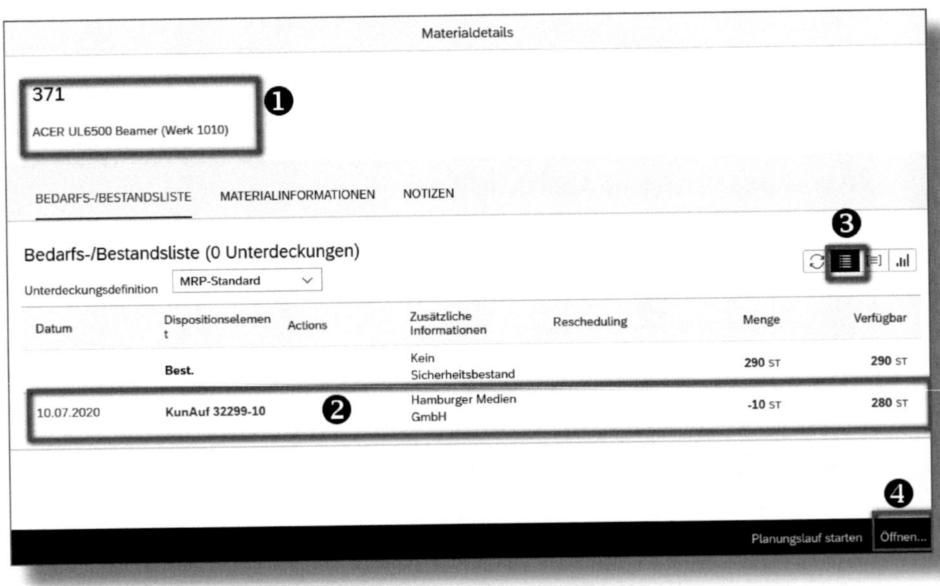

Abbildung 2.59: App »Materialdeckung bearbeiten«

Die App bietet Ihnen verschiedene Ansichtsmöglichkeiten. In diesem Fall ist die Tabellenansicht ❸ ausgewählt worden. Rechts unten können Sie mit einem Klick auf den Button ÖFFNEN ❹ in die klassische

Ansicht der SAP-GUI-Transaktion *MD04* wechseln, um dort wieder die aktuelle Bedarfs- und Bestandssituation zu sehen.

Lieferung anlegen

Es existieren verschiedene Apps, die Sie zum Anlegen einer Lieferung nutzen können, wie etwa »Auslieferung anlegen« mit dem Zusatz »Mit Auftragsbezug«. Die Funktion dieser App entspricht der SAP-GUI-Anwendung zum Anlegen einer Lieferung (siehe Abschnitt 2.4.1). Eine hilfreiche Funktion in SAP S/4HANA bietet die App »Auslieferungen anlegen« mit dem Zusatz »Aus Kundenaufträgen«. Rufen Sie diese auf, müssen Sie zunächst den Auftrag suchen, für den Sie eine Lieferung anlegen wollen.

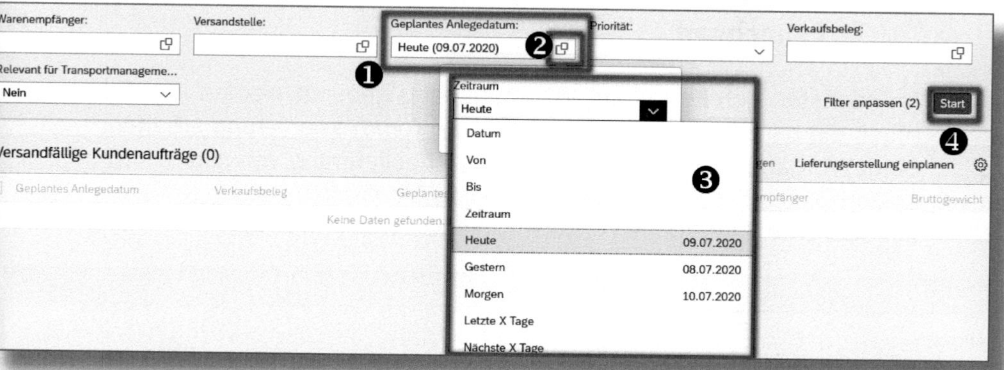

Abbildung 2.60: App »Auslieferungen anlegen – Aus Kundenaufträgen«, Selektion der versandfälligen Aufträge

Es stehen verschiedene Suchfelder zur Verfügung. In Abbildung 2.60 wird nach dem GEPLANTEN ANLEGEDATUM ❶ gesucht. Hierbei handelt es sich um das Datum der Lieferung. Mithilfe des entsprechenden Buttons ❷ können Sie gezielt ein Datum oder einen Datumsbereich auswählen ❸. Mit Klick auf START ❹ wird Ihnen eine Liste der Aufträge angezeigt, welche den Selektionskriterien entsprechen (siehe Abbildung 2.61).

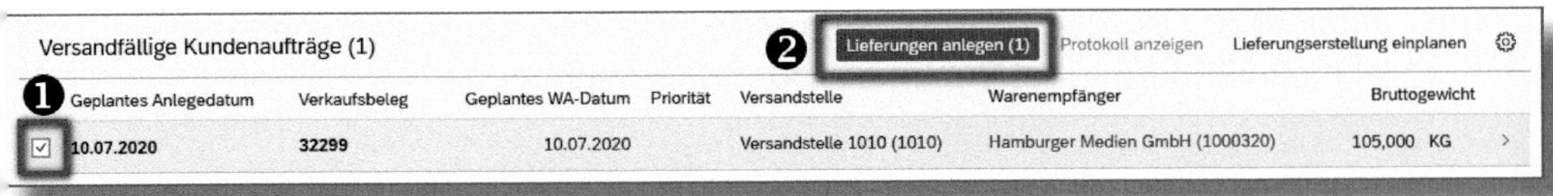

Abbildung 2.61: App »Auslieferung anlegen – Aus Kundenaufträgen«, Anlage der Lieferungen

Markieren Sie den Auftrag ❶ und klicken Sie anschließend auf LIEFERUNGEN ANLEGEN (1) ❷. Die Zahl in der Klammer besagt, wie viele Lieferungen durch die Selektion gefunden wurden.

2.5.2 Kommissionierung und Warenausgang mit dem Fiori Launchpad

Im nächsten Schritt soll der Warenausgang gebucht werden. Hierfür muss die Lieferung den Status *Bereit für Kommissionierung* erhalten. Beide Vorgänge lassen sich in der App »Auslieferung verwalten« umsetzen. Rufen Sie diese App auf, müssen Sie entsprechende Kriterien zur Suche der Lieferungen erfassen, siehe Abbildung 2.62.

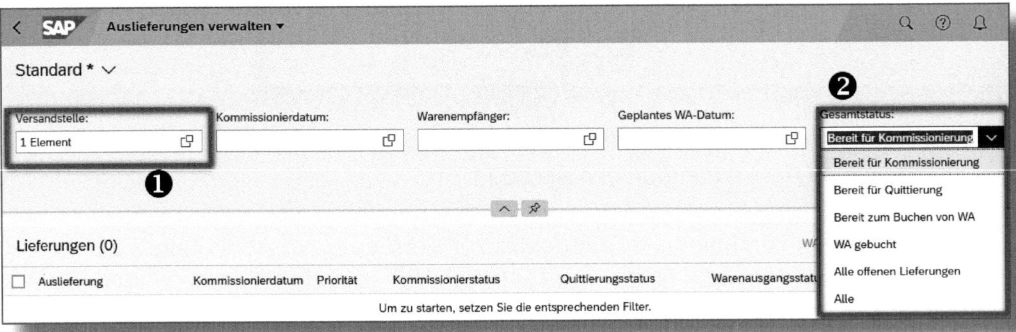

Abbildung 2.62: App »Auslieferung verwalten«, Selektion

Im Feld VERSANDSTELLE ❶ wurde die für die Kommissionierung benötigte Versandstelle eingetragen. Im Feld GESAMTSTATUS ❷ kann jetzt der Status ausgewählt werden, welcher in der Lieferung enthalten ist. Unsere Lieferung hat den Status *Bereit für Kommissionierung*. Anschließend klicken Sie auf den Button START.

> **Feld »Versandstelle«**
>
> Haben Sie eine VERSANDSTELLE (siehe Abbildung 2.62) ausgewählt und klicken danach in ein anderes Feld, hier GESAMTSTATUS, erscheint im Feld zur Versandstelle jetzt der Eintrag *1 Element*. Dies bedeutet, dass Sie genau ein Kriterium, also eine VERSANDSTELLE, ausgewählt haben.

In Abbildung 2.63 sehen Sie nun alle noch nicht kommissionierten Lieferungen.

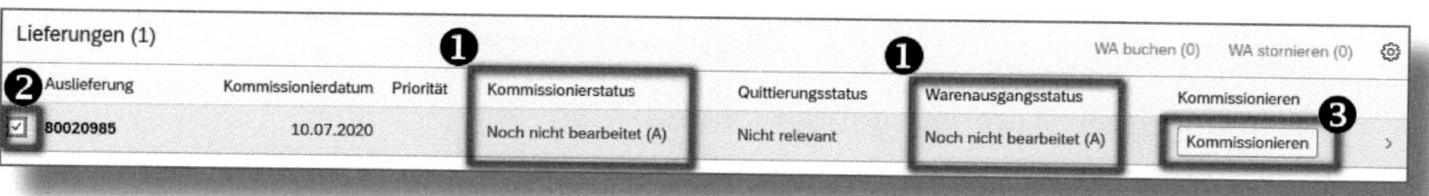

Abbildung 2.63: App »Auslieferung verwalten«, Kommissionierung einer Lieferung

Der KOMMISSIONIERSTATUS sowie der WARENAUSGANGSSTATUS werden hier als NOCH NICHT BEARBEITET (A) ❶ angezeigt. Markieren Sie vorn die gewünschte Zeile ❷ und klicken Sie anschließend auf KOMMISSIONIEREN ❸. Abbildung 2.64 zeigt den Bereich der Lieferpositionen im nächsten Schritt.

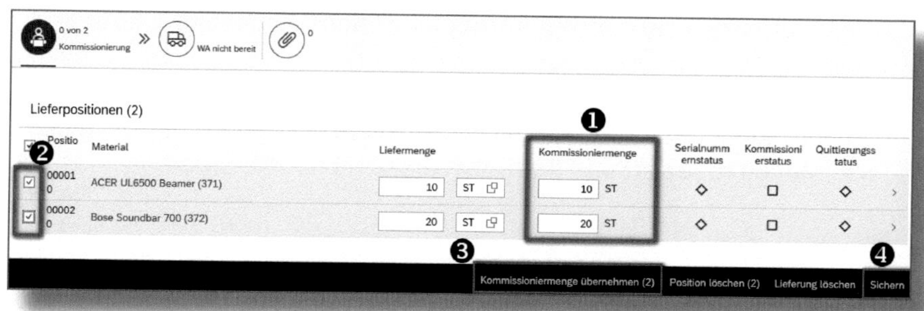

Abbildung 2.64: Kommissioniermenge erfassen in Fiori

Tragen Sie zunächst die zu kommissionierende Menge ein ❶, also diejenige, die aus dem Lager zum Kommissionierplatz geholt wurde. Markieren Sie alle benötigten Positionen ❷ und klicken Sie anschließend auf SICHERN ❹. Auf KOMMISSIONIERMENGE ÜBERNEHMEN ❸ klicken Sie, wenn die kommissionierte Menge nicht mit der Liefermenge übereinstimmt. Damit wird Letztere angepasst.

Sie kommen automatisch in den nächsten Prozessschritt: die Buchung des Warenausgangs. Dies erkennen Sie an den Prozesssymbolen in der Mitte des Bildschirms, siehe Abbildung 2.65.

Abbildung 2.65: Warenausgang buchen in Fiori

Klicken Sie auf den Button WARENAUSGANG BUCHEN. Sie finden diesen rechts unten in der Statusleiste. Das System zeigt Ihnen die Meldung an, dass der Warenausgang gebucht wurde. Verlassen Sie die App, indem Sie links oben auf den Button < klicken.

Bestandssituation nach Lieferung

Um sich die Bestandssituation nach der Lieferung anzusehen, rufen Sie erneut die App »Materialdeckung prüfen« auf und wählen den gewünschten Artikel aus Ihrem Auftrag aus (siehe Abbildung 2.58).

In der aktuellen Bedarfs- und Bestandsliste, siehe Abbildung 2.66, ist der Auftrag nicht mehr vorhanden. Der Bestand hat sich um die gelieferte Menge reduziert und beträgt in diesem Fall 280 Stück.

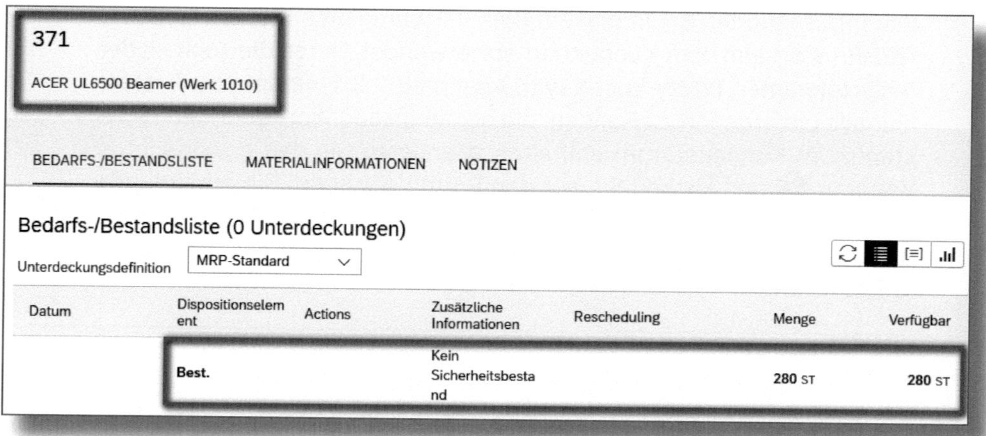

Abbildung 2.66: Bestandssituation nach Lieferung in Fiori

2.5.3 Fakturierung mit dem Fiori Launchpad

Der letzte Schritt ist die Fakturierung. Hierzu wählen Sie die App »Faktura anlegen« aus.

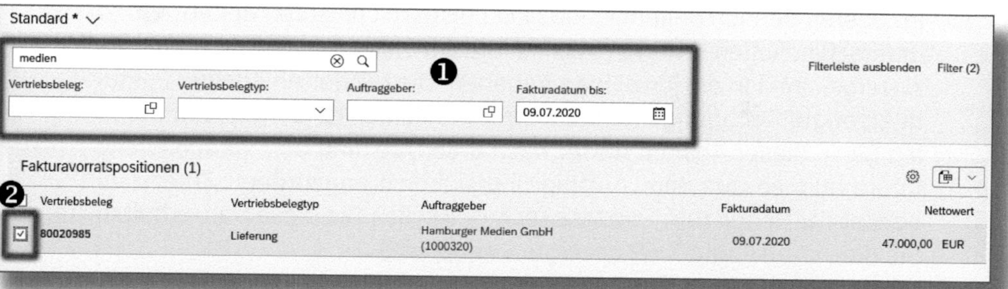

Abbildung 2.67: App »Faktura anlegen«, Selektion für Faktura-Einzelbeleg

Selektieren Sie die Lieferung, die Sie fakturieren möchten (siehe Abbildung 2.67). Es stehen auch hier verschiedene Felder zur Verfügung ❶. Welche Suchfelder Sie verwenden, hängt von den Ihnen vorliegenden Informationen ab. In diesem Beispiel wurde im allgemeinen Suchfeld ein Wort aus dem Kundennamen verwendet. Durch die Technik der fehlertoleranten Fuzzy-Suche (vgl. Abschnitt 2.3.1) findet das System hier alle Lieferungen zu Kunden, die genau dieses Wort oder den Wortstamm im Kundenstamm enthalten. Markieren Sie den gewünschten Vorgang ❷ und klicken Sie auf den Button ANLEGEN. Sie erhalten die Meldung, dass die Faktura angelegt wurde. Gleichzeitig kann die Faktura in elektronischer Form dargestellt werden, dies ist eine individuelle Einstellung.

Abbildung 2.68: Fakturaanzeige in Fiori

In Abbildung 2.68 sehen Sie die erzeugte Faktura in der Fiori-Maske. Im oberen Bereich befindet sich eine Leiste mit diversen Reitern ❶ zu unterschiedlichen Kriterien. Klicken Sie auf einen der Reiter, springt die Anzeige direkt in die jeweiligen Angaben. Die bei der Anlage der Faktura erzeugte Rechnungsnummer wird oben links ❷ dargestellt. Scrollen Sie in dieser Ansicht weiter nach unten, so sind dort verschiedene Informationen aus dem Auftrag übersichtlich angeordnet. Zu erwähnen ist der Reiter zum PROZESSABLAUF. Klicken Sie diesen an, erhalten Sie die in Abbildung 2.69 gezeigte Darstellung.

Diese Darstellung Ihres Auftrags ist mit dem Belegfluss aus der SAP GUI vergleichbar. Sie können mit einem einfachen Klick auf einen Prozessschritt direkt in den entsprechenden Vorgang springen. Der letzte Vorgang ist auch hier der Buchungsbeleg, der die Ausgangsrechnung im Modul FI abbildet. Dieser wurde im Rahmen der Fakturierung automatisch erzeugt und ist noch NICHT AUSGEZIFFERT (nicht bezahlt).

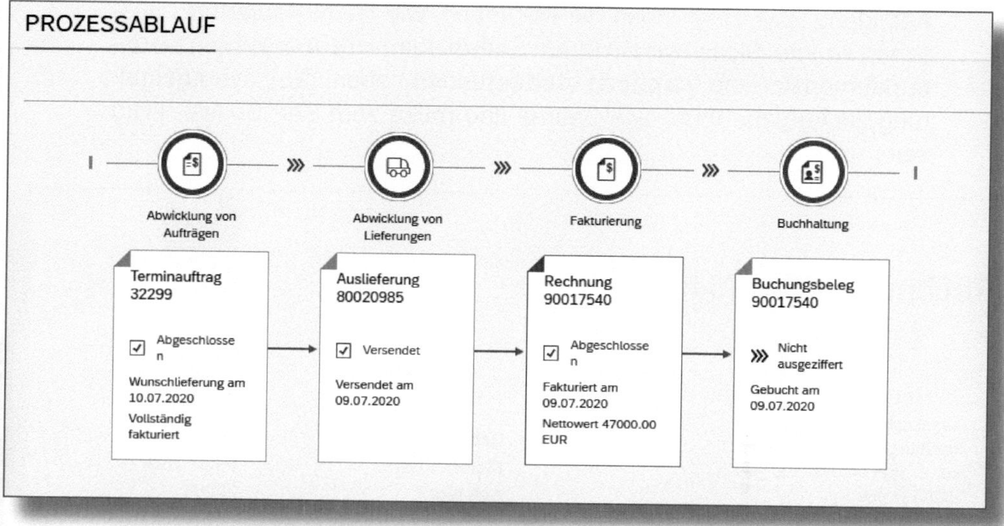

Abbildung 2.69: Fiori-Fakturamaske, Prozessablauf

Wenn Sie in der Fakturaanzeige ganz nach unten scrollen, erscheint der Bereich AUSGABEPOSITIONEN (siehe Abbildung 2.70).

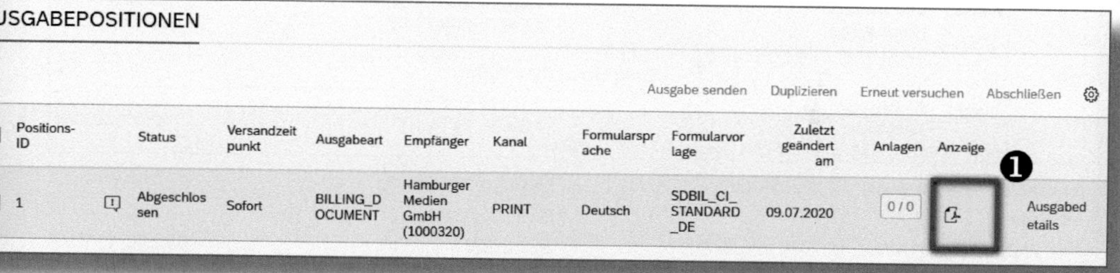

Abbildung 2.70: Fiori-Fakturamaske, Ausgabepositionen

Hier haben Sie die Möglichkeit, sich das Rechnungsformular anzeigen zu lassen. Klicken Sie dafür auf das Dokumentsymbol ❶ in der entsprechenden Zeile.

Abbildung 2.71 zeigt Ihnen die Rechnung, wie sie in Papierform aussehen könnte. Sicher wird in Ihrem SAP-System eine Anpassung an unternehmensinterne Vorgaben stattgefunden haben. Die Layoutgestaltung ist Aufgabe Ihres SAP-Teams und muss zum SAP-Go-live fertig sein.

Rechnung: 90017540

The predefined Company, Waldstrasse 86-90, 13403 Berlin, Germany

Gesellschaft
Hamburger Medien GmbH
Hamburger Straße 100
22083 Hamburg

Datum: 09.07.2020
Lieferdatum: 09.07.2020
Auftrag: 32299
Lieferung: 80020985
Referenznummer: 450098856

Zeile	Produkt	Beschreibung	Menge
10	371	ACER UL6500 Beamer	10 ST
	Preise: Bruttobetrag	2.500,00 EUR / 1 ST	25.000,00 EUR
	Nettobetrag 1	2.500,00 EUR / 1 ST	25.000,00 EUR
	DLP FHD 5500 Lumen HDMI/VGA/USB/S-Video 3D Ready LS		
20	372	Bose Soundbar 700	20 ST
	Preise: Bruttobetrag	1.100,00 EUR / 1 ST	22.000,00 EUR
	Nettobetrag 1	1.100,00 EUR / 1 ST	22.000,00 EUR
	Bass Module 700 Multiroom, WLAN, Alexa, AirPlay2 - schwarz		

Unsere Umsatzsteuer-ID: DE123456789
Incoterms: FH
Zahlungsbedingungen: 14 Tage 2%, 30 netto

Nettogesamtbetrag		47.000,00 EUR
Ausgangssteuer	19,00 %	8.930,00 EUR
Summe		**55.930,00 EUR**

Danke für Ihr Vertrauen.

Abbildung 2.71: Rechnungsformular, Druckformat

Die beschriebenen Faktura-Funktionen können Sie auch über die App »Fakturen verwalten« nutzen.

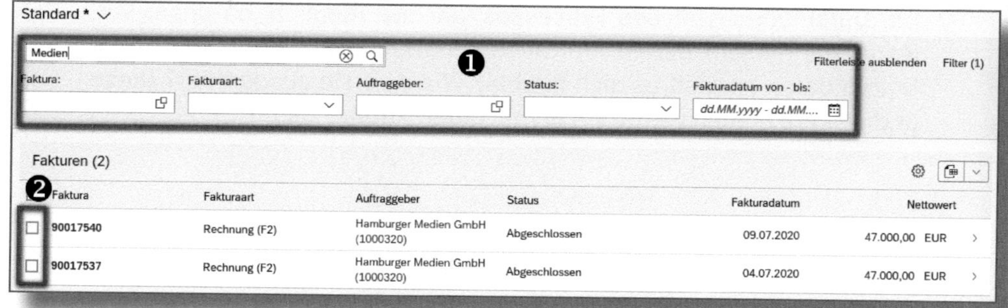

Abbildung 2.72: App »Fakturen verwalten«, Selektion

Die Selektion der gewünschten Faktura ist identisch mit der Suche nach speziellen Lieferungen. In Abbildung 2.72 sehen Sie, dass auch hier verschiedene Suchfelder zur Verfügung stehen ❶. Durch die Auswahl der gewünschten Rechnung ❷ kann diese nun bearbeitet werden. Abbildung 2.73 zeigt die dafür verfügbaren Funktionen im unteren Bereich des Bildschirms.

Abbildung 2.73: Faktura verwalten, Bearbeitungsleiste

Sie können sich nun die gewählte Faktura ANZEIGEN lassen oder diese STORNIEREN. Bitte beachten Sie, dass eine Stornierung nicht nur Auswirkungen auf Prozesse im Vertrieb hat, sondern dass auch in der Buchhaltung der zuvor erzeugte offene Posten storniert wird.

2.6 Zusammenfassung

Sie haben nun den Standardprozess in der Auftragsabwicklung mit den beiden Oberflächen SAP Fiori und SAP GUI kennengelernt, deren jeweilige Besonderheiten in der Bedienung von mir herausgestellt wurden. Neben der Anlage der einzelnen Prozessschritte bin ich zudem auf den Aufbau und die Bedienung im Änderungsmodus eingegangen.

Die Durchführung dieses Prozesses war nur möglich, da unser verwendetes System bereits Vertriebsstammdaten enthält. Um welche Stammdaten handelt es sich hierbei? Wie sind sie ausgeprägt? Diese und weitere Fragen werde ich im nächsten Kapitel klären.

3 Stammdaten in SAP S/4HANA

Stammdaten nehmen in Unternehmen eine wichtige Rolle ein. Nur wenn sie richtig und vollständig gepflegt sind, können die Unternehmensprozesse effizient und fehlerfrei ablaufen. Im Vertrieb benötigen wir Kunden- und Materialstammdaten sowie Preise. Optional können auch Kunden-Material-Informationen verwendet werden. In diesem Kapitel erfahren Sie, wie Stammdaten gepflegt werden und welche Bedeutung einzelne Felder in den Stammdaten für die Vertriebsabwicklung haben. Darüber hinaus können Sie später übergreifende Zusammenhänge zwischen weiteren Modulen, wie z. B. zwischen der Materialwirtschaft und der Finanzbuchhaltung, besser verstehen.

3.1 Geschäftspartner anlegen

Mit der Einführung von SAP S/4HANA wurde von der SAP der bisher verwendete Stammdatenansatz für Kunden und Lieferanten aufgegeben. Die Transaktion zum Geschäftspartner *BP* (für Englisch: Business Partner), die es auch schon in SAP ERP gab, ist jetzt für die Stammdatenpflege vorgesehen. Klassische ERP-Transaktionen wie die zum Anlegen, Ändern oder Anzeigen von Kunden finden Sie zwar noch in der Menüstruktur in der SAP GUI, jedoch werden Sie beim Aufrufen automatisch auf die Transaktion zur Geschäftspartnerpflege umgeleitet. Natürlich kann die Transaktion *BP* zur Pflege von Geschäftspartnern auch direkt aufgerufen werden.

Der Begriff *Geschäftspartner* wird für alle Unternehmen, Personen und Institutionen verwendet, mit denen Sie in irgendeiner Weise in Kontakt stehen oder Geschäfte abwickeln. Dies können typischerweise

- Kunden,
- Lieferanten,

- Banken,
- Ansprechpartner oder
- Behörden sein.

Dementsprechend werden alle Geschäftspartner mit derselben Transaktion gepflegt und lediglich mithilfe spezifischer *Rollen* unterschieden.

Rollen des Geschäftspartners

Jeder Geschäftspartner wird mit einer oder mehreren Rollen angelegt. Eine Rolle definiert, um welche Art von Geschäftspartner es sich handelt. Die Pflege der Rollen kann von verschiedenen Abteilungen oder unterschiedlichen Anwendern aus erfolgen.

3.1.1 Geschäftspartner als Kunden anlegen

Um einen Geschäftspartner als Kunden für eine vollständige Auftragsabwicklung nutzen zu können, benötigen wir folgende Rollen:

- **000000 Geschäftspartner (allg.)** – In dieser Rolle pflegen Sie allgemeine Daten, wie Adresse, Bankverbindung, Steuernummer, Kundenart usw. Die Daten werden auf Mandantenebene gepflegt.
- **FLCU01 Kunde (für die Vertriebsdaten)** – Diese Rolle umfasst alle Daten, die für den Vertrieb relevant sind, wie z. B. Zahlungs- und Lieferbedingungen, Informationen zur Auftragsabwicklung, Versandsteuerung und Fakturierung. Die Daten werden pro Vertriebsbereich gepflegt.
- **FLCU00 Kunde (für die Finanzbuchhaltung)** – Es handelt sich um eine Rolle für alle Daten, die für die Debitorenbuchhaltung relevant sind, wie z. B. Abstimmkonto, Informationen zum Zahlungsverkehr, Korrespondenz (Mahnwesen) oder Kreditversicherung. Die Daten werden auf Buchungskreisebene gepflegt.

Die Rolle »000000 Geschäftspartner (allg.)« ist obligatorisch. Basierend darauf können für einen Kunden die Rollen »FLCU01 Kunde« und »FLCU00 Kunde (Finanzbuchhaltung)« angelegt werden. Hier spricht man auch von einem *vollständigen Kundenstammsatz*, da der Kunde sowohl in der Finanzbuchhaltung als auch im Vertrieb existiert. In SAP ERP entsprach dies den Transaktionen *XD01, XD02* und *XD03*.

Wird der Kunde nur im Vertrieb benötigt, genügen die Rollen »000000 Geschäftspartner (allg.)« und »FLCU01 Kunde«. In SAP ERP wurden hierfür die Transaktionen *VD01, VD02* und *VD03* verwendet.

Kunden, die für die Vertriebsabwicklung keine Relevanz haben, sondern nur in der Finanzbuchhaltung benötigt werden, müssen mit den Rollen »000000 Geschäftspartner (allg.)« und »FLCU00 Kunde (Finanzbuchhaltung)« gepflegt werden. In SAP ERP wurden hierfür die Transaktionen *FD01, FD02* und *FD03* verwendet.

Um einen Geschäftspartner anzulegen, rufen Sie die Transaktion *BP* auf. Es öffnet sich die Einstiegsmaske gemäß Abbildung 3.1.

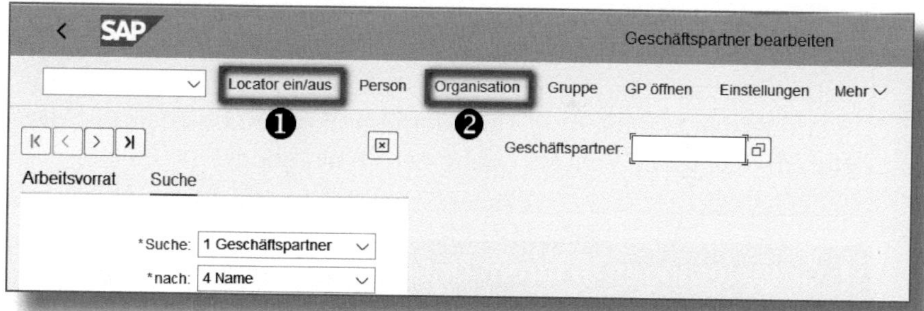

Abbildung 3.1: Geschäftspartner anlegen, Einstiegsmaske

Da Sie den Bereich links, SUCHE von Geschäftspartnern, zur Anlage nicht benötigen, können Sie ihn ausblenden. Klicken Sie dazu auf den Button Locator ein/aus ❶. Mit einem anschließenden Klick auf Organisation ❷ erhalten Sie eine Maske gemäß Abbildung 3.2.

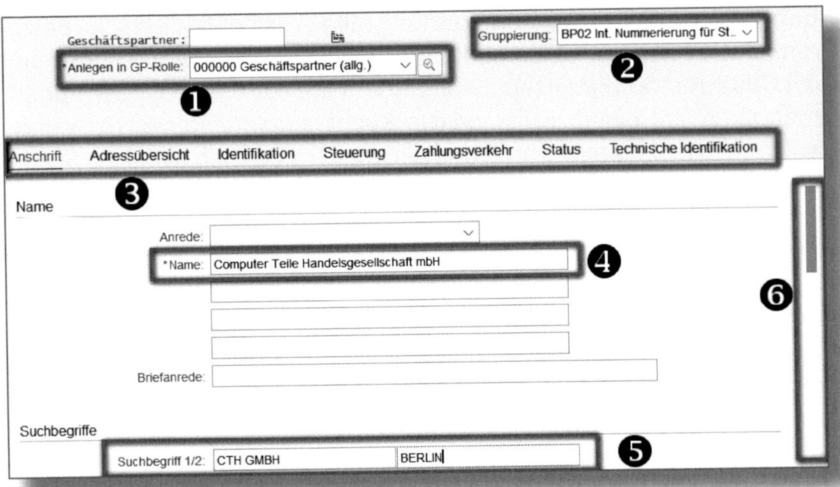

Abbildung 3.2: Geschäftspartner anlegen, allgemeine Daten

Zunächst müssen Sie die Rolle *Geschäftspartner (allg.)* pflegen ❶. Unter ❷ haben Sie zu entscheiden, welche GRUPPIERUNG Sie verwenden.

☞ Gruppierung

Jeder Geschäftspartner wird beim Anlegen einer Gruppierung zugeordnet. Je Gruppierung sind Nummernkreise sowie die Art der Nummernvergabe – intern oder extern – hinterlegt.

! Gruppierungen in Ihrem Unternehmen

Informieren Sie sich, welche Gruppierungen in Ihrem Unternehmen verwendet werden. Eine nachträgliche Änderung der Gruppierung eines Geschäftspartners ist nicht möglich!

In Abbildung 3.2 sehen Sie eine Leiste mit verschiedenen Reitern ❸. Unter jedem dieser Reiter müssen Sie nun die für den Geschäftspartner relevanten Daten erfassen. Im hier geöffneten Reiter ANSCHRIFT pflegen Sie u. a. folgende Felder:

- NAME ❹
- SUCHBEGRIFF 1/2 ❺
- Adressfelder
- Felder zur Kommunikation (Telefon, E-Mail, Fax usw.)
- Sprachenschlüssel: deutsch

Wie in diesem Bildausschnitt können Sie aufgrund Ihrer Bildschirmgröße und -einstellung nicht immer alle Felder sehen, die sich hinter einem Reiter verbergen. Scrollen Sie daher mit der Bildlaufleiste ❻ am rechten Rand zu den unteren drei Punkten in der Aufzählung.

Pflichtfelder sind unternehmensspezifisch

Welche Felder gepflegt werden müssen, hängt von den individuellen Vorgaben Ihres Unternehmens ab. Felder, die vor der Bezeichnung mit einem roten * versehen sind, sind Pflichtfelder ❹! Bedenken Sie bei der Pflege auch, dass einige Felder zur späteren Suche verwendet werden. Ein Beispiel dazu ist das Feld ORT. Für die Stadt München könnte der Eintrag *München* oder *Muenchen* lauten. Wenn der Stammdatenpfleger nun noch den Stadtteil mit eingibt, wird eine Suche immer schwieriger. Hier sollte es klare Vorgaben im Unternehmen geben.

Hinter dem Reiter ADRESSÜBERSICHT verbergen sich die gepflegten Adressen und ihre jeweilige Verwendung. Auch können Sie hier später die Gültigkeit der Adressen prüfen.

In der Maske IDENTIFIKATION können Sie weitere Angaben zum Unternehmen wie die Rechtsform, das Gründungsdatum oder die Branche machen.

Um eine Bankverbindung zu hinterlegen, klicken Sie auf den Reiter ZAHLUNGSVERKEHR ❶ (siehe Abbildung 3.3).

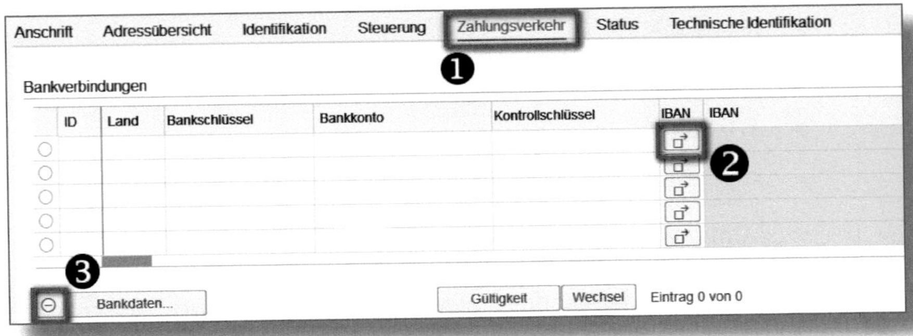

Abbildung 3.3: Geschäftspartner anlegen, Bankverbindung

Mit Klick auf den Button ❷ öffnet sich ein Eingabefenster (Abbildung 3.4), in das Sie die IBAN eintragen.

IS8(1)/850 IBAN-Konvertor

Eingabe der IBAN

IBAN: DE64 1004 0000 0012 3456 00

Bankverbindung

Bankland: DE

Kontonummer unbekannt

Bankschlüssel: 10040000

Bankleitzahl: 10040000

SWIFT/BIC: COBADEBBXXX

Weiter Abbrechen

Abbildung 3.4: Geschäftspartner anlegen, IBAN

Bestätigen Sie anschließend mit dem Button WEITER. Bei erfolgreicher Prüfung wird Ihnen die aufgeschlüsselte Bankverbindung angezeigt. Der hinterlegte IBAN-Konverter prüft die IBAN-Nummer auf ihre Richtigkeit und ermittelt die Nummern für die Felder BANKLEITZAHL und SWIFT/BIC. Klicken Sie erneut auf den Button WEITER, so gelangen Sie zurück zur Maske ZAHLUNGSVERKEHR.

Möchten Sie eine bereits erfasste Bankverbindung wieder löschen, markieren Sie die Zeile mit der Bankverbindung und klicken Sie auf das Icon zum Löschen ❸ (siehe Abbildung 3.3).

☛ Bankdaten im Kundenstamm

Bankverbindungen werden in den Kundenstammdaten benötigt, wenn Sie mit dem Kunden als Zahlungsart »Einzugsermächtigung« vereinbart haben oder wenn Sie ihm Guthaben auszahlen möchten.

Um den Geschäftspartner im Vertrieb verwenden zu können, müssen Sie ihm im Feld ANZEIGEN IN GP-ROLLE die Rolle *FLCU01 Kunde* zuweisen (Abbildung 3.5).

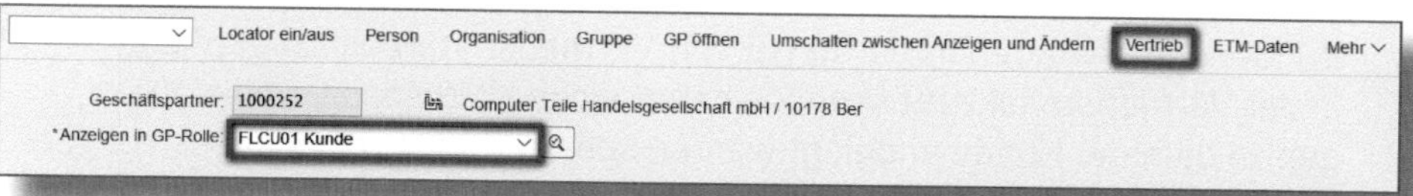

Abbildung 3.5: Geschäftspartner anlegen, Rolle »FLCU01 Kunde«

Da wir die Daten der GP-Rolle »Geschäftspartner (allg.)« noch nicht gesichert hatten, werden wir nun gefragt, ob die Speicherung vorgenommen werden soll, siehe Abbildung 3.6.

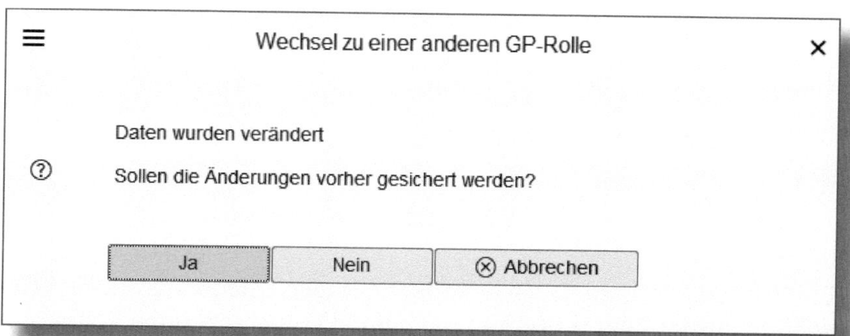

Abbildung 3.6: Meldung zum Speichern bei Rollenwechsel

Klicken Sie dazu auf den entsprechenden Button. Würden Sie nicht sichern, gingen Ihre bisherigen Eingaben für den Geschäftspartner verloren.

Das Programm vergibt nun eine Nummer für den neu angelegten Geschäftspartner und springt in die Sicht für die Rolle »FLCU01 Kunde«.

Kunde – Auftraggeber

Die Wörter »Kunde« oder »Auftraggeber« bedeuten im Prinzip dasselbe. »Kunde« ist eher im täglichen Sprachgebrauch üblich. Übersetzt in die SAP-Sprache, hieße er »Auftraggeber«. In den SAP-Masken finden Sie aber beide Begriffe.

Kundendaten werden in der Regel von Vertriebsmitarbeitern gepflegt. In der Vertriebsmaske müssen Sie daher einen *Vertriebsbereich* eintragen, in dem der Kunde angelegt werden soll.

In Abbildung 3.7 wurde der Vertriebsbereich *1010/10/00* ausgewählt.

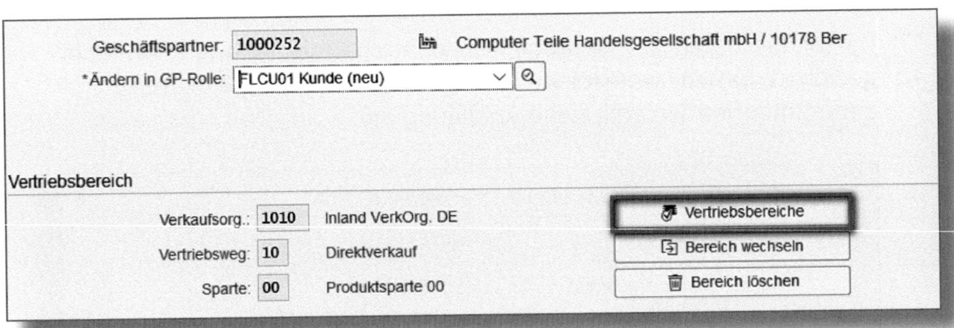

Abbildung 3.7: Geschäftspartner anlegen, Vertriebsbereich

Die weitere Vorgehensweise entspricht der Pflege der Rolle »Geschäftspartner (allg.)«. Klicken Sie auf die entsprechenden Reiter, siehe Abbildung 3.8, und pflegen Sie die dem Kunden zuzuordnenden Felder bzw. tragen Sie die Ihnen vorliegenden Daten ein.

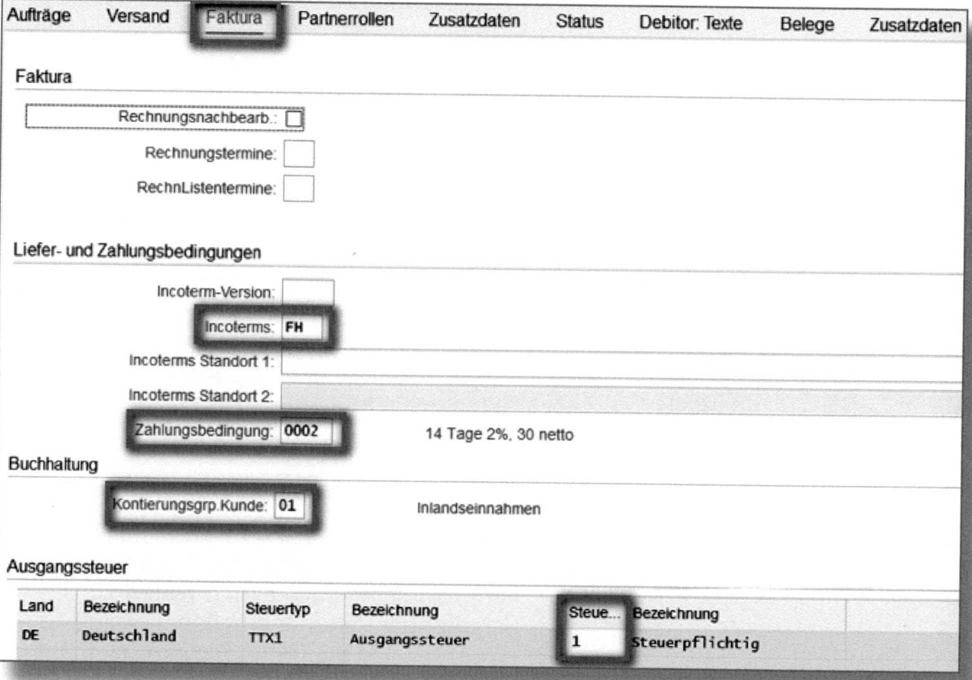

Abbildung 3.8: Geschäftspartner anlegen, Fakturadaten

Hier dargestellt sehen Sie die Mindestangaben im Reiter FAKTURA.

Die Bedeutung einiger Felder ist in Tabelle 3.1 beschrieben.

Reiter	Bereich	Verwendung
AUFTRÄGE	AUFTRAG	Eingabe von internen Zuordnungen des Kunden, wie z. B. Kundengruppe, Verkaufsbüro oder Verkäufergruppe
	PREISFINDUNG/ STATISTIK	Hinterlegung von Einstellungen zur Preisfindung und für statistische Zwecke

Reiter	Bereich	Verwendung
VERSAND	VERSAND	*AuftrZusammenführung*: Mehrere Aufträge können zu einer Lieferung zusammengefasst werden. *Auslieferungswerk*: Werk/Lager, aus dem der Kunde die Ware erhalten soll *Versandbedingung*: Art der Lieferung: normal (*01*), Abholung (*02*) usw.
	TEILLIEFERUNGEN	Einstellungen, ob und wie viele Teillieferungen der Kunde grundsätzlich zulässt
FAKTURA	FAKTURA	Einstellungen zur Rechnungslegung, wie Bonus und Rechnungstermine
	LIEFER- UND ZAHLUNGSBEDINGUNGEN	Hinterlegen der vereinbarten Incoterms (Lieferbedingungen) sowie der Zahlungsbedingungen
	AUSGANGSSTEUER	Im Feld STEUERKLASSE wählen Sie, ob Ihr Kunde umsatzsteuerpflichtig (*1*) oder befreit (*0*) ist.
	PARTNERROLLEN	Obligatorische Partnerrollen für jeden Kunden sind Auftraggeber, Rechnungsempfänger, Regulierer und Warenempfänger. Alle vier erhalten dieselbe Nummer wie der Geschäftspartner. Bis auf den Auftraggeber können alle anderen geändert oder weitere Partnerrollen ergänzt werden.
	ZUSATZDATEN	Kunden können hier individuell vorbereiteten Gruppen zugeordnet werden.
	STATUS	Hinterlegte Sperren zur Auftragserfassung sowie Liefer- und Rechnungssperre
	DEBITOR:TEXTE	Hinterlegung von individuellen Texten für Kundendokumente und internen Hinweisen

Tabelle 3.1: Stammdatenpflege im Vertriebsbereich

Nachdem Sie alle vertriebsspezifischen Daten gepflegt haben, müssen Sie die buchungskreisspezifischen Daten hinterlegen. Dazu wählen Sie die Rolle *FLCU00 Kunde (Finanzbuchhaltung)* ❶ aus (siehe Abbildung 3.9). Auch hier müssen Sie eine organisatorische Zuordnung treffen, unter der Sie den Kunden anlegen möchten. In der Buchhaltung ist das der Buchungskreis. Um diesen auszuwählen, klicken Sie in der Menüleiste auf BUCHUNGSKREIS ❷.

Definition: Buchungskreis

Der Buchungskreis ist eine organisatorische Einheit des externen Rechnungswesens, für die eine Bilanz sowie eine Gewinn- und Verlustrechnung (GuV) erstellt werden können. Er kann beispielsweise einem Unternehmen innerhalb eines Konzerns entsprechen.

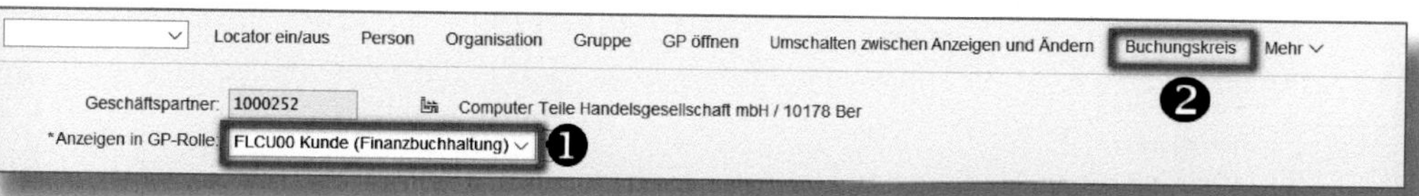

Abbildung 3.9: Geschäftspartner anlegen, Einstieg Rolle »FLCU00«

Tragen Sie den Buchungskreis ein, für den Sie den Geschäftspartner anlegen möchten (siehe Abbildung 3.10).

Abbildung 3.10: Geschäftspartner anlegen, Buchungskreis auswählen

☛ Pflege der Buchungskreisdaten

Nicht in jedem Unternehmen dürfen Vertriebsmitarbeiter die Buchungskreisdaten pflegen. Oftmals gibt es einen internen Prozess, über den gesteuert wird, wer wann diese Daten pflegt. Ohne Buchungskreisdaten dürfen keine Aufträge erfasst werden!

Wie bei den Vertriebsdaten müssen nun wieder alle notwendigen Daten in den entsprechenden Masken hinterlegt werden. In DEBITOR: KONTOFÜHRUNG, siehe Abbildung 3.11, pflegen Sie das Abstimmkonto für die Hauptbuchhaltung.

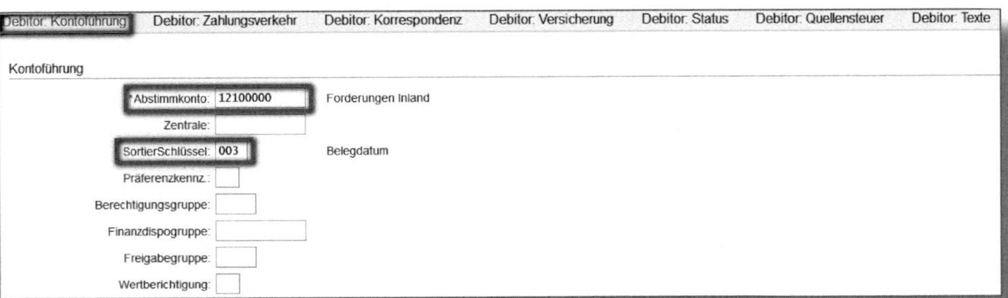

Abbildung 3.11: Geschäftspartner anlegen, Kontoführung

Sinnvoll ist auch die Angabe eines SORTIERSCHLÜSSELS, z. B. nach Beleg- oder Buchungsdatum, für die spätere Kontenanzeige. In Tabelle 3.2 sind Felder aufgelistet, die bei der Pflege der Buchungskreisdaten wichtig sein können.

Reiter	Bereich	Verwendung
KONTOFÜHRUNG	KONTOFÜHRUNG	Eingabe des Abstimmkontos (Forderungen aus LuL), Sortierschlüssel
	REFERENZDATEN	Hinterlegung einer Kontonummer aus einem Altsystem

Reiter	Bereich	Verwendung
ZAHLUNGSVERKEHR	ZAHLUNGSDATEN	Angabe der Zahlungsbedingungen, optional auch derjenigen für Gutschriften und die Toleranzgruppe; Setzen des Kennzeichens für das Aufzeichnen des Zahlungsverhaltens
	AUTOMATISCHER ZAHLUNGSVERKEHR	Das Feld ZAHLWEGE ist bei Einzugsermächtigung zu füllen – oder wenn es Zahlungen an den Kunden geben soll.
KORRESPONDENZ	MAHNDATEN	Hinterlegen des Mahnverfahrens. Zusätzlich sind hier später Informationen zur Mahnsperre, der letzten Mahnung usw. einsehbar.
VERSICHERUNG	WARENKREDITVERSICHERUNG	Falls eine Versicherung gegen Forderungsausfälle zu diesem Kunden existiert, kann diese hier hinterlegt werden.

Tabelle 3.2: Stammdatenpflege im Buchungskreisbereich

Sobald Sie alle Daten erfasst haben, speichern Sie Ihre Eingaben. Für die Datensicherung gibt es generell mehrere Möglichkeiten:

- Immer wenn Sie die Rolle wechseln, werden Sie gefragt, ob Sie die erfassten bzw. geänderten Daten speichern wollen.
- Beim Schließen einer Transaktion über den Button Beenden erfolgt eine Nachfrage zum Speichern.
- Im unteren Bereich jeder Erfassungsmaske der Geschäftspartner finden Sie eine Statusleiste mit drei wichtigen SAP-Standardfunktionen (siehe Abbildung 3.12). Auch hier können Sie nach der Datenerfassung auf den Button SICHERN klicken.

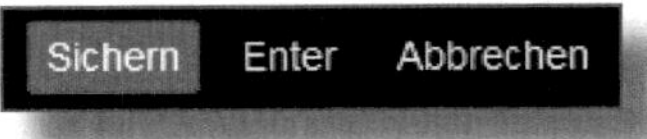

Abbildung 3.12: Statusleiste

Wenn Sie auf Enter klicken, werden alle erfassten Daten auf ihre Richtigkeit hin überprüft, beispielsweise dahingehend, ob das Datum im richtigen Format erfasst ist, alle Pflichtfelder in der aktuellen Maske gefüllt sind usw. Sollte dies nicht der Fall sein, wird eine Fehlermeldung am unteren Fensterrand eingeblendet.

Weitere Rollen zu einer Geschäftsbeziehung

Oft kommt es vor, dass ein Unternehmen bei Ihnen nicht nur Ware einkauft, sondern auch als Lieferant auftritt. Dazu legen Sie den Geschäftspartner zusätzlich mit den Rollen »FLVN00 Lieferant (Buchhaltung)« und »FLVN01 Lieferant« an. Dieses Unternehmen wird weiterhin unter einer einzigen Geschäftspartnernummer geführt.

3.1.2 Arbeiten mit der Transaktion BP

Die Transaktion *BP • Geschäftspartner bearbeiten* bietet Ihnen die klassischen drei Möglichkeiten zum Anlegen, Ändern und Anzeigen. Die Anlage eines Kunden wurde in Abschnitt 3.1.1 beschrieben. Um Kundendaten zu ändern oder sich Informationen zu einem Kunden zu beschaffen, werden Sie vor zwei Herausforderungen stehen: zum einen der Suche nach der Kundennummer und zum anderen der Navigation zwischen den Rollen.

Suche der Kundennummer mithilfe des Arbeitsvorrats

Um diese Funktion nutzen zu können, muss der Locator eingeschaltet sein (siehe Abbildung 3.1). Sie können ihn auch mittels der Funktionstaste F9 ein- und ausschalten.

Im oberen Bereich des Locator ❶, siehe Abbildung 3.13, haben Sie die Möglichkeit, über die Pfeilbuttons die Fensterbreite etwas anzupassen.

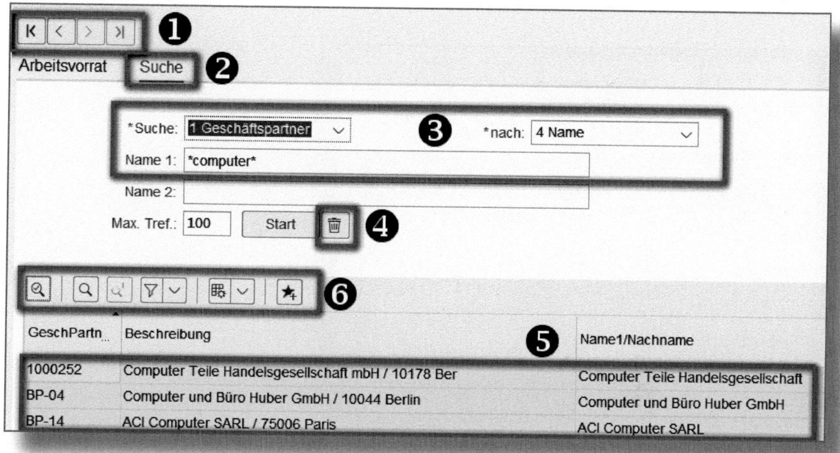

Abbildung 3.13: Geschäftspartner, Locator

Achten Sie darauf, dass Sie den Reiter SUCHE ❷ durch Anklicken aktiviert haben.

Die Suche ist immer davon abhängig, welche Daten Ihnen bereits vorliegen. Oftmals sind dies der Kundenname und/oder seine Adresse. Im Feld *SUCHE ❸ wählen Sie, wonach Sie grundsätzlich fahnden: *Geschäftspartner, Person* oder *Gruppe*. Danach richtet sich, welche Einträge im Feld *NACH auswählbar sind. In diesem Beispiel soll nach Namen von Geschäftspartnern aus der Computerbranche gesucht werden. Da Sie nie genau wissen, wie die Stammdatenfelder Ihrer Kunden im System ausgeprägt sind, empfiehlt es sich, mit den bekannten Suchjokern zu arbeiten. Hier wird vor und hinter dem Namen *Computer* ein * gesetzt. Mit dem Button [Start] beginnen Sie die Suche und erhalten unterhalb eine Auflistung aller infrage kommenden Kunden ❺. Mit dem Button [🗑] setzen Sie die Suchoptionen zurück ❹.

Mithilfe der Bearbeitungsleiste ❻ können Sie in Ihrer Ergebnisliste weitere Such- oder Filterfunktionen anwenden bzw. aktivieren. Hervorzuheben ist an dieser Stelle noch der Button [★], mit dem Sie Ihren

Kundenstammsatz in einem persönlichen Arbeitsvorrat speichern. So können Sie jederzeit schnell auf die Daten Ihrer wichtigsten Kunden zugreifen (siehe Abbildung 3.14).

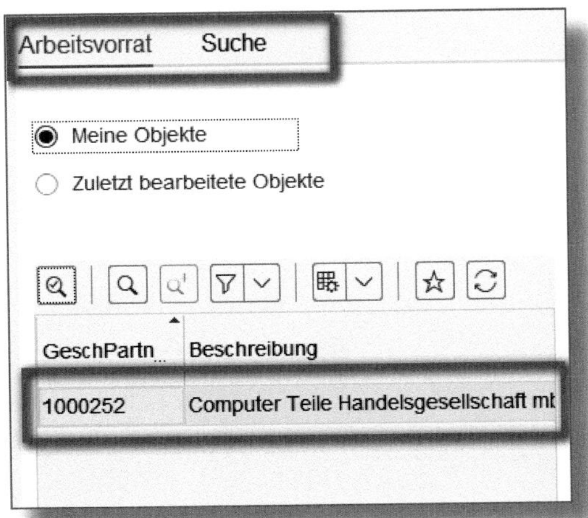

Abbildung 3.14: Geschäftspartner, Arbeitsvorrat im Locator

Mit einem Doppelklick auf die Zeile des betreffenden Geschäftspartners gelangen Sie in die Sicht mit dessen Stammdaten.

Suche über die F4-Hilfe

Eine andere Suchfunktion bietet die [F4]-Hilfe. Dazu steht Ihr Cursor beispielsweise im Feld GESCHÄFTSPARTNER, wie Sie es etwa in Abbildung 3.1 sehen. Wenn Sie nun auf den Suchbutton oder die Taste [F4] klicken, stehen die verschiedensten Suchmöglichkeiten zur Verfügung. In Abbildung 3.15 ist der Reiter PARTNER ALLGEMEIN aktiviert.

Möchten Sie schnell in ein anderes Menü abspringen, können Sie sich mithilfe des Buttons ··· unter ❶ eine Liste aller verfügbaren Reiter anzeigen lassen. Erfassen Sie links wieder Ihre Suchkriterien und wählen Sie anschließend aus der Ergebnisliste Ihren Kunden mit einem Doppelklick aus.

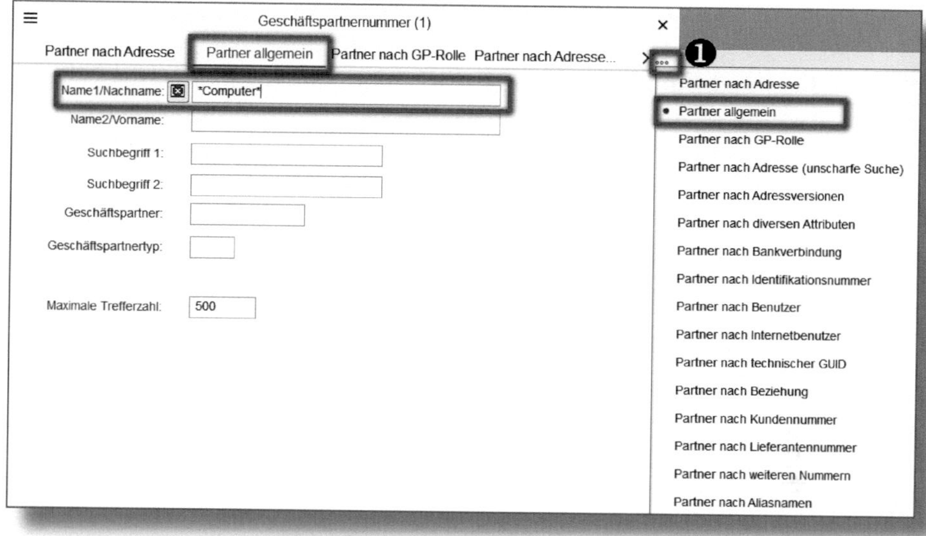

Abbildung 3.15: Geschäftspartner, Suche mit (F4)

Navigieren in der Transaktion BP

Sie haben Ihren Kundenstammsatz erfolgreich gesucht und wollen sich nun einen Überblick über die für ihn hinterlegten Stammdaten verschaffen. In der Regel gelangen Sie zunächst in die Rolle *Geschäftspartner (allg.)* ❶ (siehe Abbildung 3.16).

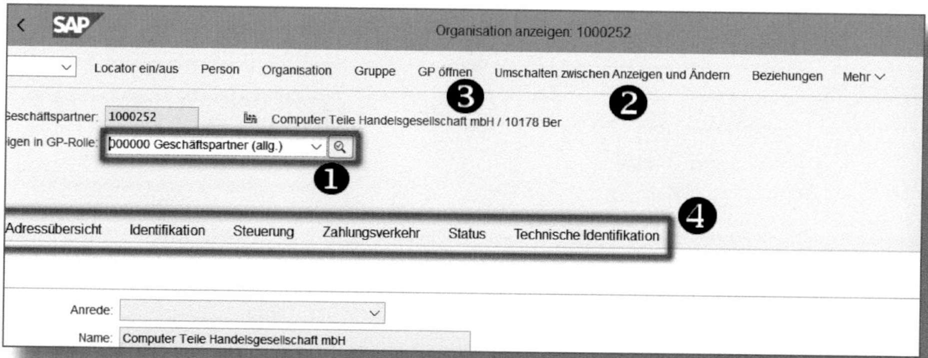

Abbildung 3.16: Geschäftspartner, Stammdaten anzeigen

Achten Sie darauf, in welchem Bearbeitungsmodus Sie sich befinden. Mithilfe der Registerkarte zum Umschalten ❷ wechseln Sie zwischen Anzeige- und Änderungsmodus. Möchten Sie einen anderen Geschäftspartner aufrufen, können Sie über GP ÖFFNEN ❸ eine neue Geschäftspartnernummer eintragen oder diese suchen. Klicken Sie den Reiter an ❹, zu dem Sie sich Daten anzeigen lassen wollen.

Wenn Sie die Geschäftspartnerrolle *FLCU00 Kunde (Finanzbuchhaltung)* auswählen, ändert sich die obere Menüleiste (siehe Abbildung 3.17). Klicken Sie dort ganz rechts auf [Mehr ∨] und dann im sich öffnenden Menü auf BUCHUNGSKREIS, um die buchungskreisspezifischen Daten einzusehen.

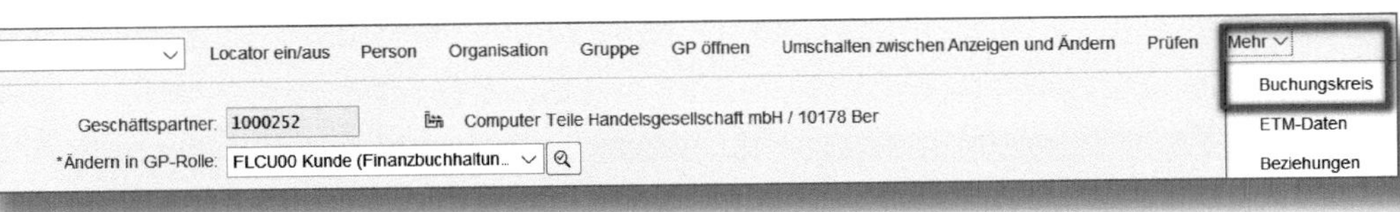

Abbildung 3.17: Geschäftspartner, Wechsel zwischen den Rollen

Sofern Ihr Kunde nur in einem Buchungskreis angelegt ist, wird dieser sofort angezeigt (Abbildung 3.18). Über den Button [Buchungskreise] können Sie sehen, für welche Buchungskreise Ihr Kunde außerdem angelegt ist, und ggf. dorthin wechseln. Hierfür klicken Sie auf den Button [Buchungskreis wechseln]. Das Feld BUCHUNGSKREIS springt auf »eingabebereit«, und Sie können den gewünschten Buchungskreis direkt eingeben.

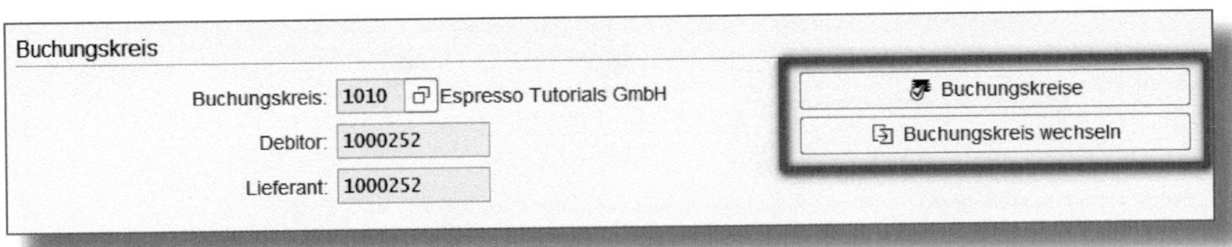

Abbildung 3.18: Geschäftspartner, Buchungskreis wechseln

Analog verfahren Sie, wenn Sie die Rolle *FLCU01 Kunde* auswählen und die Vertriebsdaten einsehen wollen (Abbildung 3.19). Auch hier ist der Wechsel zwischen den Vertriebsbereichen möglich.

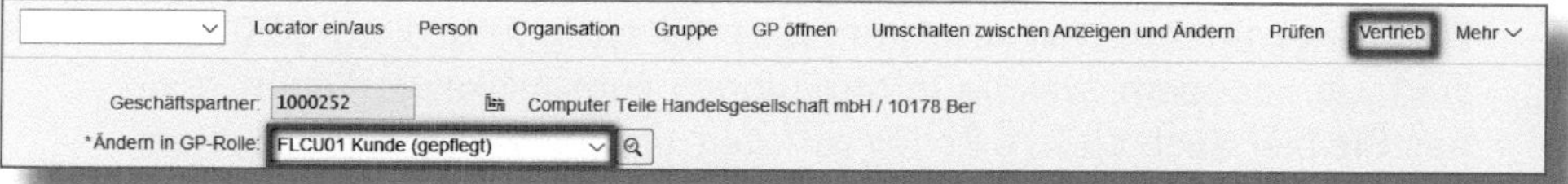

Abbildung 3.19: Geschäftspartner, Rolle »FLCU01 Kunde«

3.2 Materialstammdaten – Vertriebssichten

Das Anlegen von Materialstammdaten wird in den meisten Unternehmen durch einen Workflow koordiniert. Jede Abteilung pflegt dabei ihre spezifischen Stammdaten unter Beachtung der jeweiligen Organisationsstrukturen. Daher stammt auch der Begriff »Sichten«, der für die einzelnen Registerkarten im Materialstammsatz verwendet wird. Jede Organisationsstruktur pflegt die Stammdaten aus ihrer »Sicht«. Wir wollen in diesem Abschnitt nur die Sichten betrachten, die für den Vertrieb relevant sind. Ohne Pflege der Vertriebssichten kann das Material in den Verkaufsabwicklungen nicht genutzt werden.

3.2.1 Vertriebssichten anzeigen lassen

Rufen Sie die Transaktion *MM03* auf. Sollte die Materialnummer nicht vorliegen, klicken Sie auf den Suchbutton oder nutzen Sie die F4-Taste.

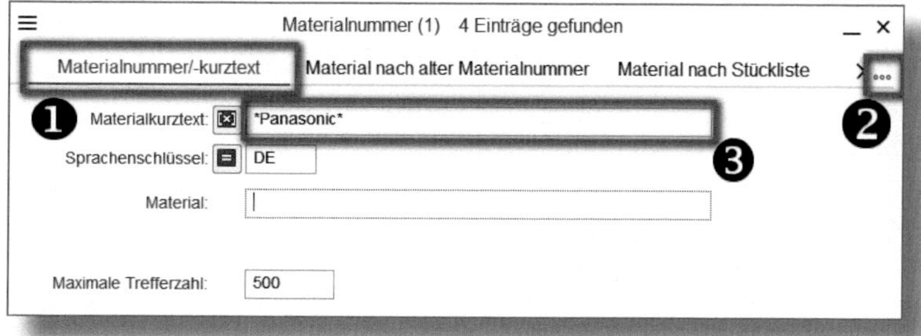

Abbildung 3.20: Materialnummer suchen, Sicht »Materialnummer/-kurztext«

Die Sicht MATERIALNUMMER/-KURZTEXT ❶ ist in Abbildung 3.20 aktiviert. Je nachdem, welche Informationen zum Artikel vorliegen, können Sie hier auch andere Reiter aufrufen, um mit weiteren Suchkriterien zu arbeiten. Hinter dem Listbutton ❷ verbirgt sich eine Auflistung aller Reiter in der Suchmaske. Im gezeigten Fall wird nach der Bezeichnung *Panasonic* gesucht. Wenn der Anwender, wie in diesem Fall, nicht sicher ist, wo genau dieses Wort im Feld »Materialbezeichnung« im Materialstammsatz vorkommt, wird vor und hinter Panasonic jeweils ein * gesetzt ❸. Wenn Sie die Registerkarte MATERIAL öffnen, können Sie zudem nach der Materialnummer suchen.

Grundsätzlich können in den Suchkriterien alle oder einzelne Felder gefüllt werden. Bestätigen Sie Ihre Suche stets mit `Enter`. Die sich öffnende Liste zeigt das auf Ihre Suchkriterien abgestimmte Ergebnis.

Materialbezeichnung und Materialnummer

Üblicherweise werden in Unternehmen Vorgaben zur exakten Materialbezeichnung gemacht. Auch der Aufbau der Materialnummer ist meist sprechend, folgt also einem für das Unternehmen spezifischen, logischen Aufbau. Nutzen Sie diese internen Informationen für eine zielgerichtete Suche!

Haben Sie Ihr Material gefunden, wählen Sie es mit einem Doppelklick aus. Zunächst legen Sie fest, welche Sichten Sie zum Material benötigen, siehe Abbildung 3.21.

Im gezeigten Beispiel wurden alle Vertriebssichten ❷ sowie die Sicht GRUNDDATEN 1 ausgewählt. Letztere beinhalten Stammdateninformationen, die für das Material allgemeingültig sind, z. B. Bezeichnung, Abmaße oder Gewicht. Die Sichten zum Vertrieb umfassen die vertriebsspezifischen Daten.

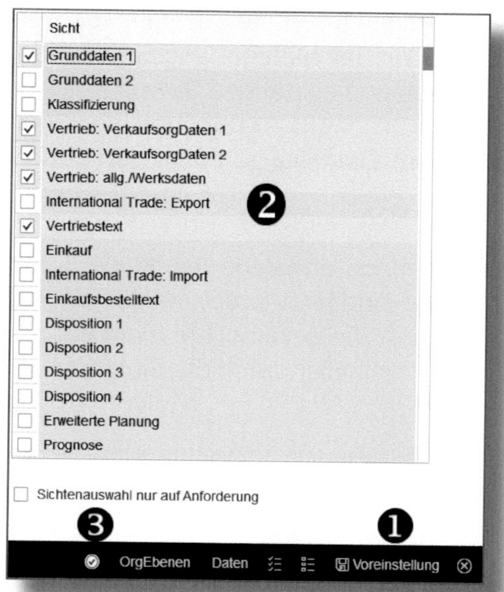

Abbildung 3.21: Materialstamm, Sichtenauswahl

Mithilfe des Buttons Voreinstellung ❶ können Sie diese Selektion speichern, die ausgewählten Sichten werden dann blau hervorgehoben. Bestätigen Sie Ihre Auswahl mit dem Haken ❸ oder Enter. Im nächsten Schritt werden Sie aufgefordert, die Organisationsebenen auszuwählen, die Ihrem Material zugeordnet sind bzw. für welche Sie die Vertriebsdaten sehen wollen. Sie beginnen mit dem WERK (siehe Abbildung 3.22).

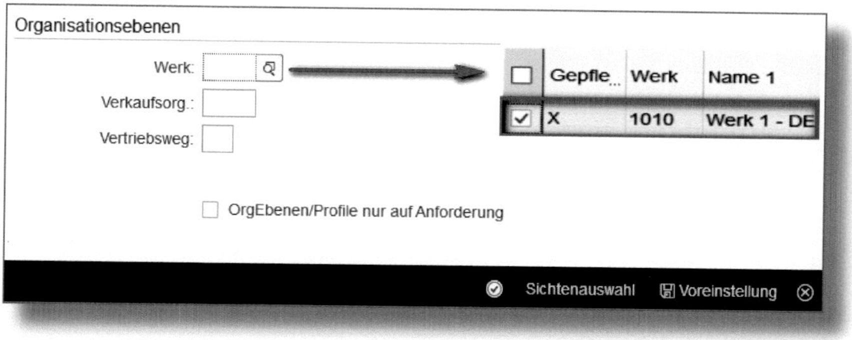

Abbildung 3.22: Materialstamm, Organisationsauswahl

Nutzen Sie zur Auswahl eines Werkes auch hier die Suchhilfe. Es werden Ihnen alle Werke angezeigt, für die Ihr Material angelegt wurde. Wählen Sie das gewünschte Werk aus und bestätigen Sie mit `Enter`. Verfahren Sie analog für die VERKAUFSORGANISATION und den VERTRIEBSWEG. Wiederum sichern Sie Ihre Einstellungen über den Button **Voreinstellung**.

Mit `Enter` gelangen Sie in die Stammdaten (siehe Abbildung 3.23). Alle von Ihnen ausgewählten Sichten sind jetzt in der Menüleiste mit dem Symbol gekennzeichnet. Statt die gewünschte Sicht einzeln anzuklicken, können Sie mit `Enter` schneller durch die Sichten navigieren.

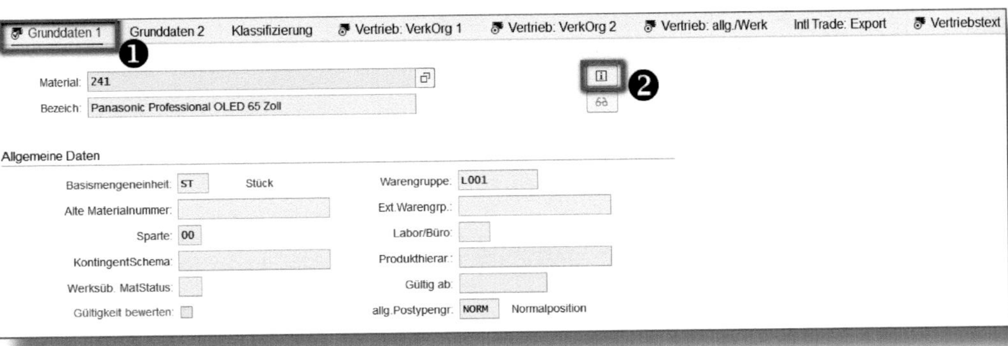

Abbildung 3.23: Materialstamm, »Grunddaten 1«

Funktion der Einzelsichten

Die GRUNDDATEN gelten für alle Abteilungen eines Unternehmens. Nach Klick auf den Reiter GRUNDDATEN 1 (❶ in Abbildung 3.23) finden Sie z. B. die BASISMENGENEINHEIT. Im Beispiel ist STÜCK gewählt, der Verkauf kann aber durchaus auch in einer anderen Mengeneinheit erfolgen, z. B. in Kartons oder paarweise. Weitere wichtige Informationen sind etwa die WARENGRUPPE, die SPARTE, die Positionstypengruppe (ALLG. POSTYPENGR) sowie das Brutto- und Nettogewicht.

☛ Modulspezifische Informationen aufrufen

In den Sichten des Materials finden Sie modulspezifische Informationen. Möchten Sie Informationen haben, wie z. B. wann und von wem das Material angelegt wurde, ob es geändert wurde, welche Sichten gepflegt sind oder wie der Status ist (gesperrt, Löschvormerkung) usw., können Sie über den Infobutton ❷ eine Zusammenstellung erhalten.

Navigieren Sie weiter in die Sicht VERTRIEB: VERKORG1, so sind dort die Daten für die Kombination aus Verkaufsorganisation und Vertriebsweg gepflegt, die Sie im Einstieg bei der Organisationsauswahl (siehe Abbildung 3.22) getroffen haben. Tabelle 3.3 zeigt, auf welche Einträge Sie achten sollten:

Feld	Bedeutung
VERKAUFSMENGENEINHEIT	ist nur zu befüllen, wenn diese von der Basismengeneinheit abweicht
AUSLIEFERUNGSWERK	das Werk, welches das Material liefert (siehe auch Abschnitt 2.4)
SKONTOFÄHIG	gibt an, ob für diesen Artikel Skonto gewährt wird
STEUERKLASSIFIKATION	weist aus, welcher Umsatzsteuersatz für diesen Artikel in Ansatz gebracht werden soll: der volle oder der ermäßigte Satz, bzw. ob dieser Artikel steuerfrei ist

Tabelle 3.3: Materialstamm, Vertriebssicht 1

Die Sicht VERTRIEB: VERKORG2 dient dazu, das Material verschiedenen Gruppierungen und Attributen zuzuordnen. Im Feld KONTIERUNGSGR. MAT. etwa ist eine Schlüsselung eingetragen, die für die Erlöskontenfindung bei der Faktura relevant ist.

Die Sicht VERTRIEB: ALLG./WERK beinhaltet wichtige Parameter zur Disposition und Lieferung aus dem gewählten Auslieferungswerk.

In Tabelle 3.4 sind die Felder nach Feldgruppen zusammengefasst, z. B. *Allgemeine Daten* und *Versanddaten*, und mit einer Erläuterung versehen.

Feld	Bedeutung
Allgemeine Daten	
VERFÜGBARKEITSPRÜF.	regelt, ob und wie das System die Verfügbarkeit prüft und dann die Bedarfe für die Disposition erzeugt
CHARGENVERWALTUNG	gibt an, ob der Artikel chargenpflichtig ist
Versanddaten	
TRANSPGR.	Anforderung für den Transport und die Routenfindung
LADEGRUPPE	technische Anforderungen für das Verladen
RÜSTZEIT	Zeit, die Sie für das Rüsten des Versandarbeitsplatzes benötigen; sie ist mengenunabhängig, z. B. Rüsten des Gabelstaplers
BEARBZEIT	Zeit, die für das Verladen einer bestimmten Menge (Basismenge) benötigt wird
Verpackungsmaterial-Daten	
MATERIALGRUPPE PM	gibt an, welche Packmittel benötigt werden, z. B. Paletten, Fässer usw.
Allg. Werksparameter	
PROFIT CENTER	Zuordnung des Materials zu einem Profit Center
NEG.BEST.	gibt an, ob negative Bestände zulässig sind

Tabelle 3.4: Materialstamm, »Vertrieb: allg./Werk«

In der Sicht VERTRIEBSTEXT können Sie einen Text hinterlegen, der auf den Vertriebsbelegen angedruckt wird.

Klicken Sie auf den Button BEENDEN, um die Sichten zu den Materialstammdaten wieder zu verlassen.

Materialstammsatz – Ändern oder Anzeigen

Haben Sie die Berechtigung, Änderungen in den Vertriebssichten durchzuführen, verfahren Sie analog wie für den Anzeigemodus beschrieben. Nutzen Sie dazu die Transaktion *MM02*.

3.3 Kundeninformationen im Materialstamm hinterlegen

Die Funktion *Kunden-Material-Info* zählt stammdatentechnisch zu den Absprachen, die zwischen dem Kunden und dem verkaufenden Unternehmen getroffen werden. Oft geben Kunden in den Aufträgen ihre eigenen Materialnummern an, die Sie bei der Auftragserfassung entsprechend eingeben können. Nun greift die *Materialfindung*: Wenn Sie mit der Kunden-Material-Info arbeiten, werden sowohl die kundeneigene Materialnummer und -bezeichnung als auch die Materialnummer Ihres Unternehmens im Auftrag und auf den Verkaufsdokumenten ausgegeben. Natürlich funktioniert dies nur, sofern vorher die entsprechenden Pflegemaßnahmen durchgeführt wurden, die ich Ihnen nun zeige.

Neben den Kundenmaterialnummern lassen sich mit der Kunden-Material-Info weitere Informationen erfassen. Für die Pflege dieser Daten rufen Sie die Transaktion *VD51* auf (siehe Abbildung 3.24). Erfassen Sie die KUNDEnnummer sowie die VERKAUFSORGANISATION und den VERTRIEBSWEG. Bestätigen Sie Ihre Eingaben mit [Enter].

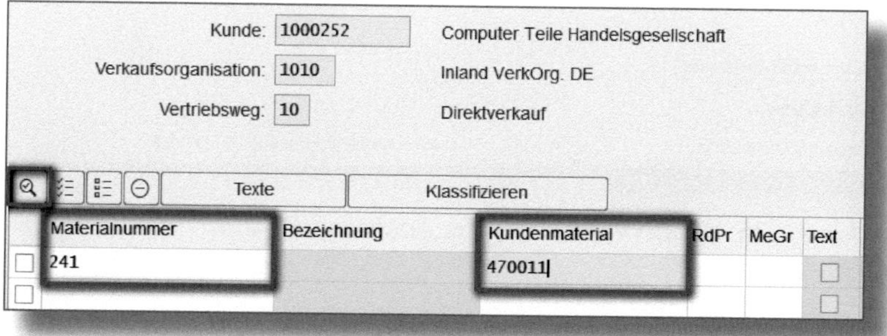

Abbildung 3.24: Kunden-Material-Info, Sicht zum Anlegen

Erfassen Sie im Feld MATERIALNUMMER die Materialnummer in Ihrem Unternehmen und im Feld KUNDENMATERIAL diejenige, die der Kunde für diesen Artikel verwendet. Entweder speichern Sie diese Einträge direkt mit dem Button SICHERN, oder Sie erfassen noch weitere Daten, indem Sie auf das Lupensymbol in der Symbolleiste klicken. Es öffnet sich eine Maske gemäß Abbildung 3.25.

Kundenmaterial

Kundenmaterial: 470011

Kundenbeschreibung: PAN Prof OLED 65 Zoll

Suchbegriff:

Versand

Werk:

Lieferpriorität:

Mindestliefermenge: ST

Teillieferung

Teillieferung/Pos.:

Max.Teillieferungen:

Tol.Unterlieferung: %

Tol.Überlieferung: %

Tol. unbegrenzt:

Steuerung

Positionsverwendung:

Mengeneinheiten

Verkaufsmengeneinh. <-> ST

Zusätzliche Kundenmaterialien

Kundenmaterialien

	Kundenmaterialnummer	Materialkurzbezeichnung des Kunden

Abbildung 3.25: Kunden-Material-Info, Positionsbild zum Kundenmaterial

Auswirkungen auf Auftragsabwicklung

Alle Angaben, die Sie im Positionsbild treffen, haben im Rahmen der gesamten Auftragsabwicklung zu diesem Kunden und mit genau diesem Material Vorrang.

Tabelle 3.5 listet die Bedeutung der wichtigsten Felder auf:

Feld	Bedeutung
KUNDENBESCHREIBUNG	Text, den der Kunde für diesen Artikel verwendet (dieser erscheint auch auf den Vertriebsbelegen)
WERK	Auslieferungswerk für den Versand
MINDESTLIEFERMENGE	Menge, die bei einer Lieferung nicht unterschritten werden darf
Felder im Bereich TEILLIEFERUNG	geben an, ob Teillieferungen für diesen Artikel (inkl. der max. Liefermenge) zugelassen sind und wie hoch (in Prozent) die Toleranzen der Unter- und Überlieferung sein dürfen

Tabelle 3.5: Kunden-Material-Info, Felder im Positionsbild

Haben Sie alle gewünschten Daten eingetragen, können Sie mit dem Button SPEICHERN die Maske wieder verlassen.

Mit der Transaktion *VD52* können Sie die Daten im Änderungsmodus anpassen.

Über die Transaktion *VD59* rufen Sie eine Übersicht auf, in der alle gepflegten Kunden-Material-Infosätze zu einem Kunden abgebildet werden. In der Selektionsmaske tragen Sie die Verkaufsorganisation (VKORG), den Vertriebsweg (VWEG) sowie die Kundennummer (KUNDE) ein. Wenn Sie anschließend auf den Button AUSFÜHREN klicken, erhalten Sie die gewünschte Liste, siehe Abbildung 3.26.

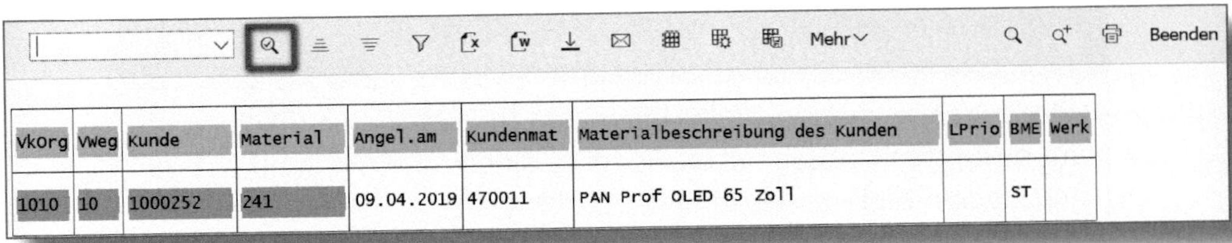

VkOrg	VWeg	Kunde	Material	Angel.am	Kundenmat	Materialbeschreibung des Kunden	LPrio	BME	Werk
1010	10	1000252	241	09.04.2019	470011	PAN Prof OLED 65 Zoll		ST	

Abbildung 3.26: Kunden-Material-Info, Übersicht der Kundenmaterialnummern

Per Doppelklick oder über das Lupensymbol können Sie von hier aus direkt in den Stammsatz abspringen.

3.4 Konditionen für den Vertrieb

Zu welchem Preis wollen Sie dem Kunden die Ware oder Dienstleistung verkaufen, welche Zuschläge und Rabatte sollen ihm gewährt werden, sind Frachtkosten zu berücksichtigen, und welche Umsatzsteuer ist in Ansatz zu bringen? Die Liste der zu berücksichtigenden Elemente in der Endpreisgestaltung ist oft sehr lang und je nach Branche überaus komplex gestaltet. Für den Anwender im Vertrieb reicht es daher nicht aus, wenn er weiß, wie Konditionen gepflegt werden, sondern er sollte wissen, wo und wie diese später in die Konditionstabelle einfließen.

3.4.1 Anlegen einer Preiskondition

Im Folgenden soll gezeigt werden, wie Sie einen individuellen Kundenpreis für ein Material pflegen. Wählen Sie dazu die Transaktion *VK11*. Im SAP-Standard ist immer die Konditionsart PR00 vorgesehen, um einen Preis zu pflegen (egal ob der Preis für einen Kunden individuell gepflegt wurde oder ob es sich um einen allgemeingültigen Materialpreis handelt).

Ist die Konditionsart PR00 nicht gepflegt, kommt es bei der Auftragserfassung zu einer Fehlermeldung. Diese besagt, dass sich der Auftrag ohne einen Preis nicht mit der Konditionsart PR00 speichern lässt. Der

Anwender kann dann entweder einen Preis manuell im Auftrag hinterlegen oder muss den Vorgang abbrechen, wenn er für eine manuelle Preisänderung im Auftrag keine Berechtigung hat.

Rufen Sie die Transaktion *VK11* auf und tragen Sie die KONDITIONSART *PR00* in dem angebotenen Feld ein. Bestätigen Sie Ihre Eingabe mit `Enter`.

In der sich öffnenden Maske SCHLÜSSELKOMBINATION (siehe Abbildung 3.27) entscheiden Sie, für welche Kombination Sie den Materialpreis pflegen.

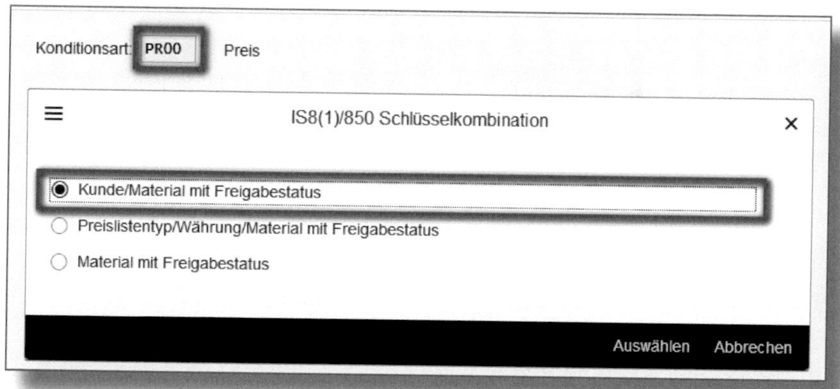

Abbildung 3.27: Kondition anlegen, Kundenpreis

Folgende Varianten sind möglich:

1. KUNDE/MATERIAL MIT FREIGABESTATUS – dies entspricht einem individuellen Materialpreis für einen Kunden.
2. PREISLISTENTYP/WÄHRUNG/MATERIAL MIT FREIGABESTATUS – hier pflegen Sie einen Materialpreis, der einer Preisliste zugeordnet ist. Die Preisliste können Sie im Kundenstammsatz hinterlegen.
3. MATERIAL MIT FREIGABESTATUS – dies bedeutet, dass ein Preis für ein Material gepflegt wird.

Die Reihenfolge der in Abbildung 3.27 aufgelisteten Schlüsselkombinationen gibt gleichzeitig den Ablauf der Preisabfrage im Kundenauftrag an. Dieser Vorgang wird in SAP als *Preisfindung* bezeichnet. Die Reihenfolge der Zugriffe auf die verschiedenen Preise ist dabei fest vorgegeben.

Preisfindung

Das im Kundenstammsatz hinterlegte Kundenschema und die im Auftrag verwendete Verkaufsbelegart ermitteln ein Kalkulationsschema für den Kundenauftrag. In diesem Schema ist festgelegt, welche Konditionsarten verwendet werden, sowie deren Zugriffsfolge. Mit der Konditionsart PR00 kann ein Materialpreis entweder als kundenindividueller Preis (KUNDE/MATERIAL ...), als Preis in einer Preisliste (PREISLISTENTYP ...) oder nur als Materialpreis (MATERIAL ...) gepflegt werden. Die Abfrage dieser Schlüsselkombinationen (vgl. Abbildung 3.27) wird beim Anlegen eines Auftrags in genau dieser Reihenfolge durchlaufen. Sollte bei der Auftragsanlage kein Preis gefunden werden, so erhält der Erfasser eine Fehlermeldung und kann manuell einen Preis zum Auftrag erfassen.

Im folgenden Beispiel soll ein kundenindividueller Preis gepflegt werden.

Wählen Sie KUNDE/MATERIAL MIT FREIGABESTATUS aus.

Freigabestatus

Mithilfe des Freigabestatus schränken Sie in der gepflegten Kondition die Nutzung der angelegten Preiskonditionen ein. So können Sie z. B. den erfassten Preis sperren oder nur für bestimmte Vorgänge, wie z. B. die Preissimulation, freigeben.

Die Handhabung ist für alle drei Schlüsselkombinationen identisch. Die zweite und dritte Kombination unterscheiden sich von der ersten lediglich in der zusätzlichen Eingabe des Preislistentyps bzw. der Materialnummer.

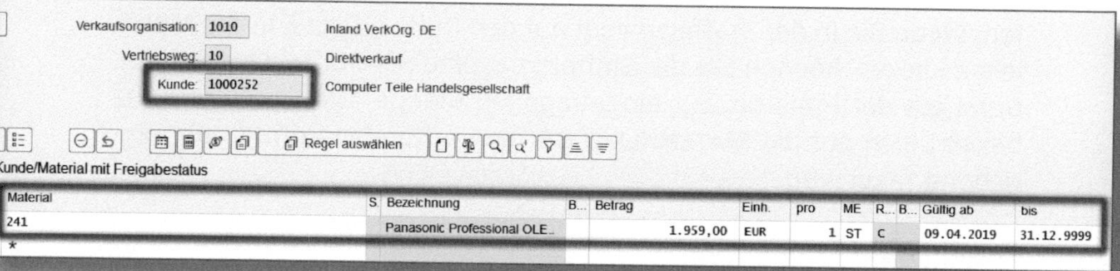

Abbildung 3.28: Kondition PR00 anlegen, Kundenpreis

Erfassen Sie gemäß Abbildung 3.28 die KUNDEnnummer, geben Sie die MATERIALnummer sowie in der Spalte BETRAG den kundenindividuellen Preis (in diesem Beispiel *1959,00 EUR*) ein. Danach können Sie Ihre Eingaben mit `Enter` bestätigen. GÜLTIG AB ist automatisch immer der aktuelle Tag. Im Feld BIS wird standardmäßig das Datum der maximalen Gültigkeit des Kundenpreises mit 31.12.9999 vorgeschlagen. Beide Daten lassen sich individuell anpassen.

Mit einem Doppelklick in die erfasste Zeile hinterlegen Sie bei Bedarf eine Preisstaffel (siehe Abbildung 3.29).

Gültigkeit | Steuerung

*Gültig ab: 09.04.2019 | Bezug: C Mengenstaffel

*Gültig bis: 31.12.9999 | Prüfung: A absteigend

Staffeln

Staffelart	Staffelmenge	ME	Betrag	Einh.	pro	ME
von	1	ST	1.959,00	EUR	1	ST
	5		1.919,00			
	10		1.899,00			

Abbildung 3.29: Kondition PR00 anlegen, Staffel

Die STAFFELART ist hier vorgegeben und kann bei Bedarf geändert werden. In Abbildung 3.29 sehen Sie die STAFFELART *von*. Das bedeutet, dass alle gepflegten Preise ab der eingetragenen STAFFELMENGE gelten. Wenn Sie in der Staffelansicht auf den Button **Detail** in der Menüleiste klicken, können Sie die Staffelart in eine *Bis*-Staffel umwandeln. Dann gilt der Preis bis zur eingetragenen Menge. Die STAFFELMENGE bezieht sich auf die MATERIALMENGE, die im Kundenauftrag oder -angebot erfasst wird.

Sichern Sie Ihre Eingaben!

3.4.2 Anlegen eines Rabatts

Genereller Kundenrabatt

Sie möchten Ihrem Kunden einen Rabatt von fünf Prozent einräumen, den er immer bekommen soll, egal wie viele und welche Artikel bestellt werden. Der Rabatt gilt bis Ende des Jahres.

Sie starten auch hier die Transaktion *VK11*. Als KONDITIONSART müssen Sie diejenige auswählen, die einen Rabatt für Kunden in Prozent abbildet. Diese ist für den Anwender nicht immer auf den ersten Blick erkennbar.

Konditionsart für Rabatt

Fragen Sie Ihre SAP-Verantwortlichen oder schauen Sie in das Handbuch, in dem die Konditionsarten in Ihrem Unternehmen und ihre Verwendung beschrieben sein sollten.

Das SAP-Standardsystem verwendet für das eingangs beschriebene Beispiel die Konditionsart *K007 Kundenrabatt* (siehe Abbildung 3.30).

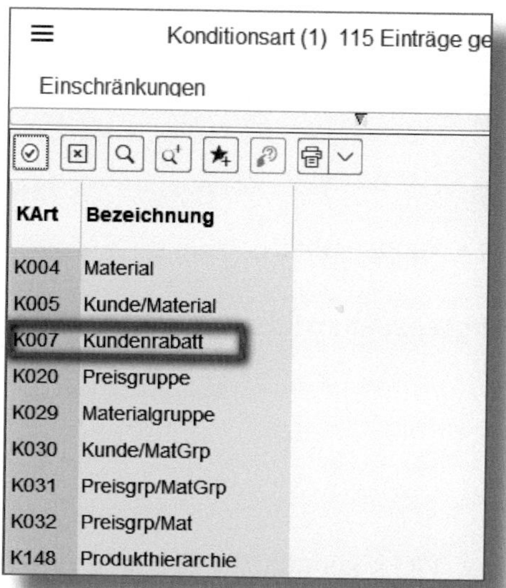

Abbildung 3.30: Kondition anlegen – Kundenrabatt in Prozent

Hier sind zusätzlich Konditionsarten für Rabatte abgebildet, die im SAP-Standard verfügbar sind:

- Mit der Konditionsart *K004* kann z. B. ein Materialrabatt in Prozent erfasst werden.
- Mit Auswahl von *K005* erhält der Kunde einen Rabatt nur, wenn er einen bestimmten, in der Konditionsart festgelegten Artikel bestellt.

Wenn Sie eine der möglichen Konditionsarten aus der Liste per Doppelklick ausgewählt haben, müssen Sie in dem sich anschließend öffnenden Fenster (Abbildung 3.31) nur die Kundennummer und den Rabatt in der Spalte BETRAG (ohne Minus) eintragen. Bestätigen Sie Ihre Eingabe mit `Enter`. Alle noch fehlenden Eingaben werden daraufhin automatisch ermittelt.

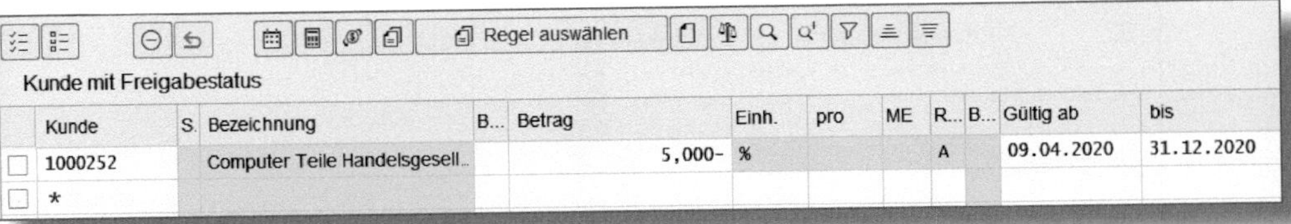

Abbildung 3.31: Kondition anlegen – Kundenrabatt

In diesem Beispiel wurde das Gültigkeitsdatum vom Anwender auf das Ende des Jahres angepasst.

3.4.3 Konditionen ändern

Mit den Transaktionen *VK12* bzw. *VK13* können Sie die angelegten Konditionen ändern bzw. sich diese anzeigen lassen. Wählen Sie in der Einstiegsmaske die Konditionsart aus, für die Sie beispielsweise eine Änderung vornehmen möchten (hier nicht gezeigt) und bestätigen Sie Ihre Auswahl mit `Enter`. In der Folgemaske (Abbildung 3.32) müssen Sie Selektionen vornehmen, um den gewünschten Stammdatensatz zu finden.

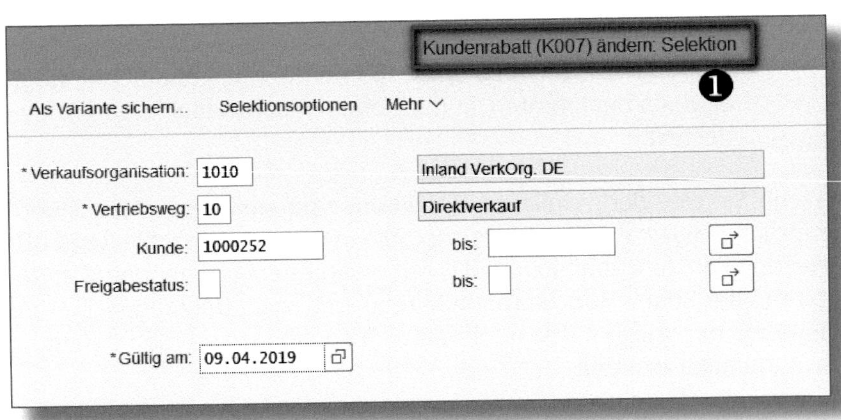

Abbildung 3.32: Konditionen ändern, Selektionsmaske

Hier sehen Sie die Selektionsmaske für die Kondition K007 ❶. Geben Sie die Kundennummer ein und klicken Sie auf den Button AUSFÜHREN. Daraufhin werden Ihnen alle Rabatte angezeigt, die für diesen Kunden gültig sind.

3.4.4 Zusammenfassung der Stammdaten

In diesem Kapitel haben Sie gelernt, wie man vertriebsrelevante Stammdaten in SAP anlegt und welche Ausprägungen für die Vertriebsabwicklungen wichtig sind. Es ging insbesondere darum, welche Daten Sie als Anwender selbst pflegen können. Hervorzuheben sind dabei die Kunden-, Material- und Konditionsstammdaten. Zusätzliche Daten, die der SAP-Berater für Sie eingestellt hat, sind für die reibungslose Vertriebsabwicklung notwendig, sollen hier aber nicht thematisiert werden.

In den nächsten Abschnitten werde ich verschiedene Vertriebsprozesse beschreiben, in denen auf hinterlegte Stammdaten zurückgegriffen wird. Dort wird deutlich, wie wichtig eine saubere Stammdatenpflege der Anwender in den Unternehmen ist.

Zu empfehlen ist, dass Sie die beschriebenen Vorgänge aus dem gesamten Kapitel 2 zuvor wiederholen, um sie noch besser zu verinnerlichen.

4 Besondere Prozesse im Vertrieb

In diesem Kapitel werden Prozesse dargestellt, die im Vertrieb nicht nur das Tagesgeschäft mitbestimmen, sondern auch als unterstützende Maßnahmen für erfolgreiche Verkaufsaktivitäten dienen. Der Auftragserfassung ist häufig die Erstellung und Abgabe eines Angebots an einen Kunden vorausgegangen. Angebote spielen für Analysen, Auswertungen und den Forecast in Unternehmen eine große Rolle. Wir beginnen daher mit der Anlage eines Angebots, das später in einen Auftrag umgewandelt wird.

Immer mehr Unternehmen verkaufen nicht nur Produkte, sondern versuchen, ihre Kunden mit Serviceverträgen oder Dienstleistungen langfristig zu binden, um so den Umsatz zu steigern. Die Erfassung von Dienstleistungsaufträgen sowie ihre weitere Abwicklung im SAP-System soll in den nachfolgenden Abschnitten dargestellt werden. Haben Sie eine Ausschreibung gewonnen oder einen Rahmenvertrag mit einem Kunden abgeschlossen, so müssen Sie das in SAP umsetzen. Je nach Vertrag bietet hierfür das Abbilden von Lieferplänen oder Mengenkontrakten verschiedene Ansätze.

4.1 Angebote anlegen

Angebote können Sie in SAP GUI oder auch in Fiori anlegen. In SAP GUI verwenden Sie die Transaktion *VA21*, in Fiori nutzen Sie dazu die App »Verkaufsangebote verwalten«. Rufen Sie diese App auf, so können Sie nach Angeboten suchen und diese anschließend bearbeiten oder in einen Auftrag umwandeln (Abbildung 4.1).

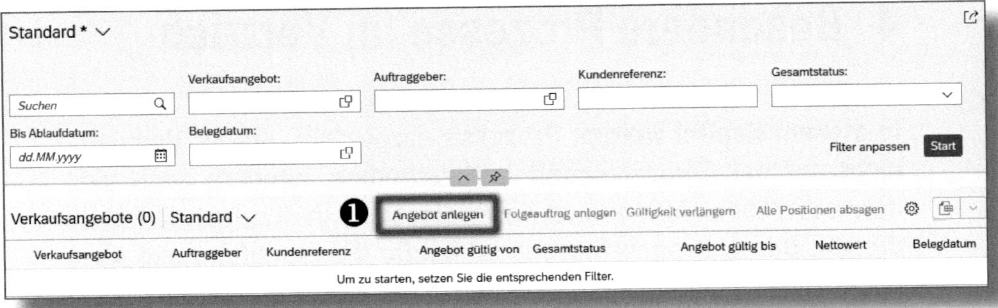

Abbildung 4.1: App »Verkaufsangebote verwalten«

Natürlich haben Sie hier auch die Möglichkeit, ein neues Angebot zu erstellen. Klicken Sie dazu auf den Button ANGEBOT ANLEGEN ❶.

Die sich öffnende Maske entspricht der, die Sie mittels der Transaktion *VA21* erhalten (siehe Abbildung 4.2).

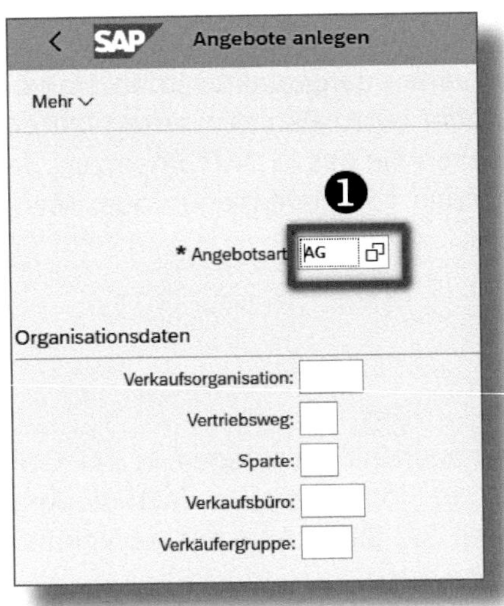

Abbildung 4.2: Angebot anlegen, Einstiegsmaske

Sie müssen zunächst eine ANGEBOTSART erfassen ❶. In diesem Fall ist es die Standardbelegart *AG*, die ein klassisches Angebot abbilden soll. Alternativ können Sie andere hinterlegte Angebotsarten auswählen. Dazu klicken Sie auf den Button ⧉. Genau wie bei der Erfassung eines Auftrags (siehe Abschnitt 2.2) hängt es auch hier von den internen Geschäftsprozessen ab, unter welcher Art Sie Angebote erfassen.

> **☛ Definition: Angebotsart**
>
> Die Angebotsart ist eine Verkaufsbelegart, die im Customizing definiert wird. Dort ist ihr ein Nummernkreis zugeordnet worden.

Die Festlegung eines Vertriebsbereichs, der sich zusammensetzt aus

- VERKAUFSORGANISATION,
- VERTRIEBSWEG und
- SPARTE,

ist in der Einstiegsmaske nicht zwingend erforderlich. Durch die verwendete Kundennummer wird das System Ihnen eine Liste der möglichen Vertriebsbereiche vorschlagen.

Mit dem Bestätigen Ihrer Eingabe durch [Enter] gelangen Sie in die Übersichtsmaske des Angebots (siehe Abbildung 4.3). Deren Aufbau entspricht dem des Auftrags. In der ÜBERSICHT ❶ können Sie Daten auf Kopf- und Positionsebene erfassen.

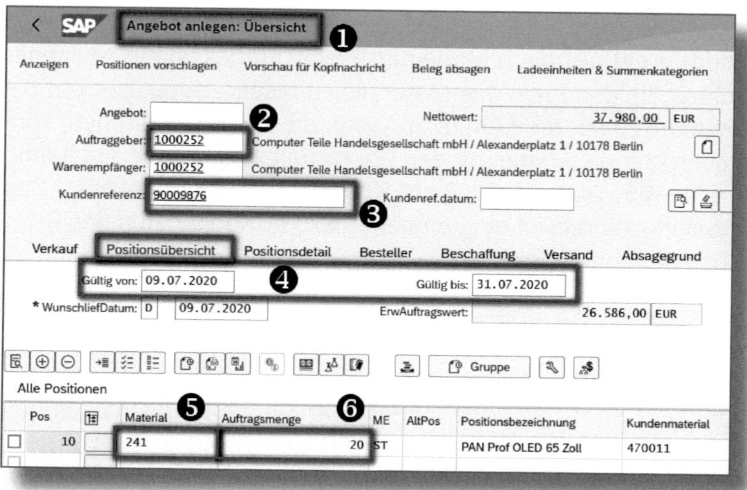

Abbildung 4.3: Angebot anlegen, Übersicht

Tragen Sie zuerst die Kundennummer in das Feld AUFTRAGGEBER ein ❷. Ist diese nicht bekannt, können Sie sie über das Lupensymbol rechts neben dem Feld AUFTRAGGEBER suchen. Dieses Symbol ist nur dann zu sehen, wenn noch keine Kundennummer erfasst wurde. Das Feld KUNDENREFERENZ ❸ bietet Ihnen die Möglichkeit, manuell einen Bezug zur Kundenanfrage zu hinterlegen, z. B. eine Anfragenummer oder auch einen Ansprechpartner. Das Feld KUNDENREF.DATUM soll das Anfragedatum abbilden; hier ist es kein Pflichtfeld.

Angeboten wird stets ein Gültigkeitszeitrahmen zugewiesen. Das Datum im Feld GÜLTIG VON ist das aktuelle ❹. Das Datum im Feld GÜLTIG BIS tragen Sie entsprechend Ihren Vorgaben im Unternehmen ein. Es ist möglich, dass dieses Feld bei Ihnen automatisch mit einem Eintrag versehen ist, welcher sich jedoch ändern lässt.

Im unteren Bereich finden Sie die Tabelle für die Erfassung der Positionen. Geben Sie hier die MATERIALnummer ❺ und die angefragte AUFTRAGSMENGE ❻ ein. Bestätigen Sie die Eingaben mit `Enter`. Ihre Eingaben werden geprüft und Felder wie die POSITIONSBEZEICHNUNG und der KUNDENNAME automatisch befüllt. Prüfen Sie diese Daten auf Richtigkeit. Haben Sie falsche Stammdatennummern erfasst, werden Ihnen auch falsche Bezeichnungen angezeigt. Haben Sie Nummern erfasst, die es nicht gibt – ein Eingabefehler kommt vor –, so erhalten Sie eine Fehlermeldung. Diese informiert Sie darüber, welche Nummer nicht existiert.

Das System greift auf die hinterlegten Preise zurück, siehe Abschnitt 3.4. Möchten Sie den Preis des Materials anpassen, doppelklicken Sie in die Positionszeile. Wie bereits in Abschnitt 2.3.4 beschrieben, können Sie auch hier die Ebene mit den POSITIONSDATEN (siehe Abbildung 4.4) aufrufen ❶. Dort ist die Sicht KONDITIONEN ❷ angeklickt. Das Feld für den Einzelpreis ist eingabebereit ❸. Sie können nun den Preis im Feld BETRAG überschreiben.

Sie können zurück zur Übersichtsmaske springen oder das Angebot auf Positionsebene speichern. Klicken Sie zum Sichern auf den entsprechenden Button rechts unten in der Statusleiste. Sie erhalten folgende Meldung, dass das Angebot gesichert wurde, und sehen die Angebotsnummer unten in der Statusleiste: ☑ Angebot 20000015 wurde gesichert.

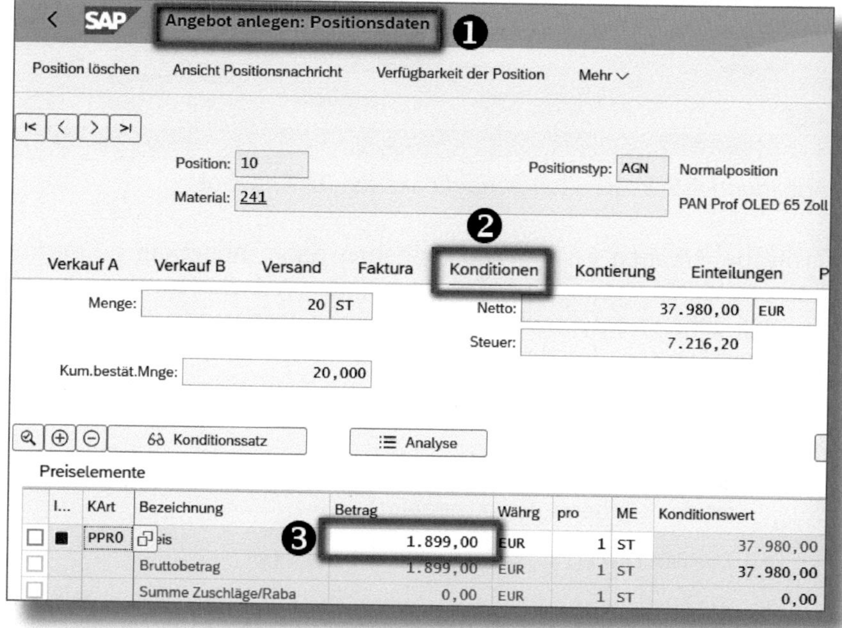

Abbildung 4.4: Positionsebene im Angebot

In der Fiori-Ansicht klicken Sie so lange auf den Pfeil links oben, bis Sie wieder in der App »Verkaufsangebote verwalten« sind.

Selektieren Sie nach dem soeben angelegten Angebot – hier *20000015* (siehe Abbildung 4.5). Üblicherweise wird Ihnen an dieser Stelle eine Vielzahl von Angeboten aufgelistet. Um Ihnen die Suche nach einem konkreten Angebot zu erleichtern, können Sie die Liste nach verschiedenen Kriterien auf- oder absteigend sortieren, etwa nach der Gültigkeit mit Klick auf den Button ANGEBOT GÜLTIG BIS ❷.

Für das Angebot stehen Ihnen nun verschiedene Bearbeitungsmöglichkeiten zur Verfügung.

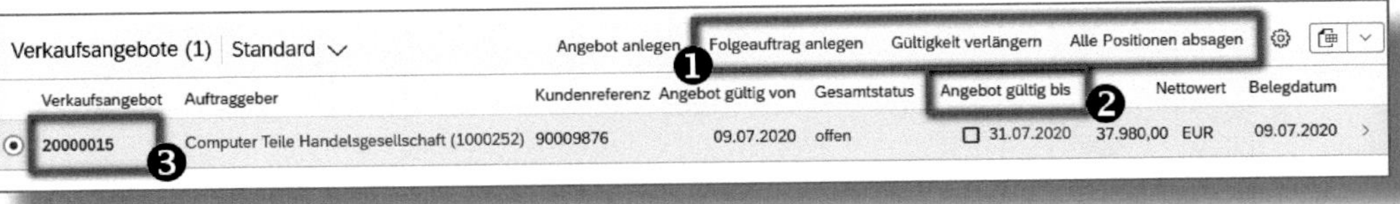

Abbildung 4.5: Bearbeitungsmöglichkeiten für Angebot

Typische Arbeiten im Vertrieb bestehen darin, Angebote zu verfolgen und daran notwendige Anpassungen vorzunehmen. Dazu ist es wichtig, anhand entsprechender Kriterien selektieren zu können und die Funktionen für das Bearbeiten der Angebote zu kennen. Einen Teil der Funktionalitäten sehen Sie in der Leiste oberhalb der Angebote ❶, und zwar:

- Aus dem Angebot heraus einen FOLGEAUFTRAG ANLEGEN (damit ist der Kundenauftrag gemeint)
- Die GÜLTIGKEIT des Angebots VERLÄNGERN
- ALLE POSITIONEN ABSAGEN, wenn der Kunde das Angebot nicht annimmt

Klicken Sie auf die einzelne Angebotsnummer ❸, so können Sie in dem sich öffnenden Fenster (siehe Abbildung 4.6) über WEITERE LINKS eine Liste mit anderen Bearbeitungsmöglichkeiten zum selektierten Angebot aufrufen.

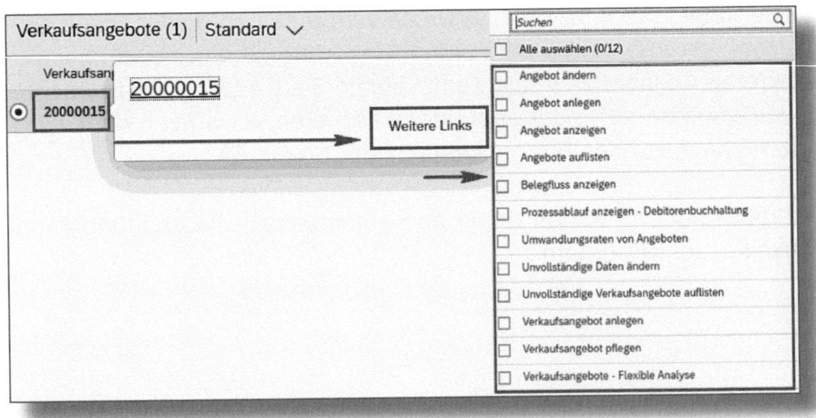

Abbildung 4.6: Angebot bearbeiten, Absprung zur Linkliste

Sobald Sie einen Haken vor die gewünschten Optionen setzen, werden die dort verlinkten Informationen in einer Ansicht dargestellt, die der Transaktion aus der SAP GUI entspricht.

4.2 Angebot in Auftrag umwandeln mit SAP Fiori

Ist der Kunde mit dem Angebot einverstanden und erteilt Ihnen den entsprechenden Auftrag, können Sie das Angebot hierfür als Basis bzw. Referenzbeleg verwenden und umwandeln. Zunächst soll dieser Prozess unter Fiori gezeigt werden. Verwenden Sie zum Starten dieselbe App wie bei der Anlage eines Angebots: »Verkaufsangebote verwalten«. Suchen Sie zunächst das Angebot und setzen Sie die Markierung ❶ (siehe Abbildung 4.7).

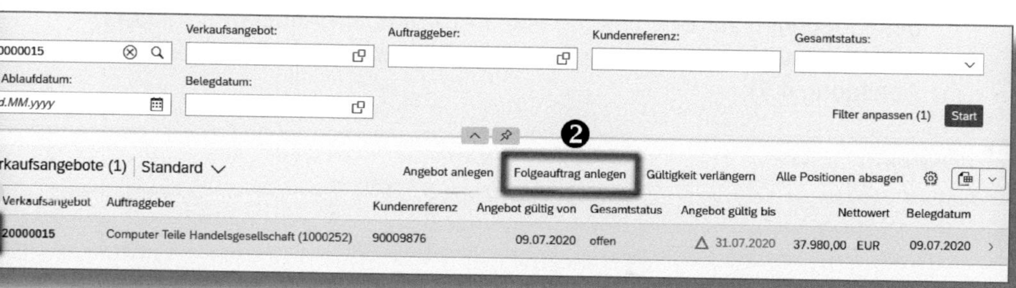

Abbildung 4.7: SAP Fiori, Angebot in Auftrag umwandeln

Klicken Sie anschließend auf FOLGEAUFTRAG ANLEGEN ❷. Wählen Sie im sich öffnenden Fenster über das Drop-down-Menü eine AUFTRAGSART aus (Abbildung 4.8).

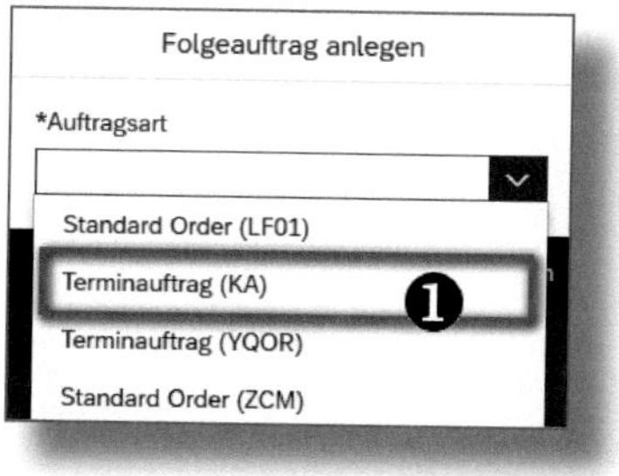

Abbildung 4.8: SAP Fiori, Auswahl der Auftragsart

In unserem Fall wählen wir einen *Terminauftrag* mit der AUFTRAGSART *KA*. Anschließend bestätigen wir die Auswahl mit dem OK-Button.

> **Folgeauftrag**
>
> Die in Abbildung 4.8 gezeigten Auftragsarten können von denen in Ihrem Unternehmen abweichen. Im Customizing wird vorab festgelegt, welche Auftragsarten hier zulässig sind.

Die Maske, welche Sie jetzt sehen, entspricht der Transaktion *VA01* (Auftrag anlegen). Es werden alle Daten, wie Material, Preise und Menge, in den Auftrag übernommen. Nun können Sie den Auftrag Ihren Anforderungen gemäß anpassen und ggf. noch Änderungen vornehmen. Die Vorgehensweise dazu entspricht der in Abschnitt 2.2 beschriebenen zur Bearbeitung eines Auftrags. Ihr Angebot erhält mit der Umwandlung in einen Auftrag den GESAMTSTATUS *Erledigt* (siehe Abbildung 4.9).

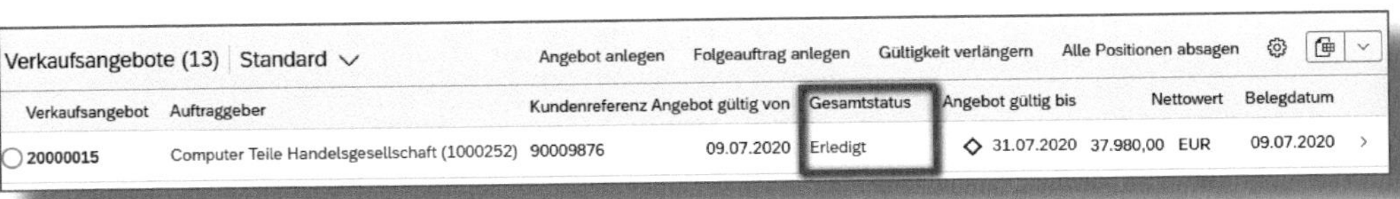

Verkaufsangebote (13) | Standard | Angebot anlegen | Folgeauftrag anlegen | Gültigkeit verlängern | Alle Positionen absagen

Verkaufsangebot	Auftraggeber	Kundenreferenz	Angebot gültig von	Gesamtstatus	Angebot gültig bis	Nettowert	Belegdatum
20000015	Computer Teile Handelsgesellschaft (1000252)	90009876	09.07.2020	Erledigt	31.07.2020	37.980,00 EUR	09.07.2020

Abbildung 4.9: Angebot mit Status »Erledigt«

Es ist möglich, dasselbe Angebot mehrmals für einen neuen Auftrag zu nutzen.

4.3 Angebot in Auftrag umwandeln mit SAP GUI

Arbeiten Sie mit der SAP-GUI-Oberfläche, so ist die Vorgehensweise eine andere. Im Folgenden soll gezeigt werden, wie Sie hier einen Auftrag mit Bezug auf ein Angebot anlegen.

☛ Anlegen mit Bezug

Wenn Sie in der SAP-GUI-Oberfläche einen neuen Auftrag anlegen, dann haben Sie die Möglichkeit, in der Einstiegsmaske den Button ANLEGEN MIT BEZUG zu verwenden. Hierbei beziehen Sie sich auf verschiedene andere Vorgänge, wie z. B. Angebote oder Aufträge. Auf welche Vorgänge Sie sich beziehen dürfen, haben vorher Ihre SAP-Berater im Customizing definiert. Auf diese Weise werden auch Ihre Unternehmensprozesse abgebildet.

Die Ausgangssituation entspricht der in Abschnitt 4.2 beschriebenen. Rufen Sie in der SAP GUI die Transaktion *VA01* auf. Wählen Sie zunächst die gewünschte AUFTRAGSART ❶ – im gezeigten Fall *KA* für TERMINAUFTRAG – aus (siehe Abbildung 4.10). Klicken Sie anschließend auf ANLEGEN MIT BEZUG. Sie finden diesen Button rechts unten in der Statusleiste.

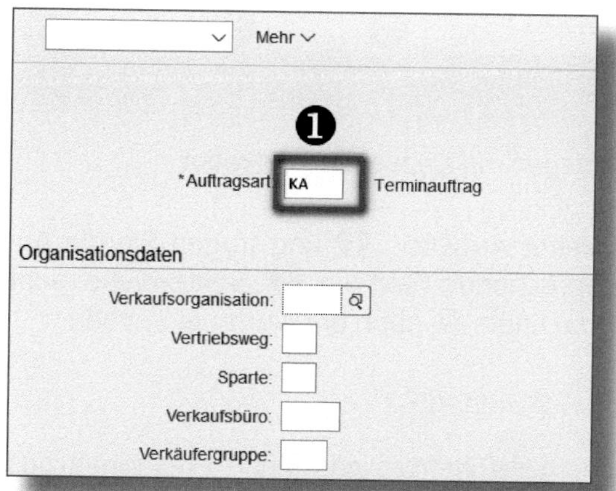

Abbildung 4.10: Einstiegsmaske SAP GUI, Auftrag anlegen

In Abbildung 4.11 ist zu sehen, auf welche Vorgänge Sie sich bei der Auftragsanlage beziehen können; im Weiteren soll es ein Angebot sein.

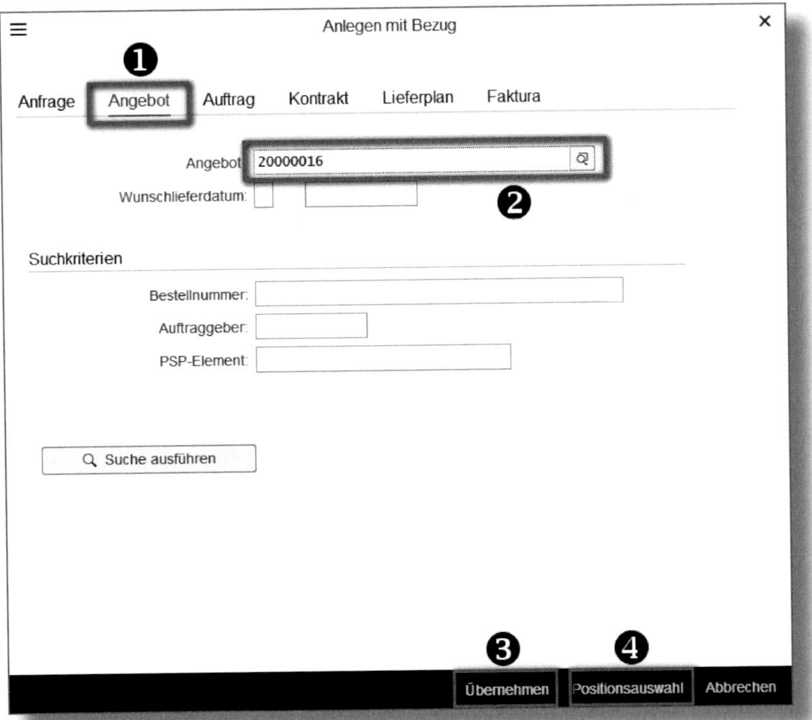

Abbildung 4.11: SAP GUI, Anlegen mit Bezug zum Angebot

Klicken Sie dazu auf den Reiter ANGEBOT ❶ und tragen Sie die Angebotsnummer in das entsprechende Feld ein ❷. Sollte diese nicht vorliegen, können Sie über die Lupe nach der Nummer suchen.

Anschließend haben Sie zwei Optionen:

❸ Mit dem Button ÜBERNEHMEN werden sämtliche Positionen aus dem Angebot in den Auftrag übernommen. Im Auftrag selbst können, wie in Abschnitt 2.3.4 beschrieben, die verschiedensten Anpassungen vorgenommen werden.

❹ Mit Klick auf den Button POSITIONSAUSWAHL erhalten Sie ein Zwischenbild, das alle Positionen aus dem Angebot zeigt (siehe Abbildung 4.12).

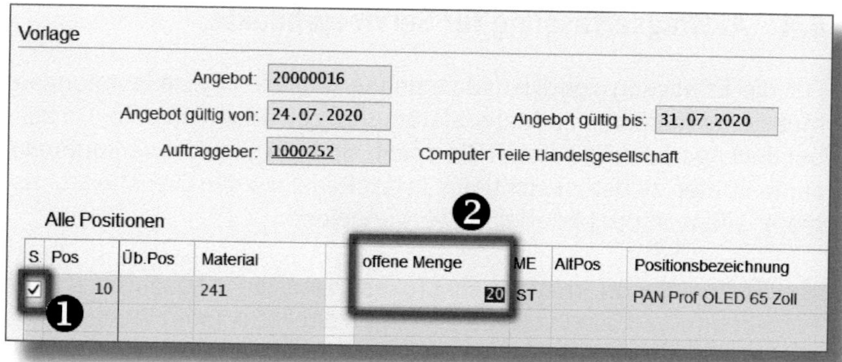

Abbildung 4.12: Positionsauswahl bei Anlage mit Bezug

Zunächst sind alle Positionen automatisch markiert, was der Haken ❶ symbolisiert. Für die Positionen, die Sie nicht in Ihren Auftrag übernehmen möchten, weil der Kunde sie nicht bestellt hat, entfernen Sie den Haken. In diesem Beispiel gab es nur eine Position im Angebot.

In der Spalte OFFENE MENGE ❷ sind die Mengen angegeben, die noch nicht in den zugehörigen Auftrag übernommen wurden, in diesem Fall genau die 20 Stück aus dem Angebot. Bestellt der Kunde beispielsweise nur zehn statt der abgebildeten Menge von 20 Stück, so können Sie bereits hier die Mengen anpassen.

Das Anpassen der Positionen kann in dieser Maske schneller erfolgen als in der eigentlichen Auftragserfassungsmaske. So lässt sich beispielsweise die Menge nach oben korrigieren. Durch individuelle Systemanpassungen kann aber auf eine Maximalmenge beschränkt werden.

Haben Sie Ihre Auswahl getroffen bzw. die gewünschte Änderung vorgenommen, klicken Sie auf den Button ÜBERNEHMEN in der oberen Menüleiste. Sie gelangen in die Maske TERMINAUFTRAG ANLEGEN (hierzu gehört die Transaktion *VA01*). Die weitere Vorgehensweise entspricht auch hier der Beschreibung aus Abschnitt 2.3.

4.4 Auftragserfassung für Serviceprodukte

Für die Erfassung von Dienstleistungen (beispielsweise Beratungen) müssen entsprechende Materialstammsätze vorhanden sein. Da hierbei die Lagerhaltung keine Rolle spielt, sind lediglich die verkaufsrelevanten Daten zu berücksichtigen. In der Regel werden Dienstleistungsmaterialien mit der Materialart *DIEN* angelegt.

Versandfunktionen im Vertriebsprozess sind nicht auszuführen. Die Positionen eines Serviceauftrags können direkt fakturiert werden, d. h., die Faktura wird mit Bezug zum Kundenauftrag angelegt.

Bearbeiten eines Serviceauftrags

Beginnen Sie mit der Erfassung eines Kundenauftrags. Geben Sie die Auftragsart *KA* ein und bestätigen Sie Ihre Eingabe mit [Enter]. Sie gelangen in die Übersichtsmaske. Dort müssen Sie jeweils die Nummer des KUNDEN und des MATERIALS für die Dienstleistung sowie die Anzahl der in Rechnung zu stellenden Stunden eintragen. Sichern Sie Ihren Auftrag. Nach erfolgter Leistung wird der Auftrag fakturiert.

Für die Fakturierung ist die gleiche Vorgehensweise anzuwenden wie bereits in Abschnitt 2.4.3 beschrieben. Der Referenzbeleg bei der Dienstleistungsrechnung ist der zuvor erfasste Kundenauftrag.

4.5 Rahmenverträge

Aus Verkaufssicht bilden Rahmenverträge nicht nur eine gute Umsatzgarantie, sondern legen auch den Grundstein langfristiger Geschäftsbeziehungen. Hierbei werden je nach Branche unterschiedliche Ansätze verfolgt, welche in Rahmenverträgen festgehalten werden.

So spielen in erster Linie Preise und andere vereinbarte Konditionen (Rabatte, Zuschläge) eine Rolle. Aber auch feste Abnahmemengen und Abnahmetermine sollen Planungssicherheit in den Produktionen der liefernden Werke bringen.

SAP teilt die Rahmenverträge in *Lieferpläne* und *Kontrakte* ein. Nachfolgend sollen beide Arten vorgestellt werden.

4.5.1 Lieferpläne

In einem Lieferplan werden in einer Position mehrere *Einteilungen* hinterlegt. Diese beinhalten Angaben zu Lieferterminen und -mengen (siehe Abbildung 4.13). So können Sie z. B. für eine Position eine bestimmte Menge erfassen, welche sich dann in den Einteilungen unterschiedlichen Lieferterminen zuordnen lässt.

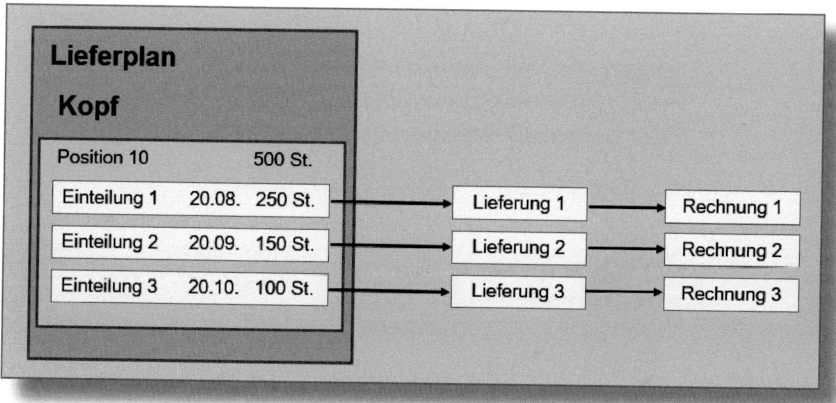

Abbildung 4.13: Lieferplanablauf

Um einen LIEFERPLAN zu erfassen, rufen Sie die Transaktion *VA31* auf.

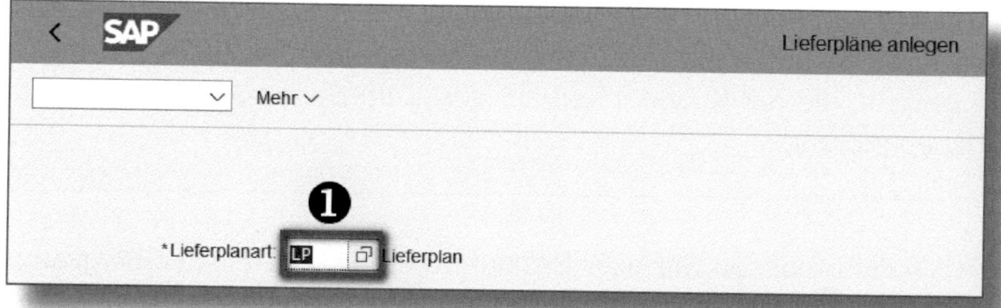

Abbildung 4.14: Lieferplan anlegen, Einstiegsmaske VA31

Wählen Sie in der Einstiegsmaske (Abbildung 4.14) die LIEFERPLANART *LP* ❶ und bestätigen Sie Ihre Eingabe mit WEITER.

Es öffnet sich die Erfassungsmaske für einen Lieferplan (siehe Abbildung 4.15). Der Aufbau dieser Maske entspricht dem des normalen Terminauftrags.

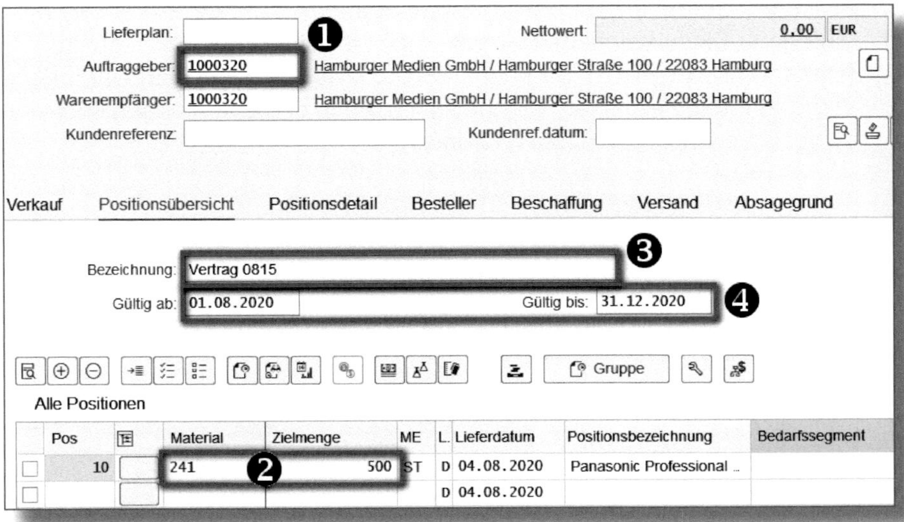

Abbildung 4.15: Erfassungsmaske Lieferplan

Geben Sie zunächst die Nummer des AUFTRAGGEBERS ❶ und des MATERIALS sowie die ZIELMENGE ❷ ein.

> **☛ Zielmenge**
>
> Hiermit wird die Gesamtmenge einer Position im Lieferplan dargestellt, die der Kunde innerhalb des Gültigkeitszeitraums abnehmen möchte.

Zusätzlich müssen Sie eine BEZEICHNUNG ❸ und einen Gültigkeitszeitraum ❹ erfassen. Die BEZEICHNUNG könnte in der Praxis eine Vertragsnummer des Kunden oder eine interne Vergabenummer Ihres Unternehmens sein. Der Inhalt des Feldes ist individuell zu befüllen. Als Alternative bietet sich hier das Feld KUNDENREFERENZ an, welches in diesem Beispiel nicht befüllt wurde. Die Gültigkeit soll die Laufzeit des Lieferplans abbilden.

Bestätigen Sie Ihre Eingaben mit `Enter`. Nun wird Ihnen eine Warnmeldung angezeigt, dass die AUFTRAGSMENGE noch nicht erfasst wurde. Hiermit ist gemeint, dass noch keine Einteilungen der Auftragsmenge erfasst wurden. Sie können diese Meldung mit `Enter` bestätigen.

Mit einem Doppelklick auf die erfasste Positionszeile gelangen Sie in die Sicht mit den Positionsdetails. Dort wählen Sie den Reiter EINTEILUNGEN ❶ (siehe Abbildung 4.16).

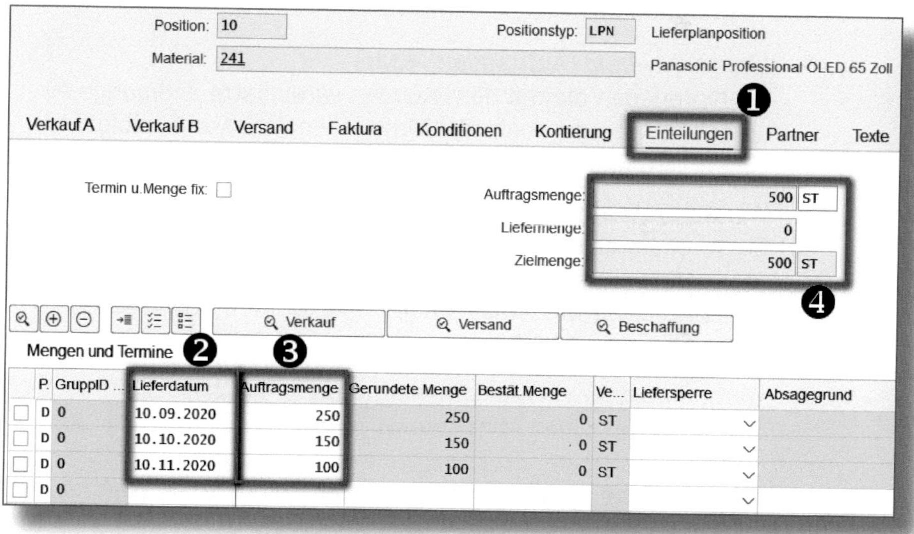

Abbildung 4.16: Positionsdetails, Erfassen der Einteilungen

Geben Sie in der Tabelle das LIEFERDATUM ❷ und die mit dem Kunden vereinbarte AUFTRAGSMENGE ❸ ein. Bestätigen Sie Ihre Eingaben mit `Enter`. Die Summe der in den EINTEILUNGEN erfassten AUFTRAGSMENGE, in diesem Beispiel sind es drei Einteilungen, wird Ihnen in einer Zusammenfassung ❹ angezeigt. Sie sehen dort auch die in der Übersichtsmaske erfasste ZIELMENGE.

Sollte die Summe der Auftragsmenge aus den Einteilungen den Wert der Zielmenge überschreiten, so erhalten Sie eine Warnmeldung. Diese können Sie mit `Enter` bestätigen und müssen dann Ihre erfassten AUFTRAGSMENGEN korrigieren. Sobald Sie Ihre Einteilungen zu jeder Position erfasst haben, können Sie den Beleg über den entsprechenden Button sichern. Die nun folgenden Schritte Lieferung und Fakturierung entsprechen den Abläufen aus dem TERMINAUFTRAG, siehe dazu Abschnitt 2.4.

4.5.2 Kontrakte

Kontrakte, in der Praxis auch als »Rahmenverträge« bezeichnet, werden wie folgt unterschieden:

- *Mengenkontrakt* (Auftragsart »KM«)
  Sie hinterlegen die mit dem Kunden vereinbarte Zielmenge eines Materials oder mehrerer Materialien. Der Abruf erfolgt mit einem Terminauftrag.
- *Wertkontrakt allgemein* (Auftragsart »WK1«)
  Sie vereinbaren mit dem Kunden die Abnahme eines bestimmten Wertes zu einer *Produkthierarchie* oder einem *Sortiment*. Hier sind zuvor Materialen zugeordnet worden. Nur diese sind dann mit einem Abruf über einen Terminauftrag zulässig.
- *Wertkontrakt für ein Material* (Auftragsart »WK2«)
  Sie haben hier einen Abnahmewert zu einem Material mit dem Kunden vereinbart. Es können so lange Abrufe durch einen Terminauftrag erfasst werden, bis der hinterlegte Wert aufgebraucht ist.
- *Gruppenkontrakt* (Auftragsart »GK«)
  Hier pflegen Sie nur allgemeine Daten auf Kopfebene, wie z. B. Zahlungs- und Lieferbedingungen und Gültigkeit. Gruppenkontrakte können als Basis in andere Kontrakte kopiert werden.

☛ Produkthierarchie

Mithilfe der Produkthierarchie lassen sich Materialien durch die Kombination verschiedener Merkmale gruppieren. Eine Hierarchie kann aus bis zu 18 Zeichen bestehen. Jede Stelle oder Ziffernfolge entspricht einem vordefinierten Merkmal. Beispiel: 00001 (IT-Hardware), 00003 (Drucker), 00000002 (Laserdrucker) ergibt die Produkthierarchie: 000010000300000002.

Im Unterschied zu Lieferplänen wird bei Abschluss von Kontrakten kein Liefertermin, sondern eine Leistung, eine Menge oder ein Wert der Leistung festgelegt. Durch den entsprechenden Abruf über einen Terminauftrag werden die Menge und der Liefertermin festgehalten. Da Kontrakte häufig mit großen Kunden geschlossen werden, ist es möglich, verschiedene Abrufpartner im Kontrakt zu hinterlegen. Diese können sich dann auf die Verträge beziehen, d. h., Tochterunternehmen erhalten alle dieselben hinterlegten Konditionen.

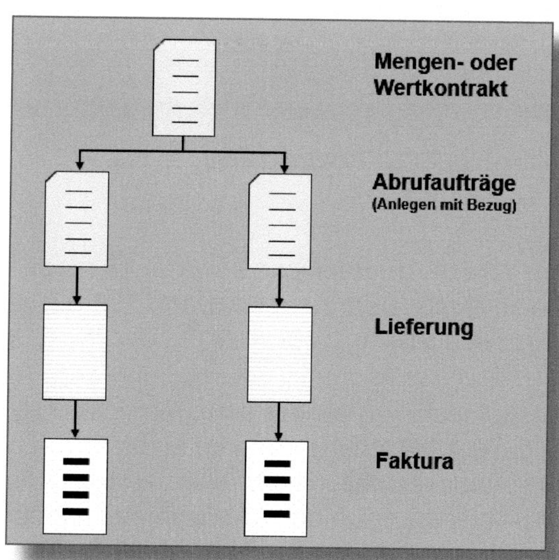

Abbildung 4.17: Kontraktabwicklung

Einen Überblick zur Kontraktabwicklung gibt Ihnen Abbildung 4.17. Der Prozess beginnt immer mit der Anlage eines Mengen-oder Wertkontrakts im System. Die Kontraktabrufe erfolgen dann mittels eines Terminauftrags, der mit Bezug zur Kontraktnummer angelegt wird. Die weitere Abwicklung entspricht der in Abschnitt 2.4 beschriebenen Vorgehensweise.

Beispiel Mengenkontrakt

Mengenkontrakte und darauf bezogene Abrufe kommen in der Praxis sehr häufig vor und sollen daher hier als Beispiel beschrieben werden. Um einen Kontrakt anzulegen, starten Sie in der SAP GUI die Transaktion *VA41*.

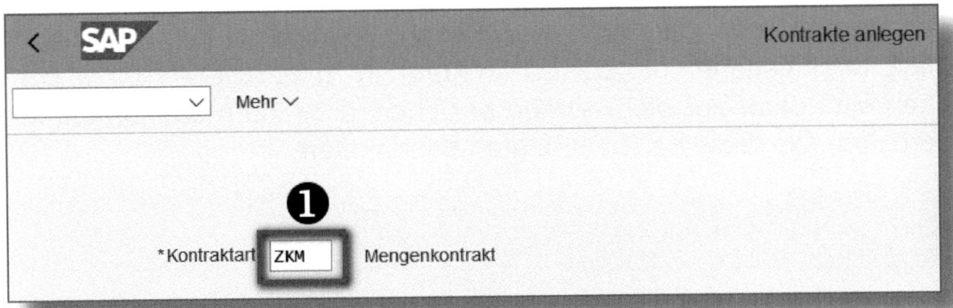

Abbildung 4.18: Einstiegsmaske SAP GUI, Kontrakt anlegen mit Transaktion VA41

In der Einstiegsmaske wählen Sie die erforderliche Belegart ❶ für den Kontrakt aus. In diesem Beispiel ist es die Kontraktart *ZKM* (siehe Abbildung 4.18). Klicken Sie anschließend auf Weiter.

Aufbau und Bedienung entsprechen nun wieder dem Terminauftrag. Abweichungen (siehe Abbildung 4.19) ergeben sich im Bildaufbau. Erfassen Sie zunächst den Auftraggeber ❶, die Materialnummer und die Zielmenge ❷. Letztere ist hier die vereinbarte Abnahmemenge für einen bestimmten Zeitraum. Im Feld Bezeichnung ❸ können Sie wieder eine Vertragsnummer eintragen und in den Feldern GÜLTIG AB und GÜLTIG BIS ❹ die Vertragslaufzeit. Bestätigen Sie Ihre Eingaben mit [Enter].

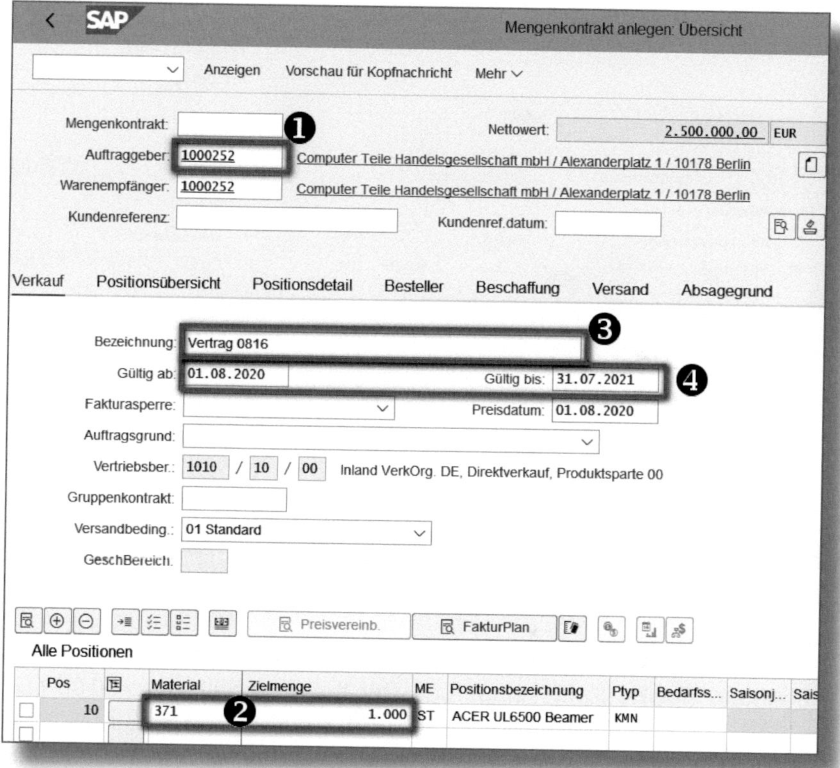

Abbildung 4.19: Mengenkontrakt erfassen

Da es sich bei einem Kontrakt meist auch um besondere Konditionen handelt, die Sie Ihren Kunden gewähren, können Sie nun Preisänderungen oder auch Zu- und Abschläge erfassen. Dazu wechseln Sie mit einem Doppelklick auf die Positionszeile zur Konditionstabelle.

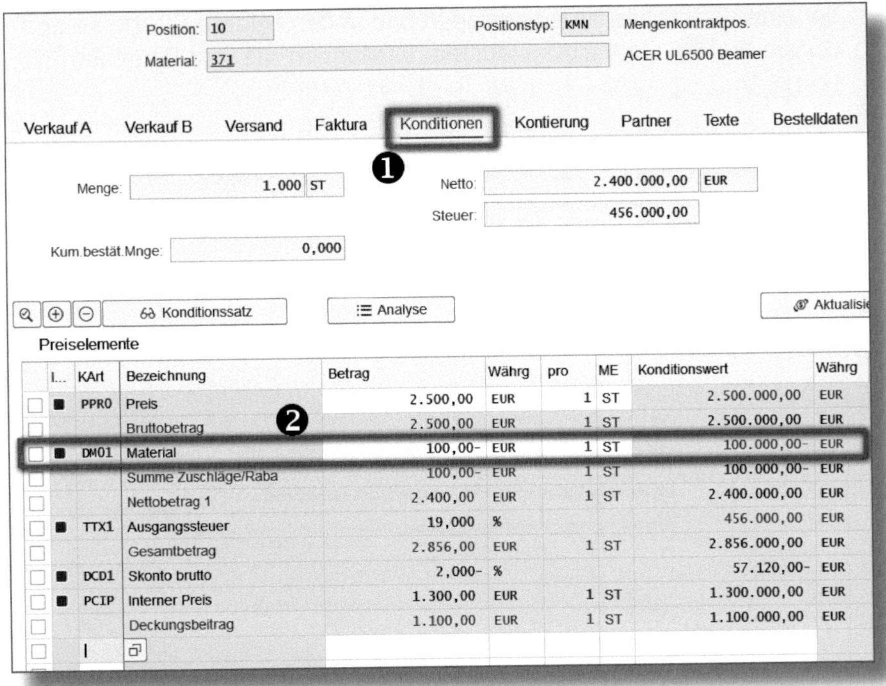

I...	KArt	Bezeichnung	Betrag	Währg	pro	ME	Konditionswert	Währg
■	PPR0	Preis	2.500,00	EUR	1	ST	2.500.000,00	EUR
		Bruttobetrag	2.500,00	EUR	1	ST	2.500.000,00	EUR
■	DM01	Material	100,00-	EUR	1	ST	100.000,00-	EUR
		Summe Zuschläge/Raba	100,00-	EUR	1	ST	100.000,00-	EUR
		Nettobetrag 1	2.400,00	EUR	1	ST	2.400.000,00	EUR
■	TTX1	Ausgangssteuer	19,000	%			456.000,00	EUR
		Gesamtbetrag	2.856,00	EUR	1	ST	2.856.000,00	EUR
■	DCD1	Skonto brutto	2,000-	%			57.120,00-	EUR
■	PCIP	Interner Preis	1.300,00	EUR	1	ST	1.300.000,00	EUR
		Deckungsbeitrag	1.100,00	EUR	1	ST	1.100.000,00	EUR

Abbildung 4.20: Positionsebene, Konditionsänderung im Kontrakt

In Abbildung 4.20 wurde im Reiter KONDITIONEN beispielhaft die Konditionsart (KART) *DM01* eingefügt. Der Kunde erhält hier *100,00 EUR* Rabatt auf den ausgewählten Artikel ❷. In Ihrem Unternehmen kann es andere Konditionsarten geben, die hier auswählbar sind.

Wechseln Sie in die Kopfdaten des Kontrakts über das Menü MEHR • SPRINGEN • KOPF, um mögliche Abrufpartner zu hinterlegen.

Auf der Kopfebene können Sie in der Maske zum Reiter PARTNER ❶ (siehe Abbildung 4.21) mögliche Abrufpartner angeben, die später auf diesen Kontrakt zurückgreifen und alle vereinbarten Konditionen erhalten sollen. In der nächsten freien Zeile erfassen Sie in der entsprechenden Spalte die PARTNERROLLE ❷, hier ist es die Rolle *AA SP Kontraktabruf*, und geben die zugehörige Nummer in der Spalte PARTNER ein ❸. Anschließend klicken Sie auf `Enter`.

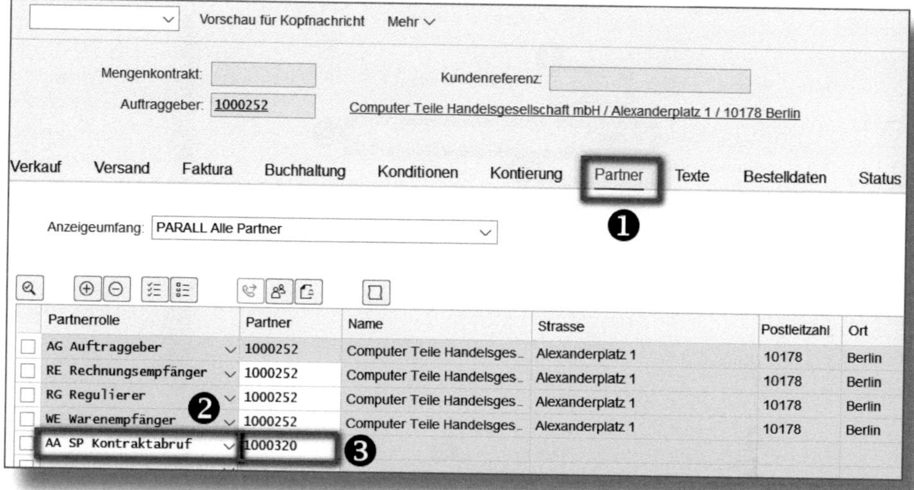

Abbildung 4.21: Kopfebene, Abrufpartner im Kontrakt

Sichern Sie Ihren Kontrakt mit dem entsprechenden Button.

Um Kontrakte zu ändern oder anzeigen zu lassen, können Sie die Transaktionen *VA42* (Ändern) und *VA43* (Anzeigen) verwenden. Die Navigation entspricht der weiter oben zur Transaktion *VA41* beschriebenen Vorgehensweise.

Nun möchte der Kunde einen Kontraktabruf vornehmen und bestellt Ware aus diesem Kontrakt. Um den Vorgang zu erfassen, verwenden Sie die Transaktion *VA01* und die Auftragsart *KA (Terminauftrag)*. Um den Bezug zum KONTRAKT herzustellen, nutzen Sie die Funktion ANLEGEN MIT BEZUG. Diesen Button finden Sie in Ihrer Maske rechts unten.

Im neuen Fenster ANLEGEN MIT BEZUG (siehe Abbildung 4.22) erfassen Sie im Reiter KONTRAKT ❶ die entsprechende Kontraktnummer ❷. Im Feld ABRUFENDER PARTNER ❸ könnten Sie einen berechtigten Abrufpartner eingeben. Dieser muss allerdings im Kontrakt hinterlegt sein, siehe Abbildung 4.21.

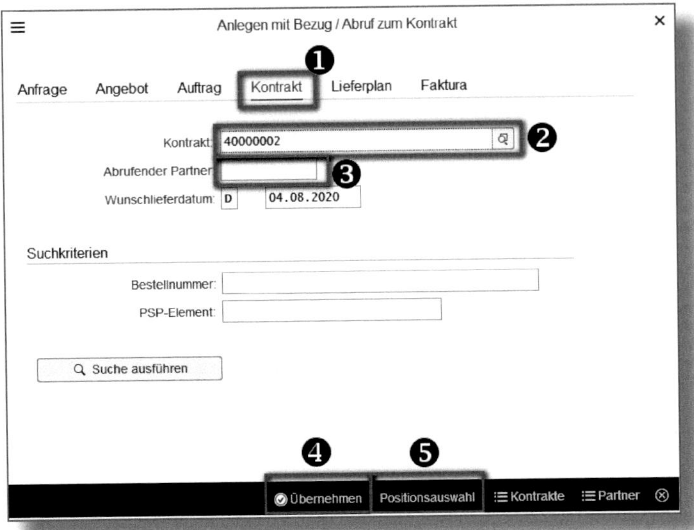

Abbildung 4.22: Kontraktabruf mit Bezug

Mit Klick auf ÜBERNEHMEN ❹ werden alle Positionen und Mengen aus dem Kontrakt in den Auftrag übernommen und können dort angepasst werden.

Übersichtlicher ist es, wenn Sie die POSITIONSAUSWAHL ❺ anklicken. Sie gelangen dann in eine Zwischenmaske, siehe Abbildung 4.23, in der Sie zunächst eine Vorauswahl (zu den abzurufenden Materialien) treffen können.

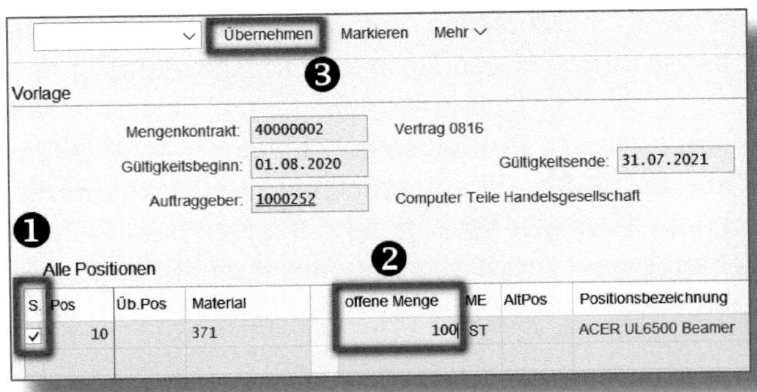

Abbildung 4.23: Kontraktabruf mit Bezug, Positionsauswahl

Zunächst sind alle Positionen markiert bzw. aktiviert ❶. Wählen Sie nur die Positionen aus, die der Kunde abruft. In der Spalte OFFENE MENGE ❷ wird die noch abrufbare Menge vorgeschlagen. Diese können Sie komplett in den Abrufauftrag übernehmen oder mit der vom Kunden gewünschten Menge anpassen. Klicken Sie anschließend auf ÜBERNEHMEN ❸. Alle ausgewählten Positionen werden übernommen und bekommen im Abrufauftrag die hinterlegten Konditionen zugewiesen.

Sie befinden sich nun in der Auftragserfassungsmaske, siehe auch Abschnitt 2.3. Hier können Sie verschiedene Anpassungen und Ergänzungen vornehmen, wie z. B. eine KUNDENREFERENZ erfassen. Anschließend speichern Sie den Auftrag. Der weitere Ablauf bis zur Fakturierung entspricht nun wieder dem Standardprozess des Terminauftrags, siehe Abschnitte 2.4.3 und 2.5.3.

Um sich einen Überblick über den Kontrakt anzeigen zu lassen, haben Sie verschiedene Möglichkeiten. In der SAP GUI können Sie dazu die Transaktionen *VA42* oder *VA43* nutzen.

Rufen Sie eine dieser Transaktionen auf (siehe Abbildung 4.24), geben Sie die KONTRAKTnummer ❶ ein und klicken Sie anschließend auf BELEGFLUSS ANZEIGEN ❷.

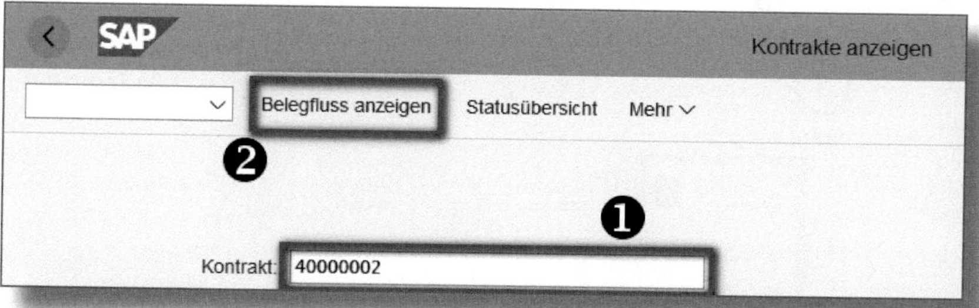

Abbildung 4.24: Belegfluss zum Kontrakt anzeigen

Im Belegfluss sind der Kontrakt und alle mit Bezug zu diesem angelegten Terminaufträge zu sehen (siehe Abbildung 4.25). In der Spalte MENGE werden in der Zeile des Mengenkontrakts die Gesamtmenge

(1.000 ST) des Kontrakts und in der Zeile des Terminauftrags die Abrufmenge (100 ST) ausgewiesen.

Geschäftspartner 0001000252 Computer Teile Handelsgesellschaft

Beleg	Am	Uhrzeit	Status	Menge	Einheit	Ref. Wert	Währung
→ Mengenkontrakt 0040000002	04.08.2020	13:30:04	offen			2.400.000,00	EUR
Terminauftrag 0000032302	04.08.2020	15:00:48	Erledigt			240.000,00	EUR
→ Mengenkontrakt 0040000002 / 10	04.08.2020	13:30:32	offen	1.000	ST	2.400.000,00	EUR
Terminauftrag 0000032302 / 10	04.08.2020	15:00:48	Erledigt	100	ST	240.000,00	EUR
Auslieferung 0080020986 / 10	04.08.2020	15:20:48	Erledigt	100	ST		
Kommissionierauftrag 20200804 / 10	04.08.2020	15:20:59	Erledigt	100	ST		
WL WarenausLieferung 490002619	04.08.2020	15:22:42	erledigt	100	ST	130.000,00	EUR
Rechnung 0090017543 / 10	04.08.2020	15:23:10	Erledigt	100	ST	240.000,00	EUR
Buchungsbeleg 0090017543	04.08.2020	15:23:37	nicht ausgeziffert	100	ST		

Abbildung 4.25: Belegfluss im Kontrakt

Eine weitere Möglichkeit der Auswertung bietet die App »Prozessablauf anzeigen – Debitorenbuchhaltung«. Öffnen Sie das zu dieser App gehörige Fenster (siehe Abbildung 4.26).

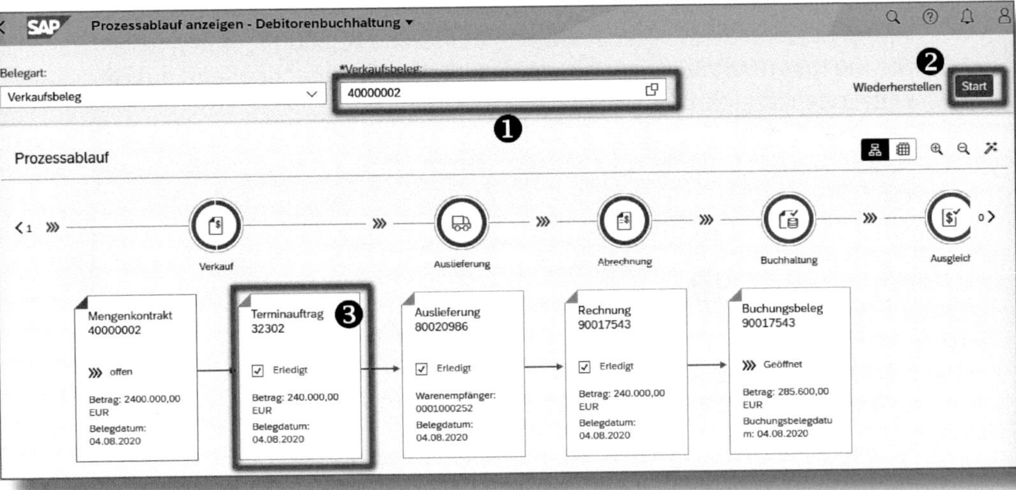

Abbildung 4.26: Prozessablauf zum Mengenkontrakt, App »Prozessablauf anzeigen«

Hier geben Sie zunächst die Kontraktnummer ❶ ein und klicken anschließend auf START ❷.

Daraufhin werden Ihnen alle zum Abruf gehörigen Vorgänge angezeigt. Mit einem einfachen Mausklick auf einen Prozessschritt, hier ist als Beispiel der TERMINAUFTRAG ❸ markiert, können Sie wiederum in die Detailsicht zum gewünschten Vorgang springen. Mit dem Pfeil oben links gelangen Sie wieder zurück auf Ihre Startseite.

Anlegen mit Bezug in der Fiori-Oberfläche

Auch mit der Fiori-Oberfläche haben Sie die Möglichkeit, einen Auftrag mit Kontraktbezug anzulegen. Dazu bietet sich die App »Verkaufskontrakte verwalten« an. Rufen Sie diese in Ihrer Fiori-Oberfläche auf. Die Selektion der Kontrakte kann hier, wie bereits bei den Terminaufträgen beschrieben, nach Kontraktnummer, Auftraggeber oder diversen anderen Kriterien wie Kundenreferenznummer, Gesamtstatus oder dem Ablaufdatum des Kontrakts erfolgen. Selektieren Sie nach den Vorgaben, die Ihnen zu Ihrem Kontrakt vorliegen.

In Abbildung 4.27 sehen Sie das Ergebnis einer Kontraktsuche.

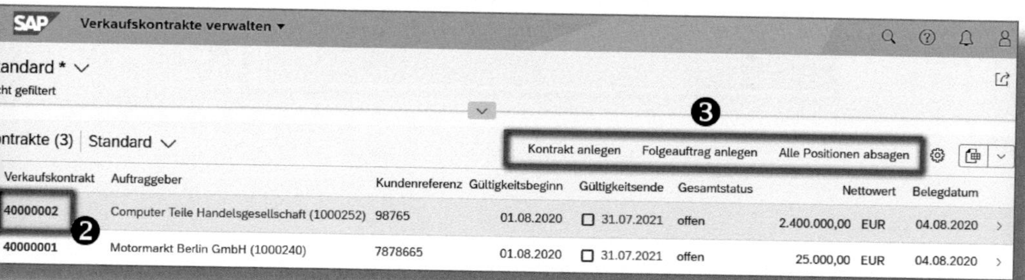

Abbildung 4.27: App »Verkaufskontrakte verwalten«

Markieren Sie den gewünschten Kontrakt ❶, so stehen Ihnen verschiedene Bearbeitungsmöglichkeiten ❸ zur Verfügung. Sie können einen FOLGEAUFTRAG ANLEGEN, dies wäre der Abruf über einen Terminauftrag. Die sich dann öffnende Maske entspricht der Transaktion *VA01*. Diese Vorgehensweise kennen Sie bereits aus dem vorherigen

Beispiel zum Mengenkontrakt. Weiterhin können Sie alle gewünschten Positionen eines Kontrakts absagen, also stornieren.

Die Funktion Kontrakt anlegen ist immer aktiv. Wenn Sie diesen Button anklicken, erhalten Sie dieselbe Einstiegsmaske wie mit der Transaktion *VA41* in der SAP GUI, ebenfalls im Abschnitt zum Beispiel Mengenkontrakt beschrieben.

Für Auswertungen bzw. die Überwachung von Kontrakten bietet sich die App »Erfüllungsraten von Verkaufskontrakten« an. Auch diese finden Sie in der Fiori-Oberfläche in einer Ihnen zugeordneten Kachelgruppe – oder Sie suchen sie über den App Finder. Die zugehörige Sicht soll Ihnen zeigen, inwieweit Kontrakte erfüllt sind.

Die Auswertung in Abbildung 4.28 zeigt Ihnen die Diagrammsicht.

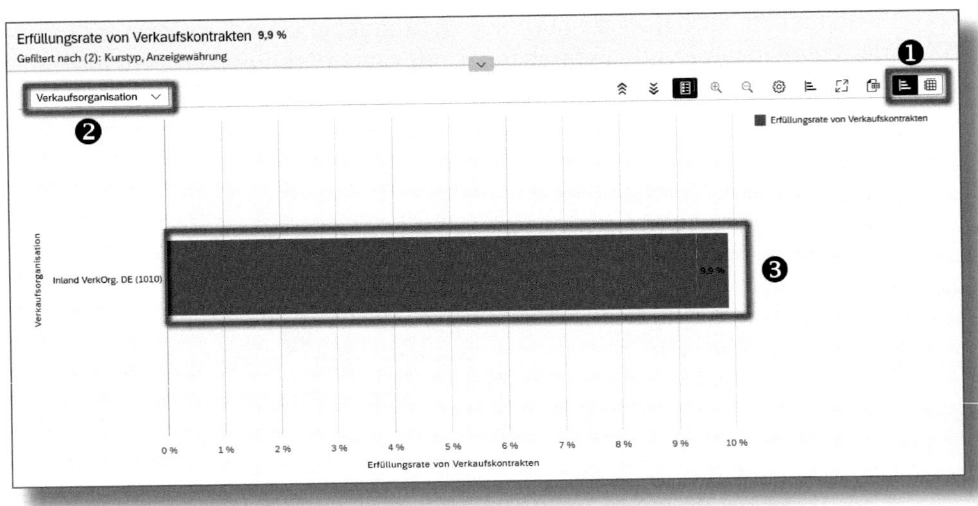

Abbildung 4.28: Sicht »Erfüllungsrate von Verkaufskontrakten«

Sie haben die Möglichkeit, zwischen dieser und der Tabellensicht zu wechseln ❶. Über das Drop-down-Menü im linken oberen Bereich ❷ wählen Sie die gewünschte Ebene zur Auswertung, beispielsweise KUNDE oder MATERIALIEN. Aktuell ist die VERKAUFSORGANISATION ausgewählt ❷. Mit einem Klick auf den Diagrammbalken ❸, der den prozentualen Grad der Erfüllung von Verkaufskontrakten zeigt, können Sie ebenfalls die Auswertungsebenen ändern. In Abbildung 4.28 erkennen Sie, dass in der Verkaufsorganisation 9,9 % der Gesamtkontrakte erfüllt sind.

In Abbildung 4.29 wurde die Ebene KUNDE aufgerufen. Hier ist ersichtlich, dass der Kunde MOTORMARKT BERLIN GMBH bisher 0 % Abrufe gestartet hat, wohingegen der Kunde COMPUTER TEILE HANDELSGESELLSCHAFT bereits 10 % seines Kontrakts abgerufen hat.

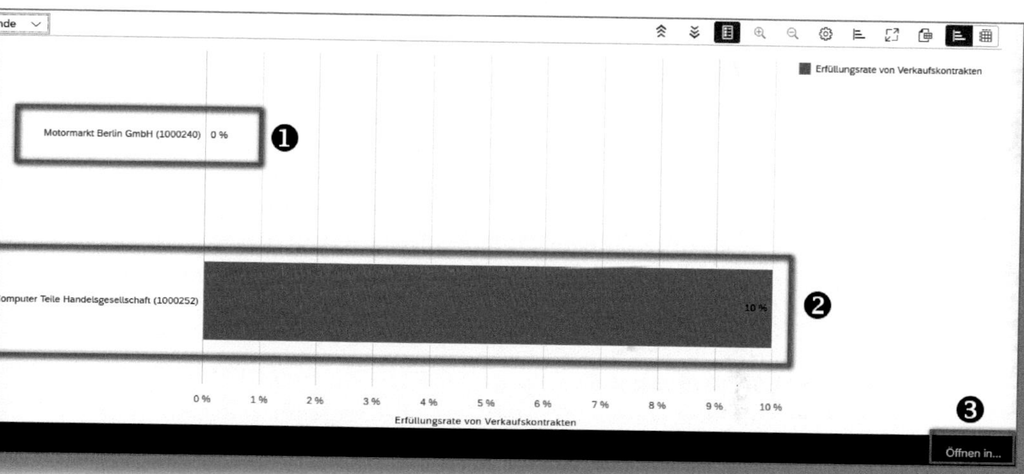

Abbildung 4.29: Kontrakterfüllung nach Kunden

In der Statusleiste im unteren Bildschirmbereich sehen Sie rechts einen Button mit der Bezeichnung ÖFFNEN IN ❸. Klicken Sie auf diesen Button, so öffnet sich eine Auflistung verschiedener Funktionen zur Bearbeitung von Kontrakten, die Sie auswählen können (siehe Abbildung 4.30).

Abbildung 4.30: Absprung in die Bearbeitung von Kontrakten

Zusammenfassung

Sie haben in diesem Kapitel gelernt, wie Angebote angelegt werden und wie Sie mit Kontrakten bzw. Lieferplänen arbeiten. Diese Themen sind insofern wichtig, da sie einen erheblichen Teil Ihrer täglichen Arbeit im Vertrieb ausmachen.

Die Funktion »Anlegen mit Bezug« in der SAP GUI bzw. »Folgebelege anlegen« in SAP Fiori waren dabei wesentliche Begleiter. Diese können Sie auch in anderen Situationen anwenden. Daher ist es wichtig, dass Ihnen deren grundsätzliches Handling bekannt ist. Aus betriebswirtschaftlicher Sicht bilden genau diese Funktionen die Prozesse in Ihrem Unternehmen ab. Je nach Einstellungen durch den SAP-Berater können individuelle Abweichungen in Ihrem System hinterlegt sein.

Merken Sie sich diese Funktionen, denn sie werden in den Folgekapiteln wieder benötigt.

5 Reklamationsabwicklung

Kundenorientierung und Kundenzufriedenheit haben in den meisten Unternehmen oberste Priorität. Umso wichtiger ist es, in diesen Bereichen Defizite oder Mängel zu erkennen und mögliche Ursachen zu beseitigen. Eine schnelle und effiziente Reklamationsabwicklung kann hier ein Ansatz sein. SAP bietet dazu geeignete Instrumente an.

5.1 Kundenreklamationen

Reklamationen jeglicher Art sind sowohl für den Lieferanten als auch für den Kunden unangenehme Ereignisse. In der Industrie treten folgende Ereignisse, die hier als *Reklamation* bezeichnet werden, häufig auf:

- Gelieferte Ware ist defekt.
- Falsche Ware wurde geliefert.
- In der Rechnung wurde ein falscher Preis ausgewiesen.

Dabei kann es irrelevant sein, wo der Fehler lag. Bei einer falsch gelieferten Ware kann die Ursache beispielsweise bei der Auftragserfassung, der Kommissionierung oder sogar beim Kunden selbst liegen, wenn er womöglich eine falsche Materialnummer in seiner Bestellung angegeben hat. Als kundenorientiertes Unternehmen werden Sie immer eine Lösung suchen, die in erster Linie den Kunden zufriedenstellt. Aber auch Ihre Interessen dürfen dabei nicht vergessen werden.

Der Ablauf von Reklamationen gestaltet sich daher sehr individuell. Jedes Unternehmen hat dazu eigene Prozesse definiert, die sich einerseits an gesetzlichen Vorgaben orientieren und andererseits die in der Praxis vorkommenden Situationen berücksichtigen. Reaktionen auf Reklamationen könnten daher sein:

- Der Kunde erhält einen Umtausch oder eine Gutschrift.
- Der Kunde bekommt einen anderen Artikel als Ersatz.
- Die Ware wird repariert und dem Kunden wieder zugeschickt.
- Für falsch berechnete Ware erfolgt eine Nachbelastung oder eine Gutschrift.

Diese unterschiedlichen Abwicklungen müssen in SAP erfassbar sein, d. h. genau die Reklamationsprozesse, die in Ihrem Unternehmen eine Rolle spielen, sollen erlaubt sein. In SAP gibt es bereits hinterlegte Standardprozesse, die im Folgenden gezeigt werden sollen.

Spezielle Abläufe, die SAP im Standard nicht abbildet, können durch individuelle Anpassungen eines Beraters eingestellt werden.

5.1.1 Kunde reklamiert ein defektes Material und möchte Ersatz

Zuerst soll ein Standardprozess abgebildet werden, der häufig vorkommt: Der Kunde reklamiert Ware und möchte diese zurückschicken. Dafür erwartet er einen Ersatz durch dasselbe Produkt. Dieser Prozess ist in Abbildung 5.1 dargestellt.

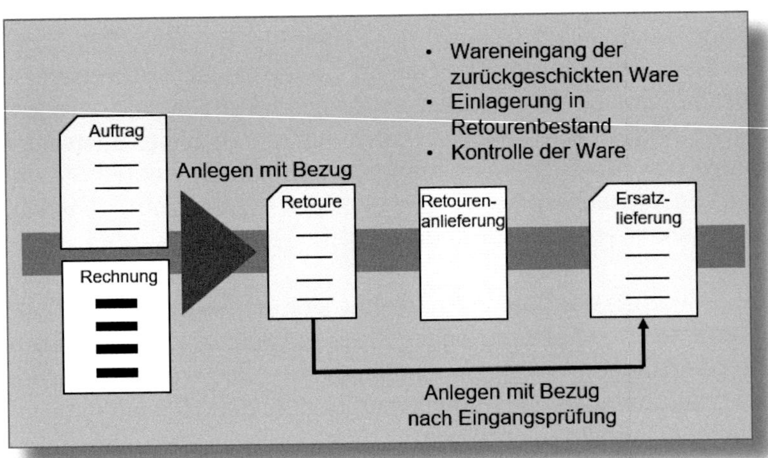

Abbildung 5.1: Reklamationsprozess mit Ersatzlieferung

Zunächst wird eine *Retoure* angelegt, die sich auf den ursprünglichen Auftrag oder auf die Rechnung beziehen kann. Im nächsten Schritt erfolgt die *Retourenanlieferung* mit Wareneingang und Einbuchung der Ware in einen Retourenbestand. Ist die Ware geprüft und wurde festgestellt, dass die Reklamation berechtigt ist, erhält der Kunde eine Ersatzlieferung.

5.1.2 Retoure anlegen

Um eine Retoure anzulegen, wählen Sie in der SAP GUI die Transaktion *VA01*.

Abbildung 5.2: Verkaufsbelege anlegen, Transaktion VA01 mit Auftragsart ZRE

In Abbildung 5.2 wurde für die Retoure die AUFTRAGSART *ZRE* ❶ gewählt. Diese kann in Ihrem Unternehmen abweichen! Da sich die Retoure auf einen Vorgang beziehen soll, klicken Sie auf den Button ANLEGEN MIT BEZUG rechts unten im Bildschirm. Auch ein Anlegen ohne Bezug wäre möglich. Das würde jedoch bedeuten, dass Sie eine Retoure anlegen, die keine Beziehung zu einem vorangegangenen Auftrag hätte. Auf mögliche Konditionen, die für die weitere Retourenabwicklung von Bedeutung wären, z. B. um eine Gutschrift zu erzeugen, kann dann nicht zurückgegriffen werden.

Die Funktion ANLEGEN MIT BEZUG entspricht der Vorgehensweise aus Abschnitt 4.3.

Je nachdem, worauf sich eine *Retoure* in Ihrem Unternehmen beziehen soll, wählen Sie den entsprechenden Reiter aus. In diesem Beispiel soll sich die Retoure auf den AUFTRAG ❶ beziehen (siehe Abbildung 5.3).

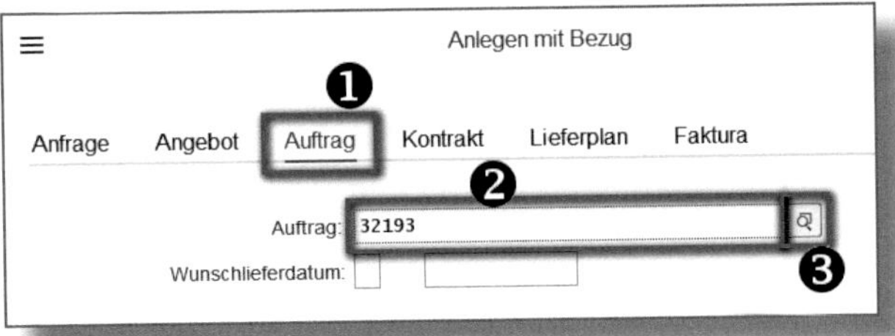

Abbildung 5.3: Maske »Anlegen mit Bezug«

Ein Bezug kann auch hier auf andere Vorgänge erfolgen. Dabei sind betriebswirtschaftliche Aspekte und Ihre internen Prozessabläufe zu berücksichtigen. Geben Sie die Auftragsnummer ein ❷. Diese können Sie mit der Lupe ❸ suchen, falls sie nicht vorliegen sollte.

Anlegen mit Bezug

Ihr System kann so eingestellt sein, dass sich die Maske ANLEGEN MIT BEZUG automatisch öffnet, nachdem Sie die Auftragsart eingetragen und mit `Enter` bestätigt haben.

Sobald Sie den Bezugsbeleg ausgewählt haben, klicken Sie auf den Button POSITIONSAUSWAHL (im aktuell geöffneten Fenster ganz rechts, nicht zu sehen in Abbildung 5.3).

Wie in Abbildung 5.4 zu sehen, wird Ihnen daraufhin eine Maske mit einer Übersicht ALLER POSITIONEN des ursprünglichen Auftrags angezeigt.

Setzen Sie einen Haken für alle Positionen, von denen der Kunde MATERIAL zurückschickt ❶. Anschließend tragen Sie im Feld OFFENE MENGE ❷ die Produktmenge ein, die der Kunde reklamiert. Klicken Sie auf ÜBERNEHMEN. Es werden alle markierten Positionen in die Retoure übernommen.

Die Maske RETOURE ANLEGEN, die Sie nun erhalten, entspricht grundsätzlich dem Aufbau und der Funktionsweise des TERMINAUFTRAGS, siehe Abschnitt 2.3. Weil jedoch für RETOUREN eine andere Belegart als für Kundenaufträge genutzt wird, kann der Feldstatus abweichen. Zudem gibt es Felder, die bereits befüllt sind (siehe Abbildung 5.5).

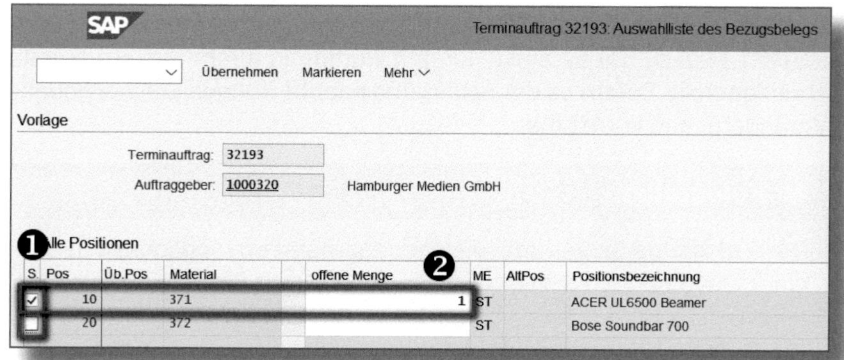

Abbildung 5.4: Auswahlliste des Bezugsbelegs

Retoure anlegen: Übersicht

Anzeigen | Positionen vorschlagen | Vorschau für Kopfnachricht | Beleg absagen | Ladeeinheiten & S

Retoure:

Nettowert: 2.500,00 EUR

Auftraggeber: 1000320 Hamburger Medien GmbH / Hamburger Straße 100 / 22083 Hamburg

Warenempfänger: 1000320 Hamburger Medien GmbH / Hamburger Straße 100 / 22083 Hamburg

Kundenreferenz: Kundenref.datum:

Verkauf | Positionsübersicht | Positionsdetail | Besteller | Beschaffung | Versand | Absagegrund

WunschliefDatum: D 05.08.2020

Komplettlief.:

Gesamtgewicht: 4,500 KG

Liefersperre:

Volumen: 0,000

Fakturasperre: Y8 Gutschrift prüfen ❶

Preisdatum: 07.05.2020

Zahlungsbeding.: 0002 14 Tage 2%, 30 netto

IncoVersion:

Incoterms: FH

Incoterms-Ort 1:

Gruppe

Alle Positionen

	Pos	Material	Positionsbezeichnung	Auftragsmenge	1.Datum	Lieferpriorität	Werk
☐	10	371	ACER UL6500 Beamer	1	05.08.2020		1010

Abbildung 5.5: Maske »Retoure anlegen«, Übersicht

Das Feld FAKTURASPERRE ❶ enthält hier z. B. immer den Eintrag GUTSCHRIFT PRÜFEN. Diese Einstellungen wurden in Ihrem System bereits voreingestellt. Sofern es der Feldstatus erlaubt, können Sie individuelle Veränderungen vornehmen.

☛ Feldstatus

Der *Feldstatus* bestimmt, welche Bearbeitungsmöglichkeiten zu einem Feld bestehen. Hier werden die Optionen Anzeigen, Anlegen und Ändern unterschieden. An dieser Stelle ist der Feldstatus für die Auftragserfassungsmaske gemeint, der von der verwendeten Belegart (Terminauftrag, Retoure) abhängig ist.

☛ Gutschrift prüfen

Als Ergebnis einer Retoure kann auch eine Gutschrift erstellt werden, anstatt die Ware zu ersetzen. In diesem Fall dient die Retoure als Referenzbeleg, siehe dazu auch Abschnitt 5.3.1.

Der Anlage eines Retourenbelegs ist häufig ein Telefonat oder eine Reklamationsanzeige des Kunden vorausgegangen. Die dabei gesammelten Informationen können Sie im Feld KUNDENREFERENZ oder in den Textfeldern auf Kopf- bzw. Positionsebene hinterlegen. Sichern Sie Ihre Retoure.

5.1.3 Retourenlieferung anlegen

Im nächsten Schritt wird die *Retourenlieferung* angelegt. Auch wenn Sie Ware zurückerhalten, ist die Vorgehensweise mit dem Schritt »Lieferung anlegen« aus dem Prozess des Terminauftrags vergleichbar, siehe Abschnitte 2.4.1 und 2.5.1.

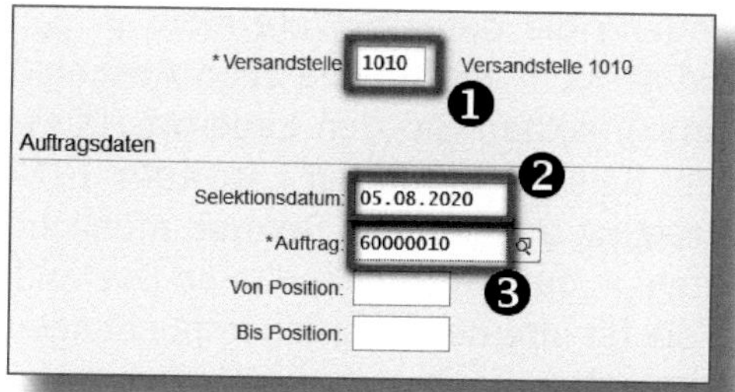

Abbildung 5.6:Transaktion VL01N »Retourenlieferung anlegen«, Einstiegsmaske

Starten Sie die Transaktion *VL01N* (Abbildung 5.6) und erfassen Sie die entsprechende VERSANDSTELLE ❶, das SELEKTIONSDATUM ❷ – damit ist das Wareneingangsdatum gemeint – und im Feld AUFTRAG die Retourennummer ❸. Liegt Ihnen Letztere nicht vor, so müssen Sie diese im System suchen. Nutzen Sie dazu den Button . Mit Klick auf WEITER erhalten Sie das Übersichtsbild zur Retourenlieferung (siehe Abbildung 5.7).

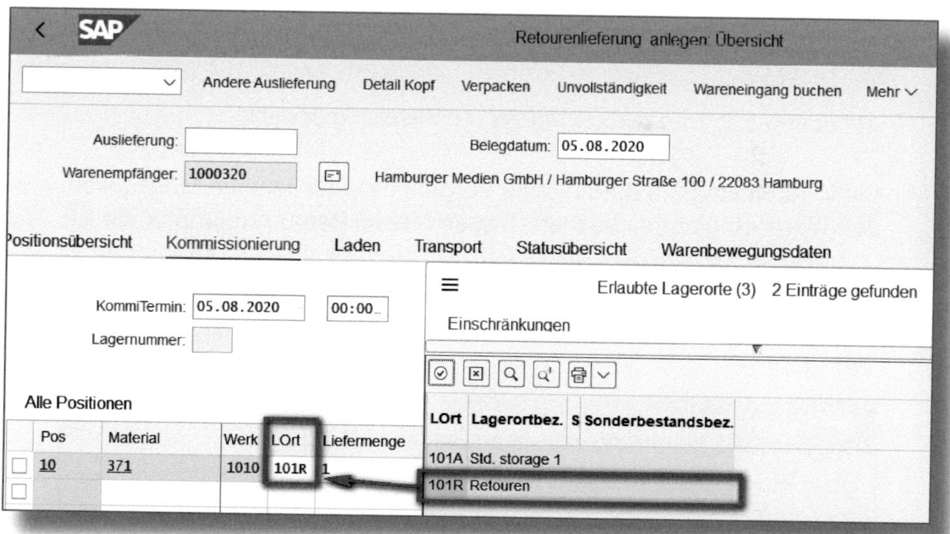

Abbildung 5.7: Retourenlieferung anlegen, Übersicht – Lagerorteintrag

Damit beim späteren Wareneingang die defekte Ware nicht in den frei verwendbaren Lagerbestand gebucht wird (siehe auch Abschnitt »Bestandssituation vor Lieferung«), sollten Sie den Lagerort (LORT) prüfen bzw. anpassen. In diesem Beispiel wurde der LAGERORT *101R Retouren* im Reiter KOMMISSIONIERUNG ausgewählt. Spätere mögliche Umbuchungen, z. B. vom Retouren- in den frei verwendbaren Bestand, sind Aufgabe von Mitarbeitern, die für interne Bestandsumbuchungen zuständig sind. Klicken Sie auf SICHERN.

5.1.4 Wareneingang der Retoure buchen

Trifft die Ware ein, muss der Wareneingang gebucht werden. Nutzen Sie dazu die Transaktion *VL02N*.

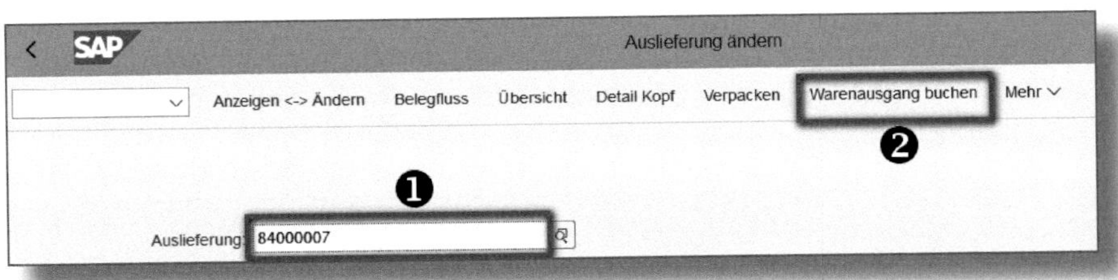

Abbildung 5.8: Transaktion VL02N, Auslieferung ändern

Die in Abbildung 5.8 dargestellte Vorgehensweise ist eine Möglichkeit, den Wareneingang zu buchen. Tragen Sie die Retourennummer ein ❶ und klicken Sie auf WARENAUSGANG BUCHEN ❷. Die Retourennummer können Sie auch hier wieder über das Symbol [Suchsymbol] suchen. Im besten Fall hat der Kunde Ihnen diese bereits auf einem Lieferschein angegeben.

☛ Feld »Warenausgang buchen«

Das Feld führt oft zu Verwirrungen. Das System erkennt anhand der Retourennummer, dass es sich um eine Rücklieferung handelt, und bucht automatisch einen Wareneingang.

Eine weitere Möglichkeit, den Wareneingang zu buchen, besteht darin, die in der Einstiegsmaske (Abbildung 5.8) erfasste Retourennummer mit [Enter] zu bestätigen. Es öffnet sich dann im Änderungsmodus die Maske zur Retourenlieferung (siehe Abbildung 5.9).

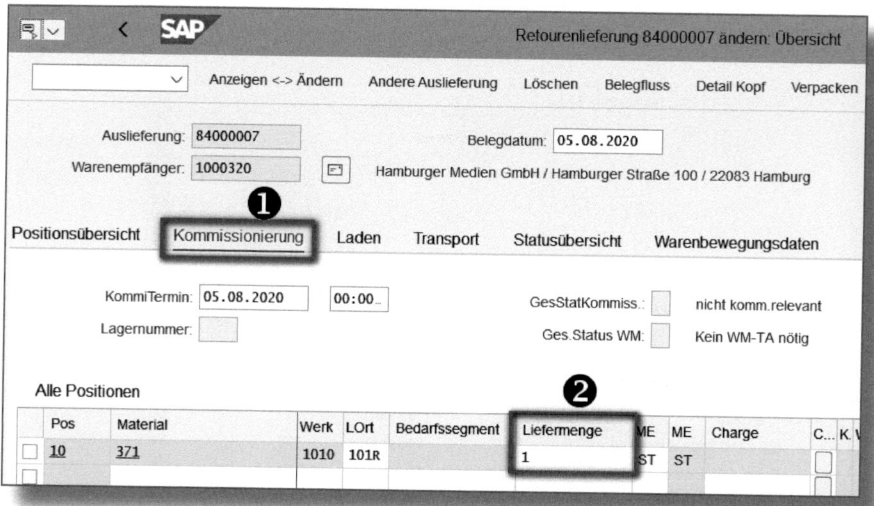

Abbildung 5.9: Änderungsmodus der Retourenlieferung

Sie gelangen automatisch in die Sicht zum Reiter KOMMISSIONIERUNG ❶ und können die tatsächlich eingetroffene LIEFERMENGE manuell anpassen ❷. Auch eine Lagerortanpassung ist hier möglich. Die Änderungen schließen Sie mit dem Button SICHERN ab.

> **! Sichern in VL02N**
>
> Das Sichern in der Transaktion *VL02N* bewirkt noch keine Wareneingangsbuchung. Lediglich die Änderungen im Retourenbeleg werden dadurch gesichert.

Um aus dieser Maske heraus den Warenausgang zu buchen, können Sie folgenden Pfad in der Menüleiste wählen: MEHR • WARENEINGANG BUCHEN.

Damit ist der Vorgang der Wareneingangsbuchung beendet. Die Ware befindet sich im *Retourenbestand* (siehe Abbildung 5.10) und wird von den Mitarbeitern aus der Qualitätssicherung bewertet. Hier entscheidet sich, ob die Reklamation des Kunden berechtigt ist oder nicht. Die in Abbildung 5.10 gezeigte Übersicht rufen Sie mit der Transaktion *MMBE* auf.

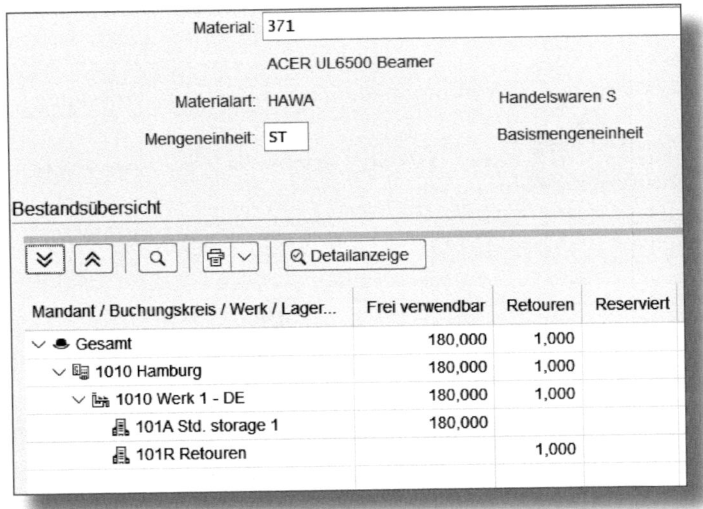

Abbildung 5.10: Bestandsübersicht, Transaktion MMBE

5.1.5 Anlegen der Ersatzlieferung

Das Ergebnis aus der Retourenabteilung liegt vor: In diesem Beispiel hatte der Kunde eine berechtigte Reklamation. Er soll eine Ersatzlieferung des gleichen Produkts bekommen. Damit ist die Retourenabwicklung abgeschlossen. Dies muss in dem Retourenbeleg mit einem *Absagegrund* manuell hinterlegt werden.

Für die Absage wählen Sie die Transaktion *VA02* (Auftrag ändern). Geben Sie in der sich öffnenden Sicht Ihre Retourennummer ein und bestätigen Sie mit `Enter`.

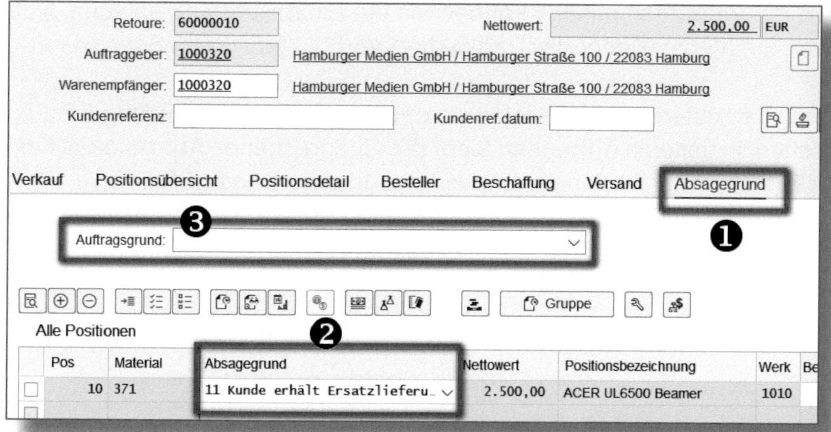

Abbildung 5.11: Retourensicht, Absagegrund setzen

Wie in Abbildung 5.11 zu sehen ist, klicken Sie in der Retoure auf den Reiter ABSAGEGRUND ❶ und wählen in der Positionstabelle aus dem Drop-down-Menü einen passenden Eintrag aus. Hier wurde als ABSAGEGRUND *Kunde erhält Ersatzlieferung* ❷ ausgewählt. Diese Gründe können in Ihrem Unternehmen individuell angepasst worden sein.

Anschließend sichern Sie Ihren Beleg. Das sich nun öffnende Informationsfenster, welches Ihnen sagt, dass bereits Folgebelege existieren, können Sie mit `Enter` bestätigen. Damit möchte das System Sie darauf hinweisen, dass es zu Ihrer Retoure einen oder mehrere Folgebelege gibt, in diesem Fall ist es die Retourenanlieferung. Setzen Sie nun in der Retoure einen Absagegrund, ist zu überlegen, ob Folgebelege ebenfalls rückabgewickelt werden müssen. In diesem Fall ist dies nicht erforderlich, da die Anlieferung für die Retoure notwendig war und der Absagegrund den Retourenprozess beendet.

Absagegrund – Auftragsgrund

In der Praxis passiert es immer wieder, dass Anwender im Reiter ABSAGEGRUND ❶ einen AUFTRAGSGRUND ❸ erfassen. Dieses Feld ist hier unglücklich platziert, da es eben nicht zu einer Statusänderung der Retoure führt.

Ist die Retoure abgesagt, können Sie die Ersatzlieferung anlegen. Nutzen Sie hierzu wieder die Transaktion *VA01*.

Für die *kostenlose Nachlieferung* geben Sie, wie in Abbildung 5.12 zu sehen, in der sich öffnenden Sicht die entsprechende AUFTRAGSART ein ❶ (hier *ZKN*). Bei Ihnen kann eine andere Auftragsart für diesen Vorgang vorgesehen sein.

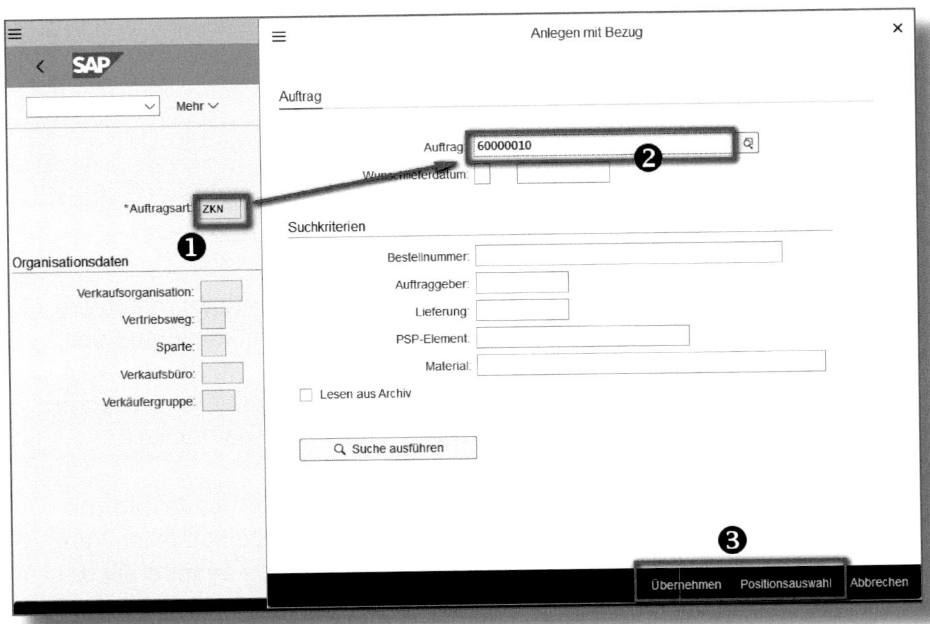

Abbildung 5.12: Kostenlose Nachlieferung, Einstiegsmaske

Bestätigen Sie Ihre Eingabe mit `Enter`. In dem sich nun öffnenden Fenster ANLEGEN MIT BEZUG geben Sie im Feld AUFTRAG die Retourennummer ein ❷. Wiederum haben Sie die Auswahl zwischen ÜBERNEHMEN und POSITIONSAUSWAHL ❸.

Haben Sie Ihre Positionsauswahl getroffen und mit `Enter` bestätigt, gelangen Sie in die Auftragserfassungsmaske (siehe Abbildung 5.13).

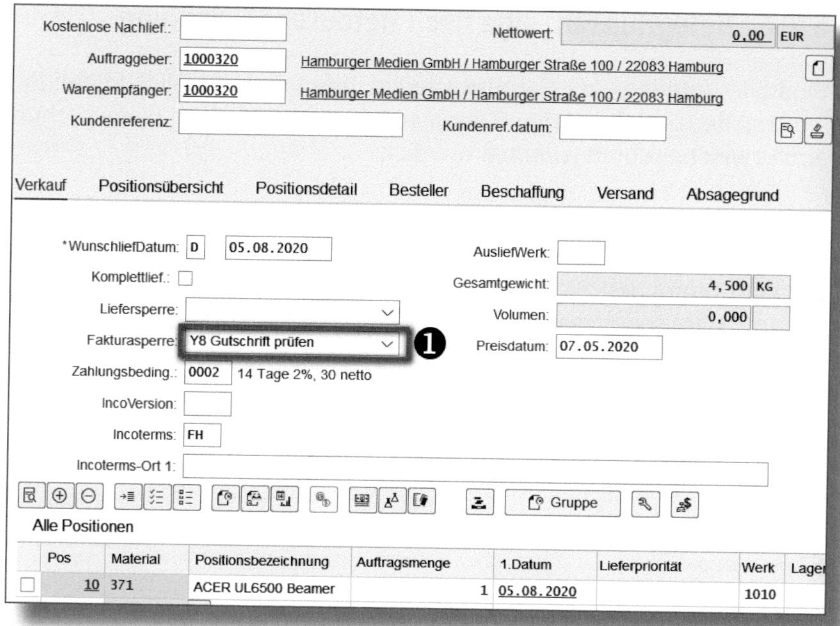

Abbildung 5.13: Kostenlose Nachlieferung, Übersichtsbild

Der Aufbau der Maske für eine kostenlose Nachlieferung ist Ihnen nun schon vertraut. Hervorzuheben ist die FAKTURASPERRE ❶. Diese wird automatisch gezogen und darf nicht entfernt werden. Sie sorgt dafür, dass nicht versehentlich eine Faktura an den Kunden geschickt wird. Kontrollieren Sie die weiteren Angaben. Je nach Einstellung in Ihrem System müssen Sie noch im Reiter ABSAGEGRUND einen Auftragsgrund erfassen.

Speichern Sie den Beleg. Dieser wird nun im Lieferungsprozess dieselben Schritte durchlaufen wie ein Terminauftrag. Mit dem Buchen des Warenausgangs ist der Vorgang abgeschlossen.

5.1.6 Belegflussanzeige nach Retourenabwicklung

Sind alle Vorgänge zur Retoure erledigt, lohnt sich ein Blick in den *Belegfluss* des ursprünglichen Terminauftrags. Natürlich ist dieser Schritt auch zwischendurch jederzeit möglich.

Rufen Sie hierfür die Transaktion *VA03* auf und geben Sie die Nummer des Auftrags ein. Klicken Sie auf den Button [Belegfluss anzeigen]. In der sich öffnenden Sicht (siehe Abbildung 5.14) können Sie nun den gesamten Belegprozess nachvollziehen.

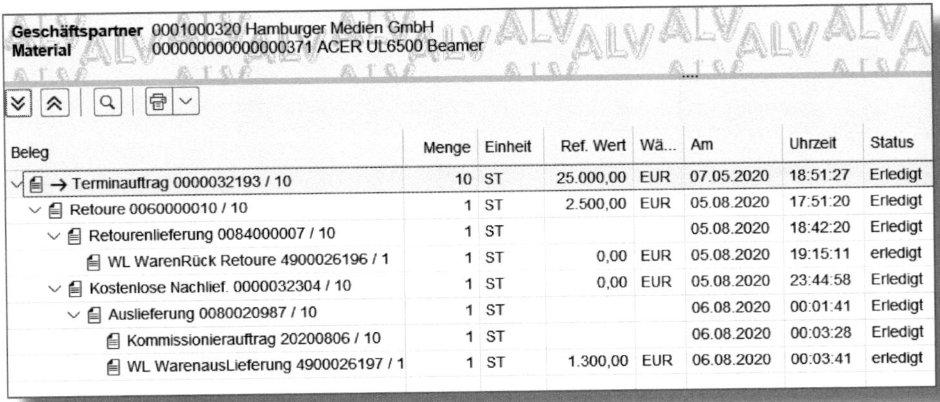

Geschäftspartner 0001000320 Hamburger Medien GmbH
Material 000000000000000371 ACER UL6500 Beamer

Beleg	Menge	Einheit	Ref. Wert	Wä...	Am	Uhrzeit	Status
→ Terminauftrag 0000032193 / 10	10	ST	25.000,00	EUR	07.05.2020	18:51:27	Erledigt
Retoure 0060000010 / 10	1	ST	2.500,00	EUR	05.08.2020	17:51:20	Erledigt
Retourenlieferung 0084000007 / 10	1	ST			05.08.2020	18:42:20	Erledigt
WL WarenRück Retoure 4900026196 / 1	1	ST	0,00	EUR	05.08.2020	19:15:11	erledigt
Kostenlose Nachlief. 0000032304 / 10	1	ST	0,00	EUR	05.08.2020	23:44:58	Erledigt
Auslieferung 0080020987 / 10	1	ST			06.08.2020	00:01:41	Erledigt
Kommissionierauftrag 20200806 / 10	1	ST			06.08.2020	00:03:28	Erledigt
WL WarenausLieferung 4900026197 / 1	1	ST	1.300,00	EUR	06.08.2020	00:03:41	erledigt

Abbildung 5.14: Belegfluss nach Retourenprozess mit kostenloser Nachlieferung

Durch einen Klick auf den Pfeil vor dem Belegsymbol können Sie die einzelnen Vorgänge öffnen und schließen. Die Darstellung gleicht einer Ordnerstruktur. So ist unterhalb des TERMINAUFTRAGS die Retoure dargestellt, welche mit Bezug angelegt wurde. Als Ergebnis der Retoure wurde die KOSTENLOSE NACHLIEF. mit Bezug angelegt. Insgesamt wurde ein Stück reklamiert und als Ersatz geliefert. Der Vorgang ist abgeschlossen. Der STATUS aller beteiligten Belege ist ERLEDIGT.

5.2 Kundenreklamation mit Gutschrift

Wenn der Kunde ein Material reklamiert, gleicht das sich anschließende Prozedere dem Retourenprozess aus Abschnitt 5.1.1. Nach erfolgter Eingangsprüfung soll der Kunde dieses Mal eine Gutschrift erhalten. Ein Fakturierungsvorgang im Vertriebsmodul muss sich immer auf einen Referenzbeleg beziehen, so auch die Gutschrift. Im Reklamationsprozess ist die angelegte Retoure der Referenzbeleg, aus dem die Gutschrift erstellt wird. Deutlich wird dies in Abbildung 5.15.

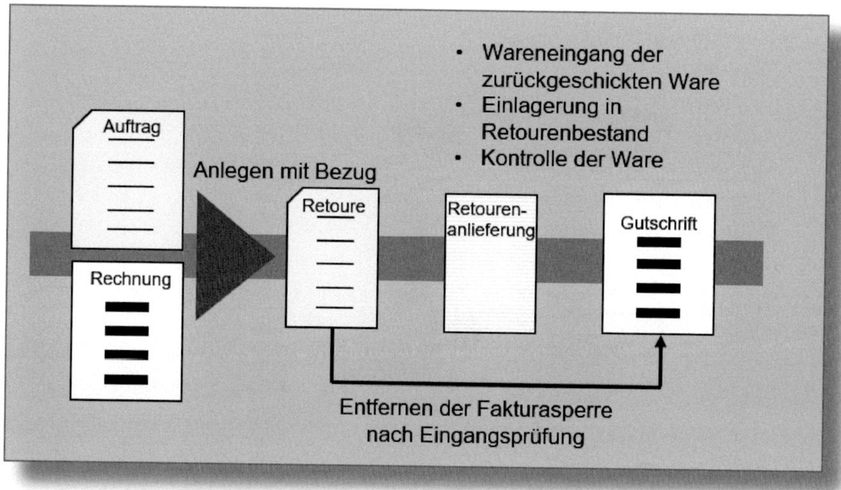

Abbildung 5.15: Reklamationsprozess mit Gutschrift

Wir gehen davon aus, dass eine Retoure angelegt wurde und der Wareneingang gebucht ist. Die Qualitätsabteilung bestätigt die Reklamation, und Sie entscheiden, dass der Kunde eine Gutschrift erhalten soll. Da die Retoure Ihr Referenzbeleg ist, müssen Sie diese zunächst im Änderungsmodus mit der Transaktion *VA02* aufrufen. In der sich nun öffnenden Sicht geben Sie im Feld AUFTRAG die Retourennummer ein. Auch hier besteht die Möglichkeit, über den Button [Suche] nach der Nummer zu suchen. Bestätigen Sie Ihre Eingabe mit `Enter`. Sie erhalten zu Ihrer Retoure eine Übersicht gemäß Abbildung 5.16.

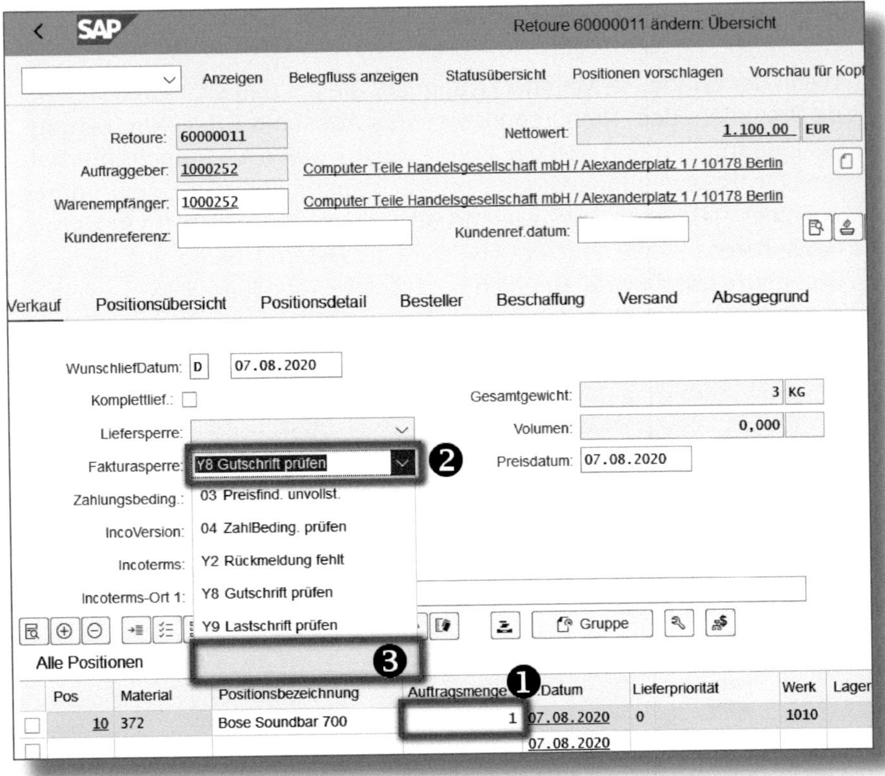

Abbildung 5.16: Retoure ändern, Fakturasperre entfernen – Übersicht

In der Retoure hat der Kunde *1* Stück retourniert. Zu erkennen ist dies im Feld AUFTRAGSMENGE ❶. Hierfür soll eine Gutschrift erstellt werden. Entfernen Sie dazu die FAKTURASPERRE. Klicken Sie im Drop-down-Menü ❷ auf den kleinen Pfeil neben dem Eingabefeld und wählen Sie aus der sich öffnenden Liste den leeren Eintrag aus ❸. Anschließend sichern Sie Ihre geänderte Retoure.

Die Fakturierung der Retoure erfolgt erneut über die Transaktion *VF01*. Der Vorgang ist damit abgeschlossen.

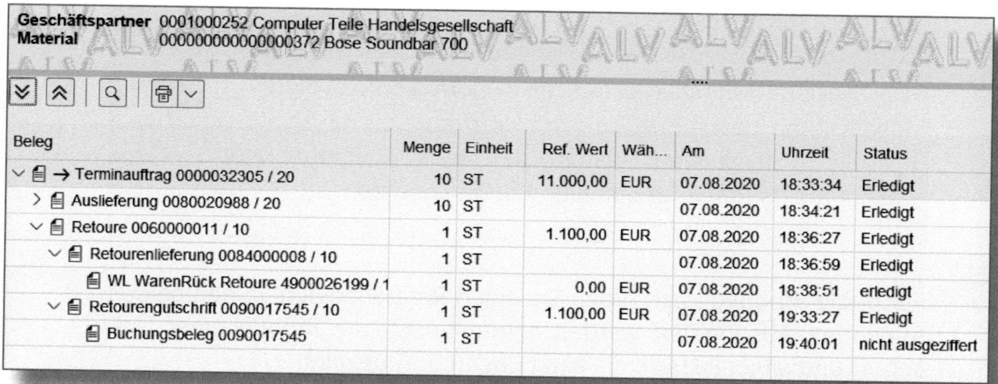

Geschäftspartner 0001000252 Computer Teile Handelsgesellschaft
Material 000000000000000372 Bose Soundbar 700

Beleg	Menge	Einheit	Ref. Wert	Wäh...	Am	Uhrzeit	Status
→ Terminauftrag 0000032305 / 20	10	ST	11.000,00	EUR	07.08.2020	18:33:34	Erledigt
Auslieferung 0080020988 / 20	10	ST			07.08.2020	18:34:21	Erledigt
Retoure 0060000011 / 10	1	ST	1.100,00	EUR	07.08.2020	18:36:27	Erledigt
Retourenlieferung 0084000008 / 10	1	ST			07.08.2020	18:36:59	Erledigt
WL WarenRück Retoure 4900026199 / 1	1	ST	0,00	EUR	07.08.2020	18:38:51	erledigt
Retourengutschrift 0090017545 / 10	1	ST	1.100,00	EUR	07.08.2020	19:33:27	Erledigt
Buchungsbeleg 0090017545	1	ST			07.08.2020	19:40:01	nicht ausgeziffert

Abbildung 5.17: Belegfluss nach Retourenprozess mit Gutschrift

Um den gesamten Prozess nachzuvollziehen, rufen Sie den ursprünglichen Terminauftrag mit der Transaktion *VF03* auf und öffnen die Übersicht zum Belegfluss, siehe Abbildung 5.17 sowie Abschnitt 2.4.4. Die RETOURENGUTSCHRIFT ist als Bezug zur RETOURE erkennbar. Der erzeugte BUCHUNGSBELEG wurde in der Finanzbuchhaltung als Guthaben für den Kunden gebucht.

5.3 Gutschriften und Lastschriften

Womöglich hat der Kunde defekte Ware zurückgeschickt und dafür einen Ersatz oder eine Gutschrift erhalten (wie in den Abschnitten 5.1 und 5.2 beschrieben). Oftmals ist der Aufwand der Retoure aber sehr hoch und steht in keinem Verhältnis zum Warenwert. Dann wird i. d. R. auf eine Retoure verzichtet und dem Kunden gleich eine GUTSCHRIFT zugesandt.

Neben Gutschriften gibt es auch die Möglichkeit von Lastschriften. Mit einer *Lastschrift* können Sie Ihrem Kunden eine nachträgliche Rechnung erstellen.

Lastschrift

Der Begriff »Lastschrift« hat in diesem Kontext nichts mit einer klassischen Lastschrift zu tun, wie man sie von Bankgeschäften kennt. Damit ist die Belastung des Debitorenkontos, also die Erstellung einer Rechnung an den Kunden gemeint.

Für beide Vorgänge benötigen Sie einen Referenzbeleg. In den beiden folgenden Abschnitten werden exemplarisch die Anlage einer Gutschrift und anschließend die einer Lastschrift gezeigt.

5.3.1 Erstellen einer Gutschrift

Zunächst soll der Kunde eine Gutschrift erhalten. Der zugehörige Prozess beginnt mit der *Gutschriftsanforderung*, welche im Vertrieb erzeugt wird. Wie in Abbildung 5.18 zu sehen ist, wird die Gutschriftsanforderung mit Bezug zu einer Rechnung erstellt und mit einer Fakturasperre belegt.

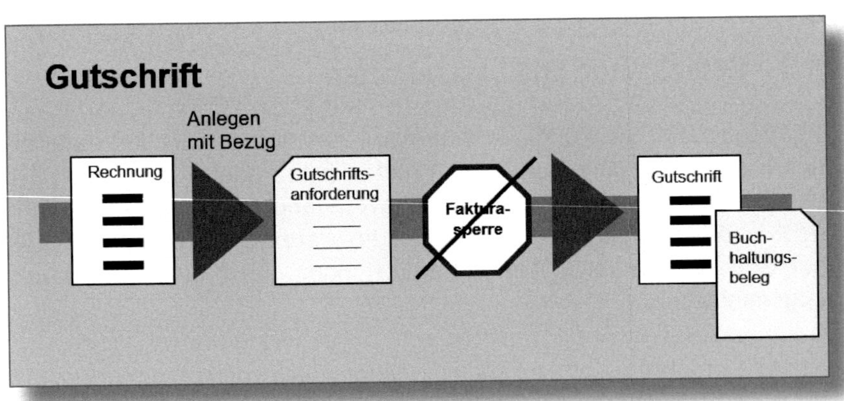

Abbildung 5.18: Prozess für eine Gutschrift

Fakturasperre

Die Fakturasperre ist im Standard automatisch gesetzt und muss von einer berechtigten Person entfernt werden, beispielsweise von dem Sachbearbeiter, der die Gutschriftsanforderung anlegt. Es kann aber auch vorkommen, dass ein anderer Mitarbeiter den Vorgang prüfen und freigeben muss.

Die Anlage einer Gutschriftsanforderung starten Sie mit der Transaktion *VA01*.

Zunächst erfassen Sie wieder die AUFTRAGSART, in dem Fall *GSA* (siehe Abbildung 5.19) ❶. Dies ist eine Standardauftragsart.

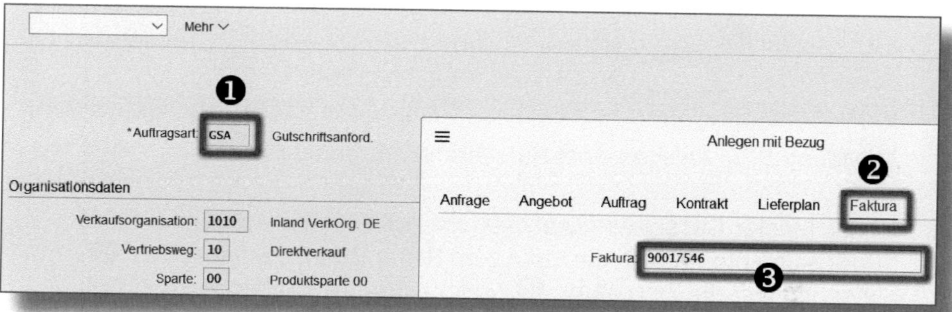

Abbildung 5.19: Gutschriftsanforderung, Einstiegsmaske

Wählen Sie erneut den Button ANLEGEN MIT BEZUG. In der sich öffnenden Maske ist das Feld zum Reiter FAKTURA ❷ schon aktiv. Hier geben Sie die Rechnungsnummer ein ❸, auf die Sie sich beziehen wollen, und wählen den Button POSITIONSAUSWAHL. Sie können nun wieder die Positionen und Mengen auswählen, für die eine Gutschrift erzeugt werden soll. ÜBERNEHMEN Sie die Daten.

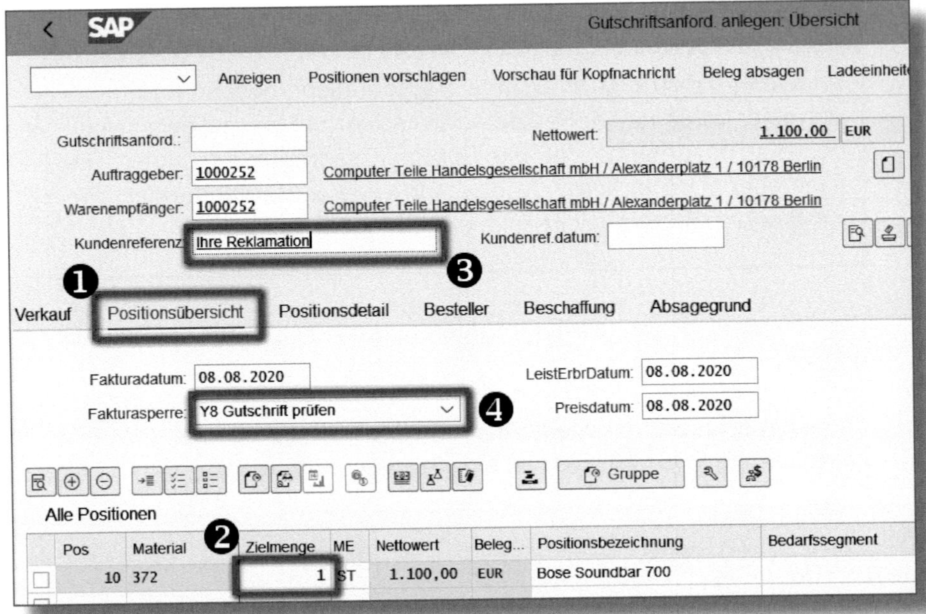

Abbildung 5.20: Anlegen einer Gutschriftsanforderung

In der Maske GUTSCHRIFTSANFORD. ANLEGEN (siehe Abbildung 5.20) öffnet sich automatisch die Sicht zum Reiter POSITIONSÜBERSICHT ❶. Sie sehen hier die ZIELMENGE ❷, welche gutgeschrieben werden soll. Gegebenenfalls können Sie diese in dem zugehörigen Feld manuell anpassen und dann mit `Enter` bestätigen.

Im Feld KUNDENREFERENZ ❸ können Sie eine Referenznummer des Kunden oder einen beliebigen Text hinterlegen. Diese Informationen werden später auf der Gutschrift mit ausgegeben und dienen dem Kunden zur besseren Zuordnung. Die FAKTURASPERRE ❹ kann über das Drop-down-Menü entfernt werden, das sich per Klick auf den Pfeil öffnet. In diesem Fall soll sie aber bestehen bleiben, da dies in einem Extraschritt vorgenommen werden soll. Sichern Sie Ihren Beleg.

Gutschriftsanforderung sichern

In der Praxis kann es vorkommen, dass das Feld AUFTRAGSGRUND ein Pflichtfeld ist. Dieses finden Sie im Reiter ABSAGEGRUND. Wählen Sie dort wie gehabt einen passenden Grund für die zu erstellende Gutschrift aus.

Um den erfassten Beleg in eine Gutschrift umwandeln zu können, muss die FAKTURASPERRE entfernt werden, sofern Sie über die entsprechende Berechtigung verfügen. Entfernen Sie die Sperre mit der Transaktion *VA02* – im Änderungsmodus der Anforderung. Eine weitere Möglichkeit bietet die Transaktion *V23* (siehe Abbildung 5.21).

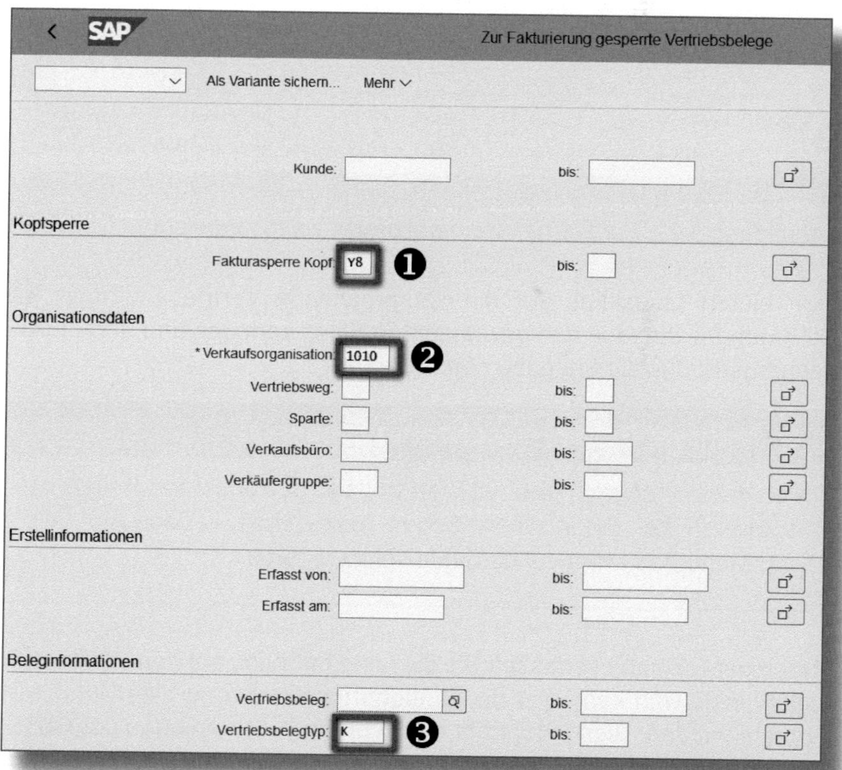

Abbildung 5.21: Transaktion V23, Selektion von Aufträgen mit Fakturasperre

In der Selektionsmaske ist es möglich, Aufträge zu selektieren, die eine FAKTURASPERRE beinhalten. Wie aus der Abbildung hervorgeht, erfolgte die Selektion in diesem Beispiel nach der FAKTURASPERRE (im) KOPF ❶, der VERKAUFSORGANISATION ❷ sowie dem VERTRIEBSBELEGTYP ❸. Der VERTRIEBSBELEGTYP *K* steht hier für eine Gutschriftsanforderung. Klicken Sie auf AUSFÜHREN. Sie erhalten eine Liste, welche Ihren Selektionskriterien entspricht. Sofern Sie für die Prüfung und Freigabe der Belege verantwortlich sind, liefert Ihnen diese Liste einen ersten Überblick über alle gesperrten GUTSCHRIFTSANFORDERUNGEN (siehe Abbildung 5.22).

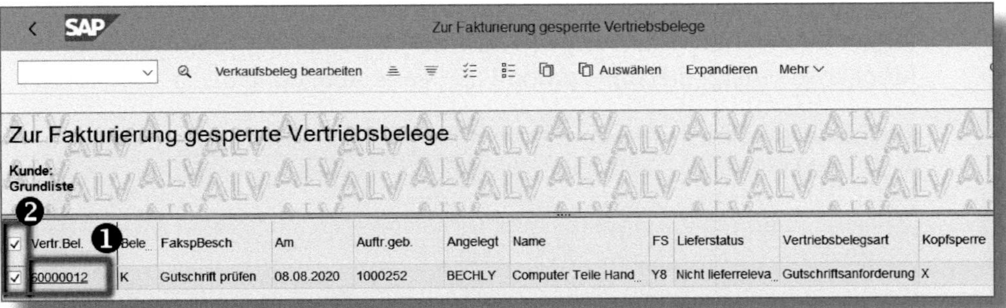

Abbildung 5.22: Zur Fakturierung gesperrte Vertriebsbelege

Mit einem Mausklick auf die entsprechende Vertriebsnummer ❶ könnten Sie direkt in den gewünschten Beleg springen und dort im Änderungsmodus die Freigabe durchführen.

Mehrere Belege gleichzeitig freigeben

Bei vielen Belegen bietet es sich an, alle gewünschten Belege zu markieren ❷ und in einem Schritt freizugeben. Nutzen Sie dazu den Menüpfad MEHR • FAKTURASPERRE LÖSCHEN.

Nach der Freigabe verlassen Sie die Liste mit Klick auf den Pfeilbutton oben links. Nun kann aus der Gutschriftsanforderung eine Gutschrift erstellt werden. Dies entspricht dem Vorgang zum Anlegen der Faktura, der in Abschnitt 2.4.3 beschrieben wurde. Der Referenzbeleg ist in diesem Fall die Gutschriftsanforderung.

Der Belegfluss im ursprünglichen Terminauftrag weist nun auch die angelegte Gutschrift aus, wie Abbildung 5.23 zeigt.

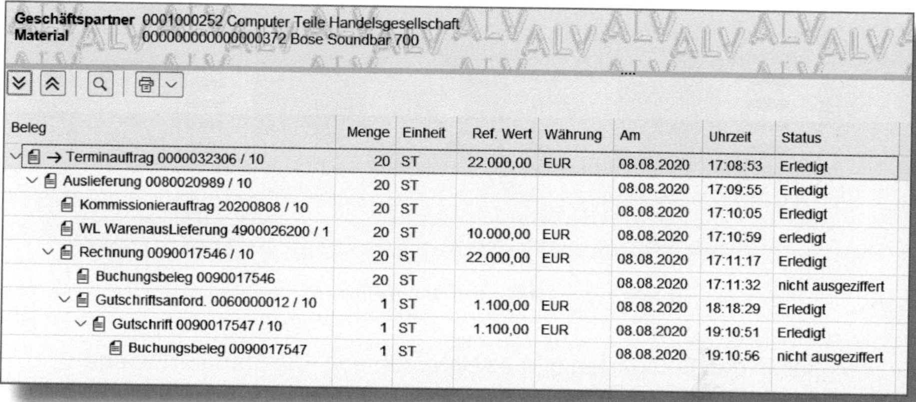

Geschäftspartner 0001000252 Computer Teile Handelsgesellschaft
Material 000000000000000372 Bose Soundbar 700

Beleg	Menge	Einheit	Ref. Wert	Währung	Am	Uhrzeit	Status
→ Terminauftrag 0000032306 / 10	20	ST	22.000,00	EUR	08.08.2020	17:08:53	Erledigt
Auslieferung 0080020989 / 10	20	ST			08.08.2020	17:09:55	Erledigt
Kommissionierauftrag 20200808 / 10	20	ST			08.08.2020	17:10:05	Erledigt
WL WarenausLieferung 4900026200 / 1	20	ST	10.000,00	EUR	08.08.2020	17:10:59	erledigt
Rechnung 0090017546 / 10	20	ST	22.000,00	EUR	08.08.2020	17:11:17	Erledigt
Buchungsbeleg 0090017546	20	ST			08.08.2020	17:11:32	nicht ausgeziffert
Gutschriftsanford. 0060000012 / 10	1	ST	1.100,00	EUR	08.08.2020	18:18:29	Erledigt
Gutschrift 0090017547 / 10	1	ST	1.100,00	EUR	08.08.2020	19:10:51	Erledigt
Buchungsbeleg 0090017547	1	ST			08.08.2020	19:10:56	nicht ausgeziffert

Abbildung 5.23: Belegfluss im Terminauftrag mit Gutschrift

Die Gutschriftsanforderung wurde mit Bezug zur Rechnung angelegt. In diesem Fall hat der Kunde für 1 Stück der ursprünglichen Auftragsmenge eine Gutschrift erhalten. Auch die Gutschrift wurde sofort in der Finanzbuchhaltung gebucht.

Gutschrift: Anlegen mit Bezug

Der Bezug der Gutschriftsanforderung muss nicht zwingend eine Rechnung sein. Je nach Systemeinstellung können Sie sich auch auf den ursprünglichen Auftrag beziehen. Für den Buchhalter ist die hier gezeigte Variante übersichtlicher, da auf der Gutschrift der Bezugsbeleg, in diesem Fall die Rechnung, ausgewiesen wird.

5.3.2 Erstellen einer Lastschrift

Der Prozess der Erstellung einer Lastschrift entspricht dem der Gutschrift (siehe Abbildung 5.24).

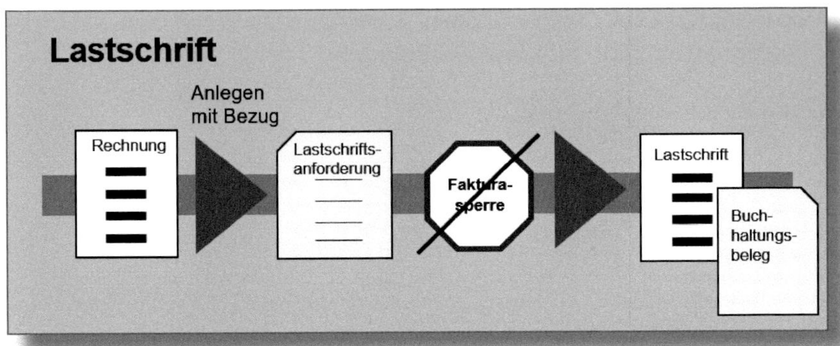

Abbildung 5.24: Prozess der Lastschrifterstellung

Lediglich in den Belegarten gibt es Unterschiede. Die Standardbelegart für diese Anforderung ist die LSA. Starten Sie die Transaktion *VA01* und geben Sie im Feld AUFTRAGSART die Belegart *LSA* ein. Beziehen Sie sich dann auf einen Beleg, wie etwa eine Gutschrift oder eine Rechnung, und wählen Sie die Position sowie die Mengen aus, für die Sie eine Rechnung erstellen wollen. Zum Schluss speichern Sie Ihre *Lastschriftsanforderung*.

Das System setzt wiederum eine Fakturasperre, die mit denselben Funktionen entfernt werden kann wie bei der Gutschriftsanforderung. Anschließend fakturieren Sie die Lastschriftsanforderung.

Geschäftspartner 0001000252 Computer Teile Handelsgesellschaft
Material 000000000000000372 Bose Soundbar 700

Beleg	Menge	Einheit	Ref. Wert	Währung	Am	Uhrzeit	Status
→ Terminauftrag 0000032306 / 10	20	ST	22.000,00	EUR	08.08.2020	17:08:53	Erledigt
Auslieferung 0080020989 / 10	20	ST			08.08.2020	17:09:55	Erledigt
Kommissionierauftrag 20200808 / 10	20	ST			08.08.2020	17:10:05	Erledigt
WL WarenausLieferung 4900026200 / 1	20	ST	10.000,00	EUR	08.08.2020	17:10:59	erledigt
Rechnung 0090017546 / 10	20	ST	22.000,00	EUR	08.08.2020	17:11:17	Erledigt
Buchungsbeleg 0090017546	20	ST			08.08.2020	17:11:32	nicht ausgeziffert
Gutschriftsanford. 0060000012 / 10	1	ST	1.100,00	EUR	08.08.2020	18:18:29	Erledigt
Gutschrift 0090017547 / 10	1	ST	1.100,00	EUR	08.08.2020	19:10:51	Erledigt
Buchungsbeleg 0090017547	1	ST			08.08.2020	19:10:56	nicht ausgeziffert
Lastschriftsanford. 0070000046 / 10	1	ST	700,00	EUR	08.08.2020	19:51:35	Erledigt
Lastschrift 0090017548 / 10	1	ST	700,00	EUR	08.08.2020	19:52:14	Erledigt
Buchungsbeleg 0090017548	1	ST			08.08.2020	19:52:17	nicht ausgeziffert

Abbildung 5.25: Belegfluss mit Lastschrift

In Abbildung 5.25 ist eine *Lastschriftsanforderung* zu sehen, welche mit Bezug zu einer Rechnung angelegt wurde. Zu dieser Rechnung wurde bereits die Gutschrift aus Abschnitt 5.3.1 für ein Stück angelegt. Diese beiden Prozesse könnten eine Möglichkeit sein, dem Kunden einen nachträglichen Nachlass auf einen Artikel zu gewähren.

5.4 Rechnungskorrekturanforderungen

Lastschrift und Gutschrift können in SAP mit einem Vorgang zusammengefasst werden. Wenn Sie z. B. einen Preis falsch berechnet haben, können Sie eine *Nachbelastung* oder eine Gutschrift für den Kunden erzeugen.

Die Schritte im System sind identisch mit denen der Gut- und Lastschriften (siehe Abbildung 5.26).

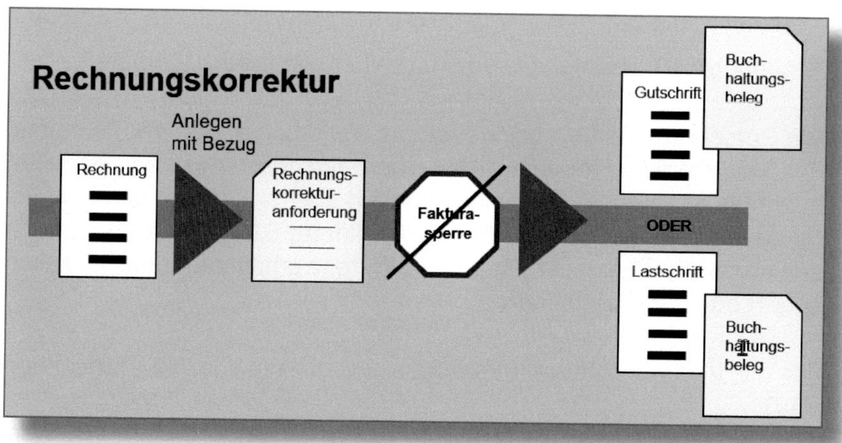

Abbildung 5.26: Belegfluss, Anforderung für Rechnungskorrektur

Ob allerdings der Kunde eine Gutschrift oder eine Lastschrift erhält, hängt von der Änderung des Preises in der Anforderung ab. SAP wird bei der Fakturierung automatisch den richtigen Beleg erzeugen.

Für jede zu korrigierende Rechnungsposition werden zwei Positionen in der *Rechnungskorrekturanforderung* erzeugt. Wie in Abbildung 5.27 zu sehen ist, gibt es pro Rechnungsposition jeweils eine Gutschrifts- und eine Lastschriftsposition.

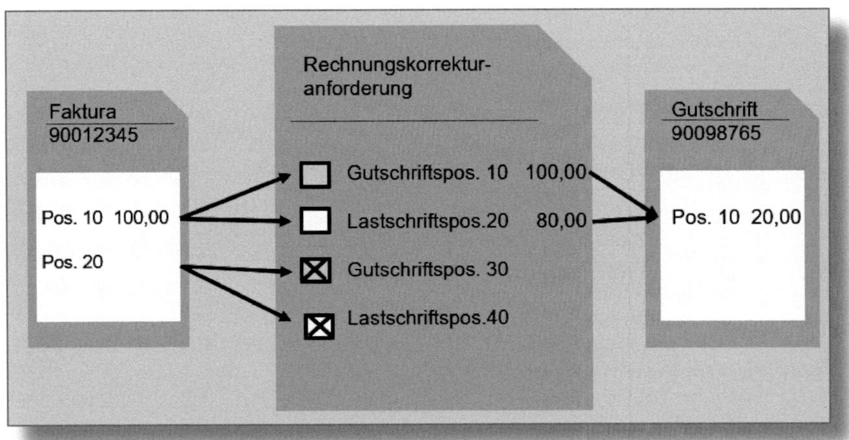

Abbildung 5.27: Rechnungskorrektur mit Ergebnis »Gutschrift«

Die Gutschriftsposition beinhaltet alle Konditionen aus der Rechnung und kann nicht geändert werden. Die Lastschriftsposition beinhaltet ebenfalls alle Konditionen, diese können aber angepasst werden (siehe dazu auch Abbildung 5.29 und Abbildung 5.30). Je nach der sich aus beiden Positionen ergebenden Differenz erhält der Kunde eine Gutschrift oder eine Lastschrift.

Für die Rechnungskorrekturanforderung starten Sie die Transaktion *VA01*.

Die AUFTRAGSART *RK* ❶ ist eine Standardbelegart (siehe Abbildung 5.28), welche in den Systemauslieferungen vorhanden ist. Klicken Sie auf ANLEGEN MIT BEZUG. Es wird Ihnen nur der Reiter FAKTURA ❷ vorgeschlagen. Tragen Sie in dem Feld FAKTURA die zu korrigierende Rechnungsnummer ❸ ein. Klicken Sie auf POSITIONSAUSWAHL und wählen Sie die gewünschten Positionen aus. Verfahren Sie dabei wie bei den Gut- und Lastschriften.

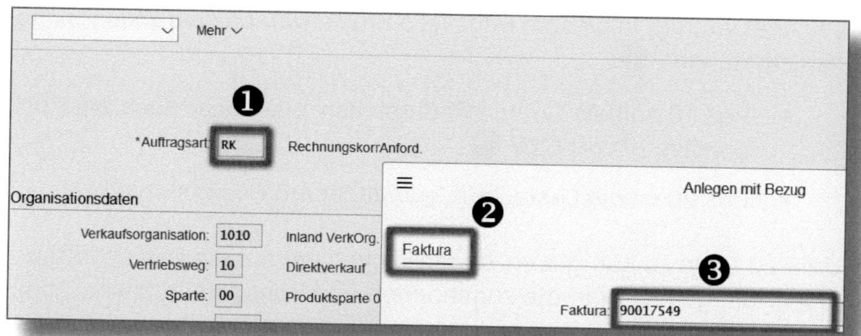

Abbildung 5.28: Einstieg Rechnungskorrekturanforderung

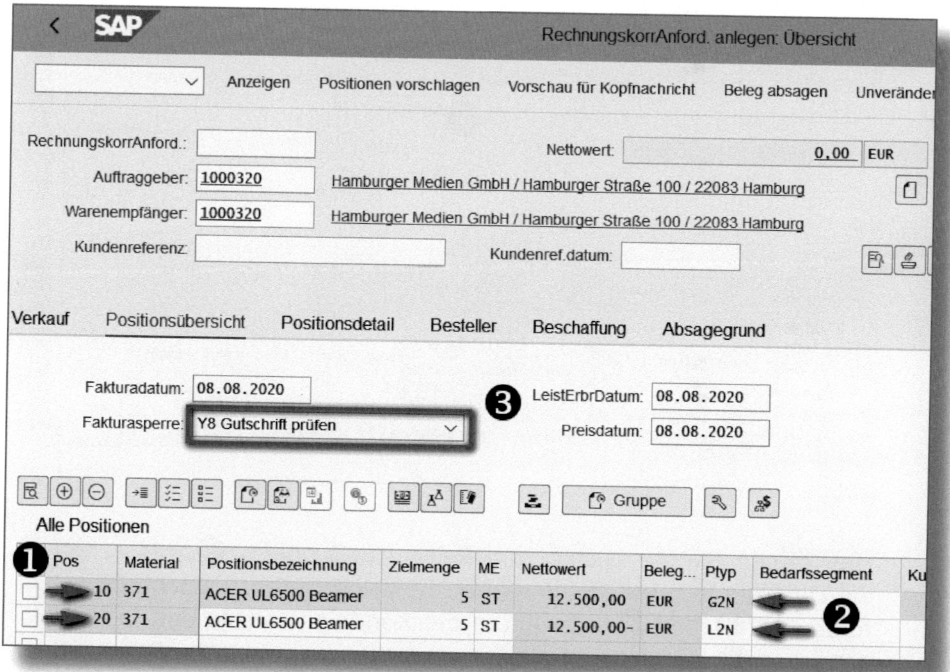

SAP RechnungskorrAnford. anlegen: Übersicht

Anzeigen Positionen vorschlagen Vorschau für Kopfnachricht Beleg absagen Unveränder

RechnungskorrAnford.: Nettowert: 0,00 EUR

Auftraggeber: 1000320 Hamburger Medien GmbH / Hamburger Straße 100 / 22083 Hamburg

Warenempfänger: 1000320 Hamburger Medien GmbH / Hamburger Straße 100 / 22083 Hamburg

Kundenreferenz: Kundenref.datum:

Verkauf Positionsübersicht Positionsdetail Besteller Beschaffung Absagegrund

Fakturadatum: 08.08.2020 ❸ LeistErbrDatum: 08.08.2020

Fakturasperre: Y8 Gutschrift prüfen Preisdatum: 08.08.2020

Gruppe

Alle Positionen

❶ Pos	Material	Positionsbezeichnung	Zielmenge	ME	Nettowert	Beleg...	Ptyp	Bedarfssegment	Ku
10	371	ACER UL6500 Beamer	5	ST	12.500,00	EUR	G2N	❷	
20	371	ACER UL6500 Beamer	5	ST	12.500,00-	EUR	L2N		

Abbildung 5.29: Rechnungskorrektur erfassen

Das Beispiel in Abbildung 5.29 zeigt, dass hier eine Position aus der Rechnung übernommen wurde. Die Menge, hier als ZIELMENGE bezeichnet, beträgt in diesem Beispiel *5* Stück. Daraus sind zwei Positionen entstanden ❶:

- Pos 10 soll die Gutschrift darstellen, erkennbar auch am Positionstyp (PTYP) *G2N* ❷.
- Pos 20 ist die Lastschrift, erkennbar am Positionstyp *L2N*.

Um den Preis zu korrigieren, doppelklicken Sie auf die Lastschriftsposition. Sie gelangen in die zugehörigen Positionsdetails (siehe Abbildung 5.30).

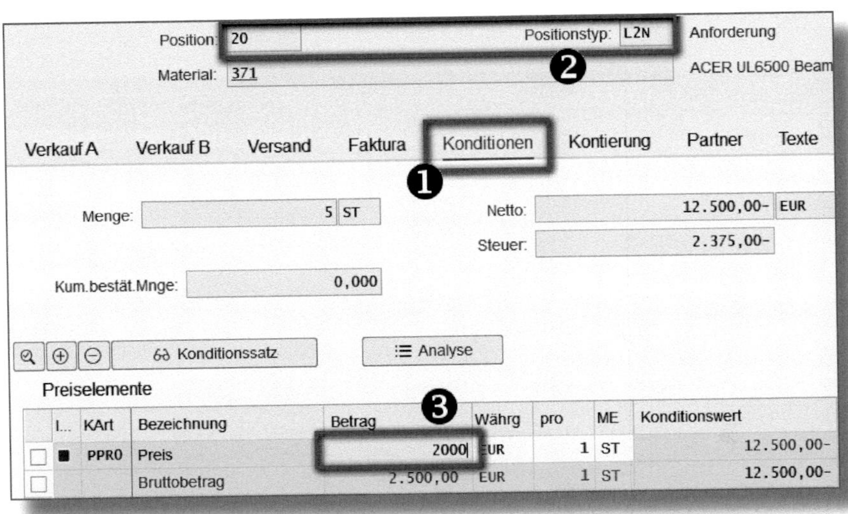

Abbildung 5.30: Preisanpassung in der Rechnungskorrektur

Hier öffnen Sie die Maske zum Reiter KONDITIONEN ❶. Sie sehen die Details zur zuvor ausgewählten POSITION 20 der Lastschriftsanforderung ❷ und können nun in der Konditionstabelle den BETRAG anpassen ❸. In diesem Beispiel wurde der ursprüngliche Preis von *2.500,00 EUR* geändert in *2.000,00 EUR*. Bestätigen Sie Ihre Eingaben mit `Enter` und navigieren Sie mit dem Button oben links zurück in das Übersichtsbild. Sie befinden sich nun in der Ansicht, die bereits in Abbildung 5.29 dargestellt ist. Abbildung 5.31 zeigt nur einen Ausschnitt aus diesem Übersichtsbild.

	Pos	Material	Positionsbezeichnung	Zielmenge	ME	Nettowert	Beleg...	Ptyp
☐	10	371	ACER UL6500 Beamer	5	ST	12.500,00	EUR	G2N
☐	20	371	ACER UL6500 Beamer	5	ST	10.000,00-	EUR	L2N

Abbildung 5.31: Positionswerte nach Preisanpassung

Der Gesamtnettowert der Position 20 hat sich nun angepasst. Der Nettowert ist um 5 mal 500,00 Euro gesunken. Da die Gutschriftsposition höher ausfällt als die Lastschriftsposition, erhält der Kunde eine Gutschrift. Sichern Sie Ihren Beleg mit dem Button unten rechts.

Im nächsten Schritt muss die Freigabe zur Fakturierung erfolgen. Das Handling hierzu entspricht dem der Gutschriften aus Abschnitt 5.3.1. Anschließend fakturieren Sie mit der Transaktion *VF01* die Rechnungskorrekturanforderung. Sie erhalten eine Gutschrift.

Auch hier können Sie im Belegfluss des ursprünglichen Auftrags den gesamten Prozess noch mal nachvollziehen. In Abbildung 5.32 wird die Rechnungskorrekturanforderung (RECHNUNGSKORRANFORD.) eine Ebene unter der RECHNUNG dargestellt.

Geschäftspartner 0001000320 Hamburger Medien GmbH
Material 000000000000000371 ACER UL6500 Beamer

Beleg	Menge	Einheit	Ref. Wert	Währung	Am	Uhrzeit	Status
→ Terminauftrag 0000032307 / 10	5	ST	12.500,00	EUR	08.08.2020	20:25:45	Erledigt
Auslieferung 0080020990 / 10	5	ST			08.08.2020	20:27:17	Erledigt
Kommissionierauftrag 20200808 / 10	5	ST			08.08.2020	20:27:28	Erledigt
WL WarenausLieferung 4900026201 / 1	5	ST	6.500,00	EUR	08.08.2020	20:27:48	erledigt
Rechnung 0090017549 / 10	5	ST	12.500,00	EUR	08.08.2020	20:28:07	Erledigt
Buchungsbeleg 0090017549	5	ST			08.08.2020	20:28:11	nicht ausgeziffert
RechnungskorrAnford. 0060000013 / 10	5	ST	12.500,00	EUR	08.08.2020	22:49:07	Erledigt
Gutschrift 0090017550 / 10	5	ST	12.500,00	EUR	08.08.2020	23:10:25	Erledigt
Buchungsbeleg 0090017550	5	ST			08.08.2020	23:10:41	nicht ausgeziffert
RechnungskorrAnford. 0060000013 / 20	5	ST	10.000,00-	EUR	08.08.2020	22:49:07	Erledigt
Gutschrift 0090017550 / 20	5	ST	10.000,00-	EUR	08.08.2020	23:10:25	Erledigt
Buchungsbeleg 0090017550	5	ST			08.08.2020	23:10:25	nicht ausgeziffert

Abbildung 5.32: Belegfluss nach Rechnungskorrektur

Da die Korrektur, wie oben beschrieben, immer zwei Positionen erfordert, werden auch hier einmal die Gutschrift mit *12.500,00 EUR* und die Neubelastung mit *10.000,00 EUR* dargestellt. Die Differenz ergibt in diesem Fall eine Gutschrift, welche als Dokument ausgedruckt werden kann.

5.5 Fakturen stornieren

Ein weiterer Grund für eine Reklamation kann die falsche Ausstellung einer Rechnung sein. So könnte die Zahlungsbedingung oder auch die Rechnungsadresse auf der Rechnung fehlerhaft sein. Hierfür bietet sich die *Stornofunktion* an.

Fakturen stornieren

Grundsätzlich gilt, dass Rechnungen nur in dem Modul storniert werden können, in dem sie erzeugt wurden. Eine Rechnung, die Sie mit der Transaktion *VA01* erzeugt haben, kann nur mit einer Transaktion aus dem Vertrieb zurückgenommen werden. Manuell gebuchte Rechnungen in der Finanzbuchhaltung können nur mit der entsprechenden Transaktion aus dem Modul FI storniert werden.

Bedenken Sie bitte auch, dass beim Erzeugen einer Rechnung häufig *Kontierungselemente*, wie *PSP-Elemente* aus dem Modul PS oder auch *Kostenstellen* aus dem Modul CO, mitgebucht werden. Bei einem Stornovorgang sollten diese Elemente noch gültig sein.

Um eine Rechnung zu stornieren, rufen Sie die Sicht zur Transaktion *VF11* auf. Geben Sie die FAKTURANUMMER ein, welche storniert werden soll, und bestätigen Sie mit `Enter`.

In der Übersicht (Abbildung 5.33) sind die zu stornierende Rechnung und in der zweiten Zeile, mit der FAKTURAART STORNO RECHNUNG (S1), der mögliche Stornobeleg gelistet. Klicken Sie auf SICHERN. Es wird automatisch eine Stornorechnung erzeugt.

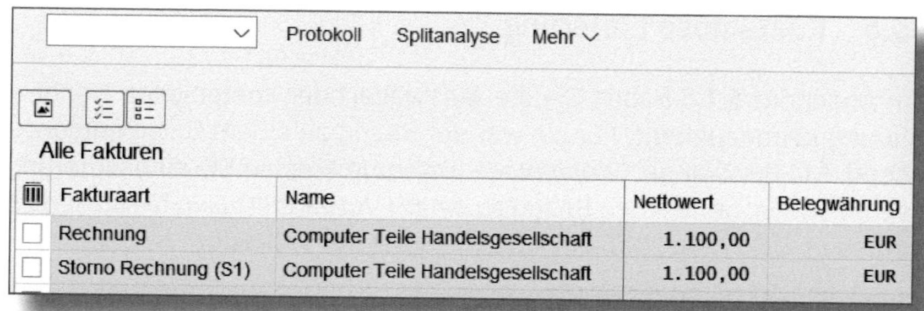

Protokoll Splitanalyse Mehr

Alle Fakturen

Fakturaart	Name	Nettowert	Belegwährung
Rechnung	Computer Teile Handelsgesellschaft	1.100,00	EUR
Storno Rechnung (S1)	Computer Teile Handelsgesellschaft	1.100,00	EUR

Abbildung 5.33: Faktura stornieren, Übersicht

Geschäftspartner 0001000252 Computer Teile Handelsgesellschaft
Material 000000000000000372 Bose Soundbar 700

Beleg	Menge	Einheit	Ref. Wert	Währung	Am	Uhrzeit	Status
→ Terminauftrag 0000032308 / 10	1	ST	1.100,00	EUR	09.08.2020	12:32:25	Erledigt
Auslieferung 0080020991 / 10	1	ST			09.08.2020	12:33:04	In Bearbeitung
Kommissionierauftrag 20200809 / 10	1	ST			09.08.2020	12:33:12	Erledigt
WL WarenausLieferung 4900026202 / 1	1	ST	500,00	EUR	09.08.2020	12:33:26	erledigt
Rechnung 0090017551 / 10	1	ST	1.100,00	EUR	09.08.2020	12:33:42	Erledigt
Buchungsbeleg 0090017551	1	ST			09.08.2020	12:33:44	ausgeziffert
Storno Rechnung (S1) 0090017552 / 10	1	ST	1.100,00	EUR	09.08.2020	12:34:58	Erledigt
Buchungsbeleg 0100000462	1	ST			09.08.2020	12:43:34	ausgeziffert

Abbildung 5.34: Belegfluss nach Rechnungsstorno

Wenn Sie sich den Belegfluss des ursprünglichen Auftrags anschauen (siehe Abbildung 5.34), so werden Sie feststellen, dass sowohl der Buchungsbeleg der RECHNUNG als auch derjenige der STORNO RECHNUNG den Status AUSGEZIFFERT haben ❶. Dies bedeutet: Beide Belege heben sich wertmäßig auf und werden in der Buchhaltung automatisch ausgeglichen.

Die Stornierung bewirkt aber auch, dass sich der Status der Lieferung zu IN BEARBEITUNG ändert. Für die Praxis bedeutet dies, dass Sie sich nun Gedanken über weitere Prozessschritte machen sollten. So könnten Sie z. B. die Zahlungsbedingung oder den Regulierer im Auftrag verändern und anschließend eine neue Fakturierung des Lieferscheins vornehmen.

5.6 Kostenlose Lieferung

In Abschnitt 5.1.5 haben Sie die Auftragsart der kostenlosen Nachlieferung kennengelernt. Für sie war der Bezug zu einem Beleg entscheidend. Mit der Belegart *Kostenlose Lieferung* können Sie eine Lieferung veranlassen, ohne einen Bezug zu einem Vorgängerbeleg herstellen zu müssen. Dies kann z. B. bei einem Muster der Fall sein.

Belegart »kostenlose Lieferung« im Garantiefall

Häufig wird diese Belegart auch für Garantielieferungen verwendet. Dies sollte aber eher die Ausnahme bleiben, da Sie so keinen Bezug zum ursprünglichen Vorgang haben und damit den Überblick über die Zusammenhänge verlieren.

Als Alternative zur Belegart »Kostenlose Lieferung« bietet sich auch die normale Belegart für Terminaufträge, KA, an. Allerdings müssen Sie dann im Auftrag unter KONDITIONEN einen 100-prozentigen Abschlag hinterlegen.

Um eine kostenlose Lieferung anzulegen, nutzen Sie die Transaktion *VA01*.

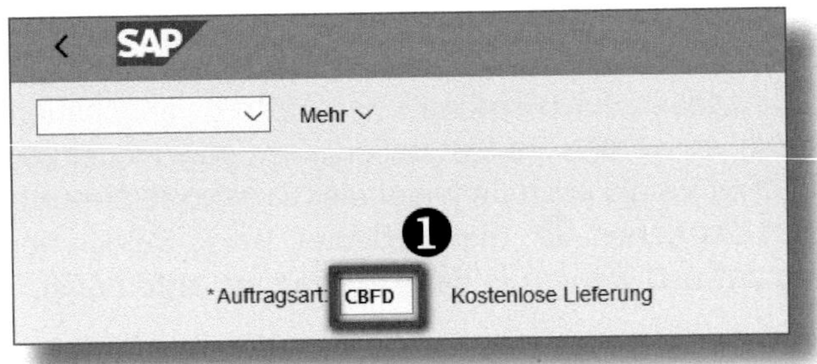

Abbildung 5.35: Kostenlose Lieferung, Einstiegsmaske

Geben Sie in der sich öffnenden Maske die AUFTRAGSART ein, die in Ihrem Unternehmen für diesen Vorgang vorgesehen ist (hier ist es die AUFTRAGSART *CBFD*, siehe Abbildung 5.35). In anderen Systemen wird häufig auch die Auftragsart KL für eine kostenlose Lieferung verwendet. Mit Klick auf WEITER gelangen Sie in die nächste Sicht.

Erfassen Sie nun wie gewohnt den AUFTRAGGEBER, die MATERIALnummer und die AUFTRAGSMENGE. Geben Sie im Feld KUNDENREFERENZ einen Eintrag für die Zuordnung ein. Eventuell muss das Feld AUFTRAGSGRUND ausgefüllt werden. Dieser kann z. B. ein *kostenloses Muster* sein. Sichern Sie Ihre Eingaben.

Der Aufbau und die Navigation entsprechen auch hier wieder der Vorgehensweise aus Abschnitt 2.2. Der Auslieferungsprozess entspricht der Lieferung zum Terminauftrag (siehe Abschnitt 2.4.1).

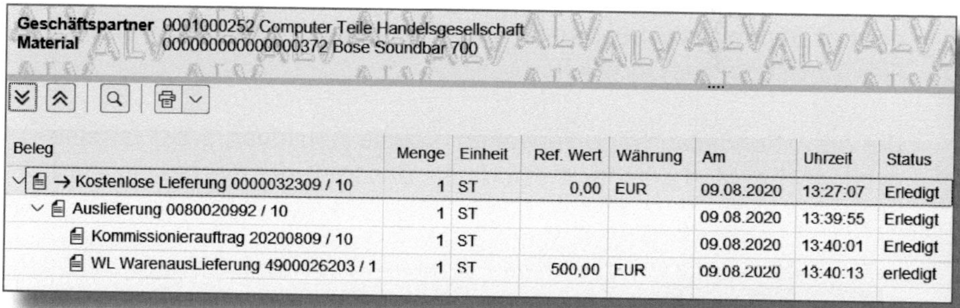

Geschäftspartner 0001000252 Computer Teile Handelsgesellschaft
Material 000000000000000372 Bose Soundbar 700

Beleg	Menge	Einheit	Ref. Wert	Währung	Am	Uhrzeit	Status
→ Kostenlose Lieferung 0000032309 / 10	1	ST	0,00	EUR	09.08.2020	13:27:07	Erledigt
Auslieferung 0080020992 / 10	1	ST			09.08.2020	13:39:55	Erledigt
Kommissionierauftrag 20200809 / 10	1	ST			09.08.2020	13:40:01	Erledigt
WL WarenausLieferung 4900026203 / 1	1	ST	500,00	EUR	09.08.2020	13:40:13	erledigt

Abbildung 5.36: Belegfluss, Sicht für kostenlose Lieferung

Im Belegfluss der kostenlosen Lieferung sehen Sie, dass der STATUS bei allen Belegen auf ERLEDIGT gesetzt ist (siehe Abbildung 5.36). Somit ist der Vorgang abgeschlossen.

5.7 Retourenvorgänge mit der Fiori-Maske

Alle Retourenvorgänge können Sie natürlich auch mithilfe der Fiori-Oberfläche abwickeln. Hierfür stehen Ihnen verschiedene Apps zur Verfügung.

Die App »Kundenaufträge anlegen« (siehe Abbildung 5.37) haben Sie bereits beim Anlegen der Terminaufträge kennengelernt. Über die zugehörige Maske können Sie alle vorab beschriebenen Retourenvorgänge in gleicher Weise ausführen.

Abbildung 5.37: App »Kundenaufträge anlegen – Transaktion VA01«

Auch die Folgebelege, wie Lieferung und Fakturierung, entsprechen der bekannten Vorgehensweise. Eine Kombination aus SAP-GUI- und Fiori-Anwendung ist möglich.

Die App »Kundenaufträge verwalten« (siehe Abbildung 5.38) ist eine dynamische. Man erkennt diese daran, dass auf der Kachel ein Wert angezeigt wird.

Abbildung 5.38: App »Kundenaufträge verwalten«

Hier bedeutet der Wert 32,1 K, dass es Kundenaufträge mit einem Gesamtwert von 32.100 Euro gibt. Wenn Sie auf diese App klicken, gelangen Sie in die Bearbeitungsmasken, die Sie bereits in der SAP GUI kennengelernt haben. Aber auch Ansichten, welche nur in der Fiori-Oberfläche zu sehen sind, können für die Bearbeitung herangezogen werden.

Die Möglichkeiten der Bearbeitung von Vorgängen in der Fiori-Oberfläche sind sehr vielseitig. Absprünge in verwandte Vorgänge oder hinterlegte Links sind an vielen Stellen der aufgerufenen Belege möglich. Rufen Sie die App KUNDENAUFTRÄGE VERWALTEN auf (siehe Abbildung 5.39).

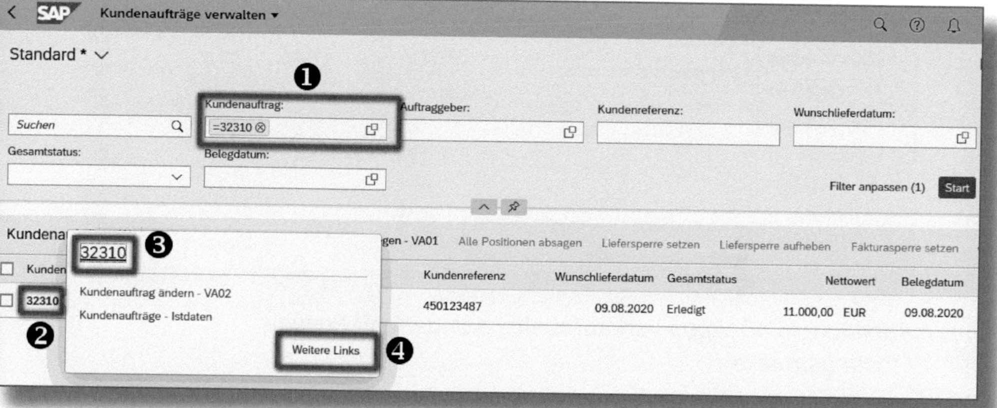

Abbildung 5.39: App »Kundenaufträge verwalten«, Einstiegsbildschirm

Zunächst suchen Sie sich den Terminauftrag aus, für den es eine Retoure geben soll ❶. Für die Suche können Sie hier den Suchbutton verwenden. In der sich öffnenden Liste der Kundenaufträge klicken Sie auf die gewünschte Auftragsnummer ❷. Es erscheint ein Informationsfenster, von dem aus Sie direkt in die Sicht für den KUNDENAUFTRAG ❸ springen können. Alternativ wird Ihnen mit Klick auf den Button WEITERE LINKS ❹ eine Liste von Bearbeitungsmöglichkeiten angeboten (hier nicht gezeigt).

Wählen Sie dort den Eintrag RETOUREN-KUNDENAUFTRAG ANLEGEN aus. In dem sich öffnenden Fenster wird Ihnen bereits der AUFTRAGGEBER vorgeschlagen ❶ (siehe Abbildung 5.40).

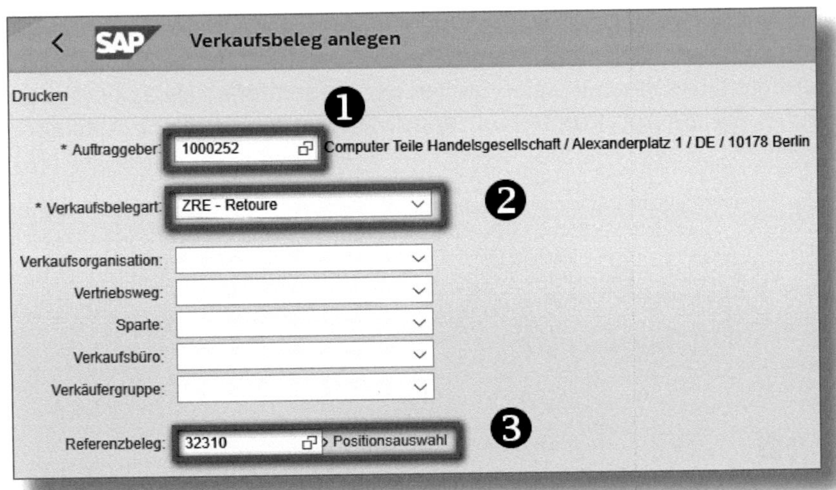

Abbildung 5.40: App »Verkaufsbeleg anlegen mit Bezug«, Einstiegsmaske

In der Einstiegsmaske erfassen Sie zusätzlich zum Auftraggeber die benötigte VERKAUFSBELEGART ❷. Der REFERENZBELEG ❸ bildet die Funktion ANLEGEN MIT BEZUG ab, welche bereits in der SAP-GUI-Oberfläche beschrieben wurde. Tragen Sie hier die Nummer des Belegs ein, auf den Sie sich beziehen wollen. Nun können Sie den Button POSITIONSAUSWAHL anklicken, um lediglich die Positionen zu übernehmen, für die eine Retoure angelegt werden soll.

Sie gelangen in die Übersichtsmaske zu Ihrer Retoure (siehe Abbildung 5.41). Diese weicht optisch deutlich von dem ab, was Sie von der SAP-GUI-Ansicht kennen: Nicht nur die Felder sind anders angeordnet, Sie können hier zudem die wichtigsten Daten für die Kopfebene schnell abfragen ❶. Ebenso verhält es sich mit den Positionsdetails, die pro Position im rechten Bildschirmbereich ❷ zu sehen sind. Geben Sie im Feld KUNDENREFERENZ ❸ eine mögliche Bezugsbasis für den Kunden sowie darunter den AUFTRAGSGRUND ein ❹. Klicken Sie auf BELEG SICHERN rechts unten.

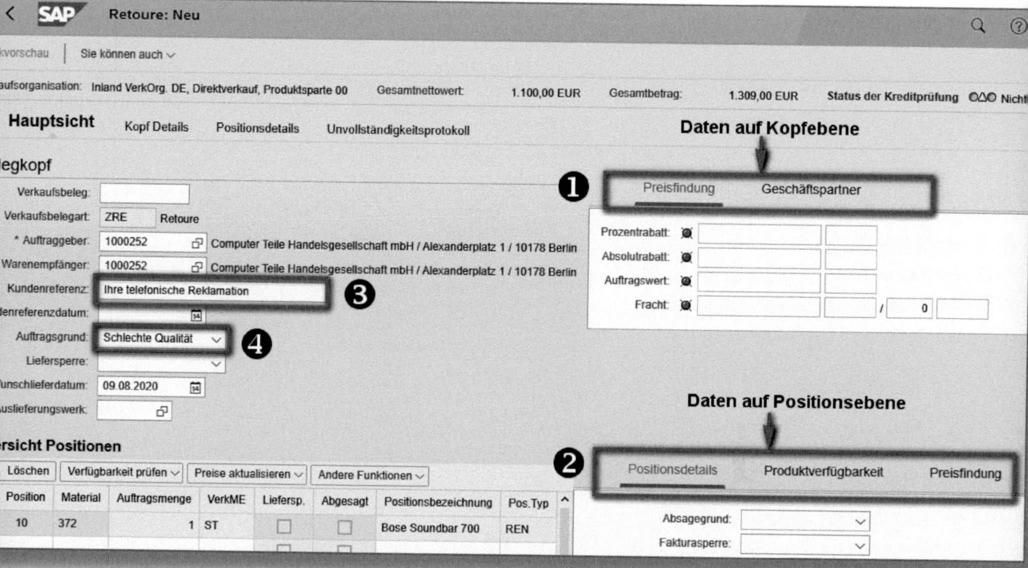

Abbildung 5.41: SAP Fiori, neue Retoure anlegen

Die weiteren Schritte, das Anlegen der *Retourenlieferung* und die *Wareneingangsbuchung*, stimmen mit der Beschreibung aus den Abschnitten 2.5.1 und 2.5.2 überein.

Der in Abbildung 5.42 dargestellte Prozessablauf zeigt die angelegte RETOURE mit Bezug zum TERMINAUFTRAG. Die Retoure hat hier noch den Status IN BEARBEITUNG. Dies bedeutet, dass bisher weder eine Retourengutschrift noch eine kostenlose Ersatzlieferung erstellt wurden. Für die Retourengutschrift muss in der Retoure die Fakturasperre entfernt werden. Dazu klicken Sie hier auf den Vorgang RETOURE und rufen den Änderungsmodus auf. Die Maske entspricht der SAP-GUI-Oberfläche. Entfernen Sie die Fakturasperre und fakturieren Sie die Retoure zu einer Gutschrift in der SAP-GUI- oder Fiori-Oberfläche. Auch der Prozess der kostenlosen Ersatzlieferung entspricht der bekannten Vorgehensweise. Hierzu setzen Sie einen Absagegrund in der Retoure und legen einen Auftrag mit der Auftragsart KN an. Dabei beziehen Sie sich wieder auf die Retoure.

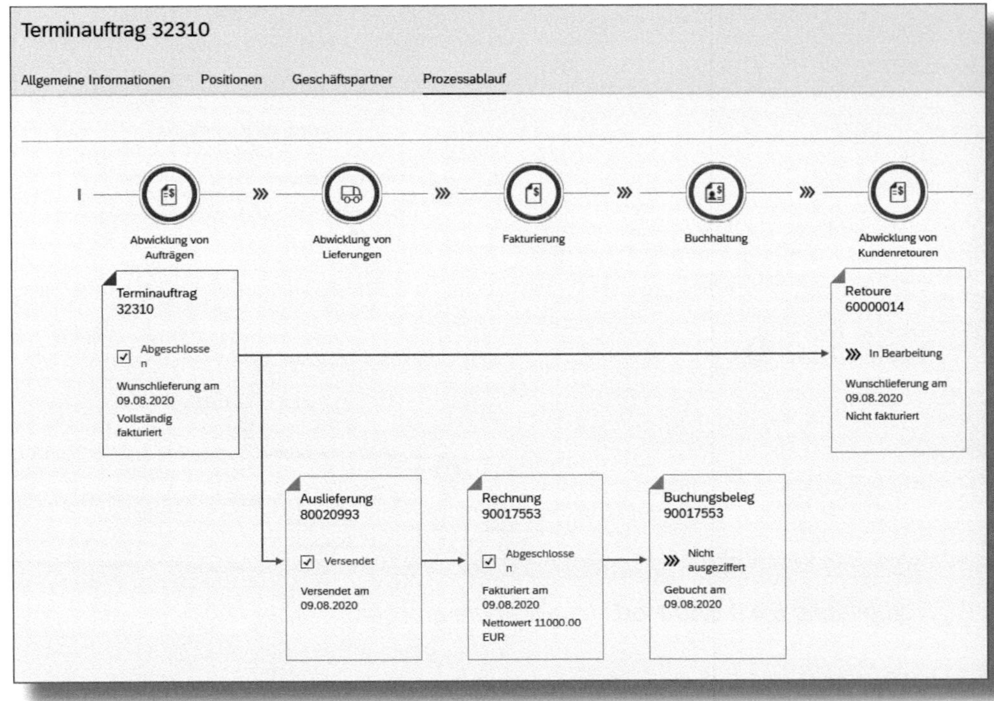

Abbildung 5.42: SAP Fiori, Belegfluss der Retoure

5.8 Zusammenfassung Retourenprozesse

Die Beispiele in diesem Kapitel zeigen, dass Retouren auf vielfältige Weise abgewickelt werden können. Sie haben die Möglichkeit, mit der SAP-GUI- oder der Fiori-Oberfläche zu arbeiten, können aber auch beide parallel für einen Prozess verwenden. Die Entscheidung hierüber fällt in der Regel im Projektteam.

Wie ein Prozess ablaufen soll, hängt stark von der Branche und den Gewohnheiten in Ihrem Unternehmen ab. Wichtig dabei ist, dass Sie jegliche Reklamationen klar abgrenzen, z. B. mit unterschiedlichen Belegarten. Dies kann für spätere Auswertungen und Analysen sehr hilfreich sein.

6 Sammelverarbeitung

Im Tagesgeschäft muss in den Vertriebsprozessen eine Vielzahl von Belegen erzeugt werden. Dies geschieht nicht manuell, sondern über Sammelläufe. Diese werden in der Praxis üblicherweise auch als »Jobs« bezeichnet und zu einer Zeit durchgeführt, in der nur wenige oder keine User am System arbeiten. So wird die Performance nicht zu stark beansprucht.

6.1 Arbeitsvorräte als Basis für die Sammelverarbeitung

Arbeitsvorräte werden benötigt, um die Folgebelege als Sammelverarbeitung im Vertriebsprozess anlegen zu können. Hierzu werden alle Belege ausgewählt, die für den jeweiligen Folgebeleg infrage kommen. Die Auswahl ist der sogenannte *Arbeitsvorrat* und bildet die Basis für die Arbeit mit und an Folgebelegen.

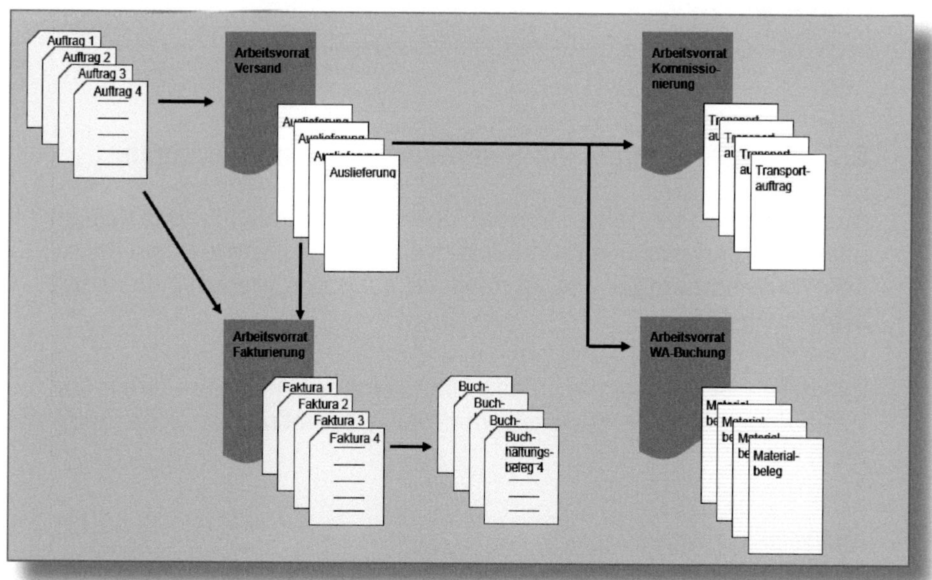

Abbildung 6.1: Verwendung von Arbeitsvorräten

Wie in Abbildung 6.1 gezeigt, wird zunächst der Arbeitsvorrat für die Auslieferungen mit Bezug zu den Kundenaufträgen erstellt. Nun können Transportaufträge bzw. Kommissionierscheine angelegt und der Warenausgang gebucht werden. Bei der Fakturierung greift das System auf Daten aus den Kundenaufträgen sowie der Auslieferung zurück. Bei allen Vorgängen wird ein Arbeitsvorrat erzeugt, der die zu verarbeitenden Vorgänge beinhaltet.

In der Praxis kann es auch sinnvoll sein, die Funktionen der Sammelverarbeitung für einzelne bzw. ausgewählte Belege zu nutzen. Welche Belege zusammengeführt werden können, hängt mit den eingestellten *Splitkriterien* zusammen. Diese sind bereits in SAP fest hinterlegt und können bei Bedarf von Beratern angepasst werden.

☛ Splitkriterien

Sie entscheiden beispielsweise, ob Kundenaufträge zu einer Lieferung zusammengeführt werden können. Gibt es in den Aufträgen unterschiedliche Warenempfänger, Versandstellen oder Zahlungsbedingungen, würde dies dazu führen, dass verschiedene Belege angelegt werden.

6.2 Auslieferungen als Sammelverarbeitung anlegen

Auslieferungen werden im Vertrieb über die Versandstelle, das Selektionsdatum und einzelne Kriterien in den Aufträgen, wie z. B. die Route, den Warenempfänger und letztendlich auch das Material, gesteuert (Abbildung 6.2).

Zusätzlich ist zu beachten, dass Einstellungen aus Stammdaten und Verkaufsbelegen die Sammelverarbeitung beeinflussen, siehe Abbildung 6.3.

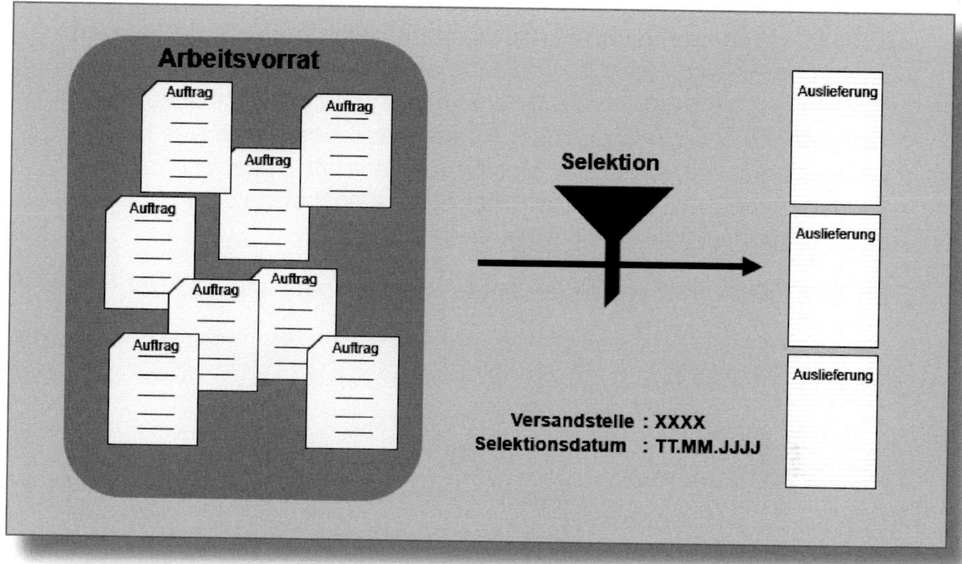

Abbildung 6.2: Arbeitsvorrat für Auslieferungen

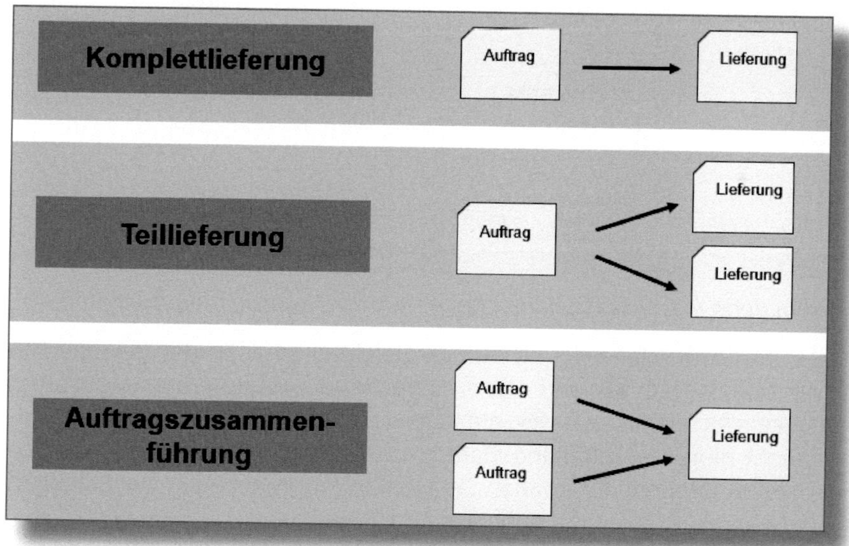

Abbildung 6.3: Anlegebeispiele für Auslieferungen

Mit den Kunden kann beispielsweise vereinbart sein, dass nur eine *Komplettlieferung* erlaubt ist. Ist diese Anforderung nicht erfüllt, wird Ihnen das System eine Warnmeldung ausgeben. Ebenso kann vereinbart worden sein, dass es *Teillieferungen* geben darf. Bei der Auftragszusammenführung wünscht der Kunde, dass Positionen aus mehreren Kundenaufträgen in eine einzige Auslieferung zusammengefasst werden. Auch hierzu müssen bestimmte Eigenschaften der Positionen übereinstimmen, wie z. B. der Warenempfänger.

Um den *Liefervorrat* anzulegen, nutzen Sie die Transaktion *VL10A*.

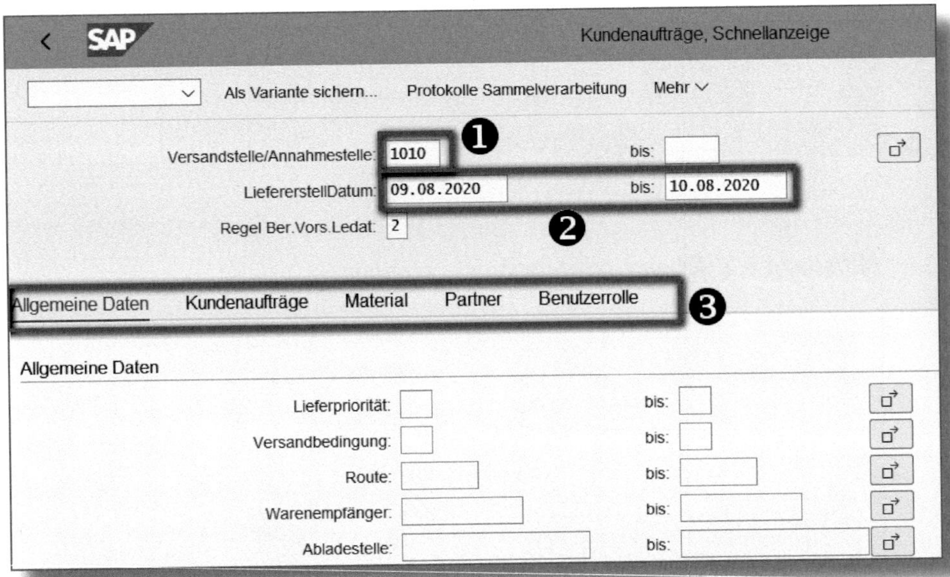

Abbildung 6.4: Selektionsmaske für Sammelverarbeitung Auslieferung

Geben Sie in der sich öffnenden Selektionsmaske die gewünschte VERSANDSTELLE ➊ und ein entsprechendes Liefererstellungsdatum (LIEFERERSTELLDATUM) ➋ ein (siehe Abbildung 6.4). Letzteres entspricht dem Bereitstellungsdatum im Auftrag. In den Masken zu den einzelnen Reitern ➌ können Sie weitere Eingrenzungen zur Selektion vornehmen. Klicken Sie dann auf AUSFÜHREN.

Sie erhalten eine Liste mit Aufträgen, die Ihren Selektionskriterien entsprechen, siehe Abbildung 6.5. Diese Übersicht können Sie mit den klassischen Funktionen zum Filtern und Sortieren weiter Ihren Vorstellungen anpassen, um daran anschließend die Auslieferungen anzulegen.

SAP Versandfällige Vorgänge: Kundenaufträge, Schnellanzeige

Auffrischen Ungeprüfte Auslieferungen prüfen Hierarchische Darstellung Belegdaten hinzufügen

❶

Ampel	Warenausg	LPrio	Warenempf.	Route	Verursach.	Brutto	Eh	Volumen	VEH
▲	09.08.2020		1000240		32311	45	KG		
▲			1000252		32312	45	KG		
▲			1000320		32313	10	G		
▲			1000320		32314	22,500	KG		

Abbildung 6.5: Vorschlagsliste versandfälliger Belege

Markieren Sie dazu einzelne oder alle Vorschläge ❶. Sie haben nun die Möglichkeit, die Verarbeitung im Dialog oder im Hintergrund auszuführen. Die entsprechenden Befehlsbuttons finden Sie rechts unten im Bild, siehe Abbildung 6.6. DIALOG ❶ bedeutet, dass Sie als Anwender jede einzelne Lieferung, die angelegt wird, sehen und sichern müssen. Mit der Funktion HINTERGRUND ❷ legen Sie einen *Verarbeitungsjob* an, der die Anlage automatisch vornimmt.

Abbildung 6.6: Auswahl zwischen Dialog oder Hintergrund

Mit Klick auf den DIALOG-Button öffnet sich für die erste Position die Maske AUSLIEFERUNG ANLEGEN. Diese kennen Sie bereits aus der Einzelbeleganzeige, siehe auch Abschnitt 2.4.1. Klicken Sie auf den Button SICHERN.

Haben Sie die DIALOG-Funktion angeklickt und mehr als einen Eintrag aus dem Arbeitsvorrat ausgewählt, siehe Abbildung 6.5, öffnet sich ein

Pop-up (Abbildung 6.7), von dem aus Sie den weiteren Ablauf steuern können.

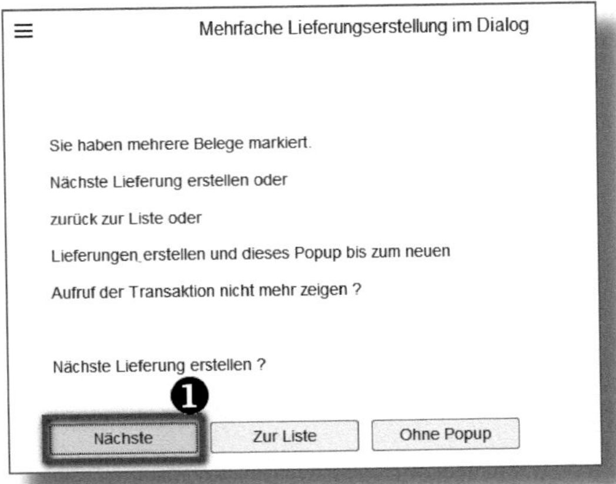

Abbildung 6.7: Maske bei Mehrfacherstellung im Dialog

Diese Meldung ist selbsterklärend. Hier wollen wir die NÄCHSTE Lieferung erstellen ❶. Der Vorgang wiederholt sich nun so lange, bis der gesamte Liefervorrat verarbeitet wurde.

6.3 Transportaufträge als Sammelverarbeitung anlegen

Für die Kommissionierung im Vertrieb müssen *Transportaufträge* zu Auslieferungen angelegt werden.

> **☛ Transportaufträge erfordern Warehouse Management**
>
> Transportaufträge legen Sie nur dann an, wenn in Ihrem Unternehmen ein WMS-System (vgl. Abschnitt 2.4.2) verwendet wird. Ist dies nicht der Fall, ist die zu kommissionierende Menge in der Auslieferung einzutragen.

Mit Transportaufträgen (Kommissionieraufträge) können Lagerbewegungen angestoßen und überwacht werden. Die zu kommissionierende Menge ist in den Transportaufträgen enthalten und entspricht genau der Liefermenge. Kann diese im Lager nicht vollständig für die Übersendung zusammengestellt werden, bleibt von der eigentlich zu liefernden Menge ein Rest übrig. Passen Sie daher die Liefermenge in der Auslieferung an.

Abbildung 6.8 zeigt eine schematische Darstellung der *Kommissionierung* über die Sammelverarbeitung. Auch hier sind eine Dialog- oder eine Hintergrundverarbeitung möglich.

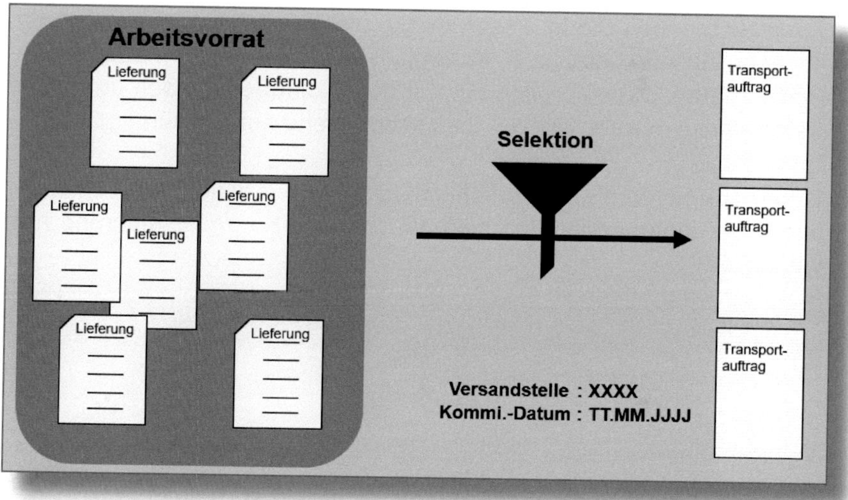

Abbildung 6.8: Sammelbearbeitung in der Kommissionierung

Die Bestätigung der Kommissionierung kann automatisch oder in einem separaten Schritt erfolgen.

Um die gewünschten Transportaufträge anzulegen, nutzen Sie die Transaktion *VL06P*. Selektieren Sie in der Maske gemäß Ihren Vorgaben. In unserem Fall (siehe Abbildung 6.9) erfolgte dies wieder nach der VERSANDSTELLE ❶ und dem KOMMISSIONIERDATUM ❷.

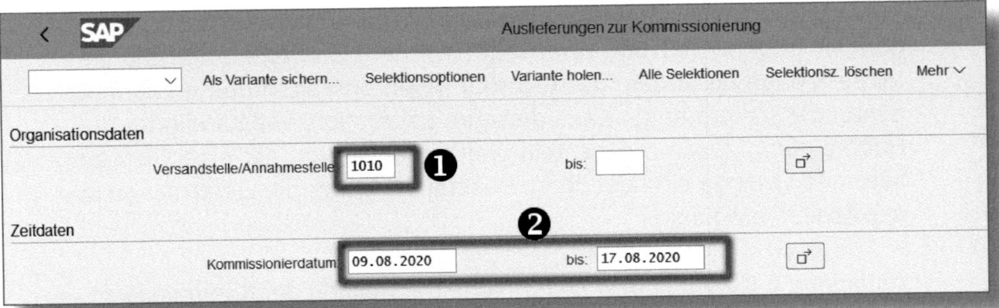

Abbildung 6.9: Anlegen Sammelverarbeitung, Transportaufträge

Zusätzlich haben Sie in dieser Maske die Möglichkeit, nach weiteren Kriterien zu selektieren, z. B. Kommissionier-, Retouren-, Material- oder Partnerdaten. Dazu scrollen Sie mit der Bildlaufleiste nach unten und treffen Ihre Auswahl. Klicken Sie anschließend auf AUSFÜHREN.

Sie erhalten erneut eine Vorschlagsliste (siehe Abbildung 6.10), in der alle Lieferungen ersichtlich sind, für die eine Kommissionierung notwendig ist.

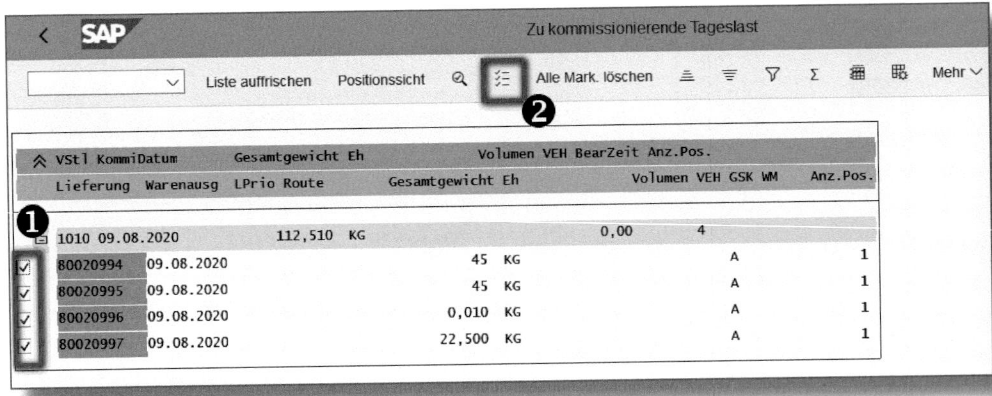

Abbildung 6.10: Vorschlagsliste für Kommissionierbelege

Im gezeigten Beispiel sind es aktuell vier Belege. Sie können einzelne Lieferungen mit der Checkbox markieren ❶ oder mit dem Button ❷ die Auswahl für alle Lieferungen gleichzeitig setzen.

Wenn Sie ein Warehouse-Management-System einsetzen, können Sie jetzt die Funktion »TA dunkel« nutzen.

> **☛ Hell-/Dunkelablauf**
>
> In vielen Vorgängen haben Sie die Möglichkeit, zwischen Hell- und Dunkelablauf zu wählen. Entscheiden Sie sich für den Dunkelablauf, so wird die gesamte Transaktion vom System abgewickelt. Hier sind keine manuellen Benutzereingaben erforderlich.

Gehen Sie dagegen ohne WMS vor, klicken Sie auf den Button Auslieferungen ändern. Sie werden daraufhin einzeln durch die Belege geführt. Dort, wo die Kommissioniermenge (KOMISS. MENGE) nicht mit der LIEFERMENGE übereinstimmt, muss sie geändert werden, siehe Abbildung 6.11. In unserem Fall wurde im Reiter KOMMISSIONIERUNG ❶ die KOMMISS. MENGE ❷ auf *990* angepasst. Dies hat zur Folge, dass auch die LIEFERMENGE ❸ auf *990* angeglichen werden muss.

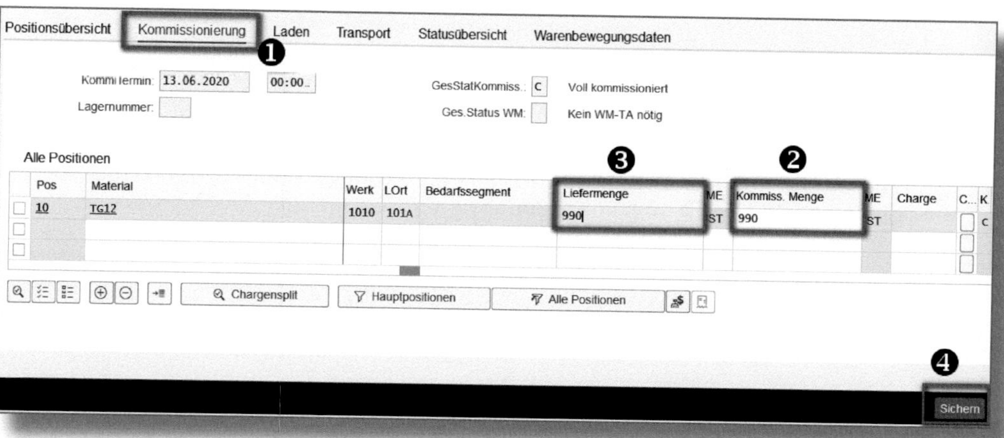

Abbildung 6.11: Änderung der Kommissioniermenge

Sichern Sie den Beleg ❹ und wiederholen Sie diesen Vorgang so lange, bis alle gewünschten Belege abgearbeitet sind. Beenden Sie anschließend die Transaktion.

6.4 Warenausgang buchen

Auch für den Warenausgang ist die Funktion der Sammelverarbeitung vorgesehen.

Der Referenzbeleg für den Warenausgang ist die Lieferung. Um die Sammelverarbeitung zu starten, wählen Sie die Transaktion *VL06G*. In Abbildung 6.12 ist erkennbar, dass in der Selektion die VERSANDSTELLE ❶ und das *Warenbewegungsdatum* (GEPLANTES DATUM WB) ❷ von Bedeutung sind. Letzteres ist das geplante Warenausgangsdatum aus dem Auftrag. Beides ergänzen Sie und klicken auf AUSFÜHREN.

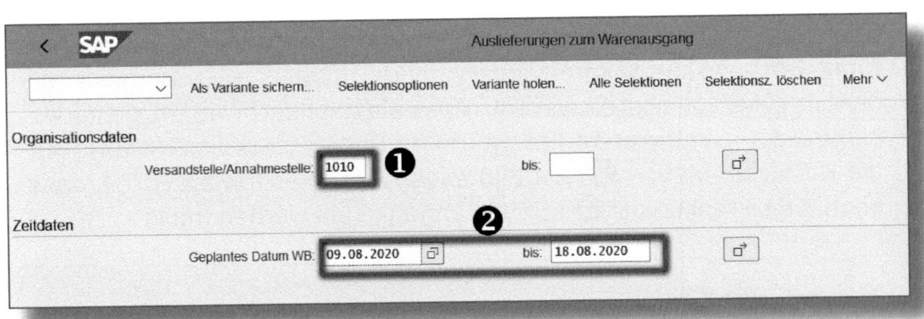

Abbildung 6.12: Selektionsmaske für Warenausgangsbuchungen

Wollen Sie den Warenausgang für alle Lieferungen buchen, dann markieren Sie diese ❶, wie in Abbildung 6.13 ersichtlich.

SAP — Warenausgang zu buchende Auslieferungen

Liste auffrischen | Positionssicht | Alle Mark. löschen | Mehr

❶ ieferung	Warenausg	Route	Warenempf.	Name des Warenempfängers	Auftr.geb.	Name des Auftraggebers
☑ 0020994	09.08.2020		1000240	Motormarkt Berlin GmbH	1000240	Motormarkt Berlin GmbH
☑ 0020995	09.08.2020		1000252	Computer Teile Handelsgesellschaft	1000252	Computer Teile Handelsgesellschaft
☑ 0020996	09.08.2020		1000320	Hamburger Medien GmbH	1000320	Hamburger Medien GmbH
☑ 0020997	09.08.2020		1000320	Hamburger Medien GmbH	1000320	Hamburger Medien GmbH

Abbildung 6.13: Arbeitsvorrat für Warenausgang

Anschließend klicken Sie auf den Button Warenausgang buchen rechts unten. In dem sich nun öffnenden Zwischenfenster können Sie das ISTDATUM für die Warenbewegung anpassen. Anschließend klicken Sie auf WEITER.

Sind alle Warenausgänge gebucht, werden die Einträge aus der Liste in Abbildung 6.13 grün hinterlegt. Verlassen Sie die Transaktion über den Button Beenden.

6.5 Fakturen

Auch für die Fakturaerstellung können mithilfe des *Fakturavorrats* mehrere Rechnungen gleichzeitig produziert werden. Hierfür relevante Positionen aus Kundenaufträgen und/oder Lieferungen werden dabei so zusammengefasst, dass möglichst wenige Fakturen entstehen.

Abbildung 6.14 zeigt den Ablauf der Sammelverarbeitung des Fakturavorrats. Auch hier kann die Sammelverarbeitung

- manuell (als *Dialogbearbeitung*) oder
- über einen *Hintergrundjob* erfolgen.

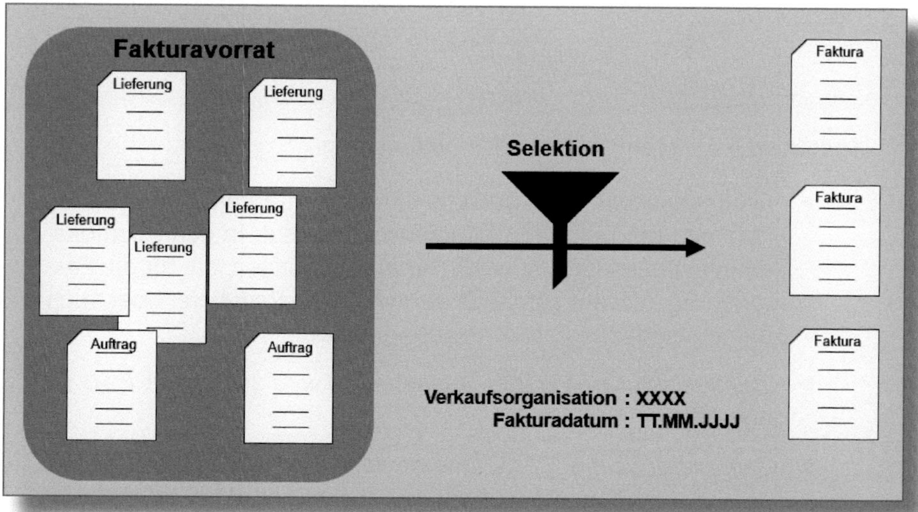

Abbildung 6.14: Fakturavorrat bearbeiten

Ähnlich wie bei den Auslieferungen lassen sich verschiedene Positionen der Vorgängerbelege zusammenfassen. Dazu müssen bestimmte gemeinsame Merkmale in den Positionen der Aufträge verzeichnet sein, so z. B. das *Fakturadatum*, der *Regulierer* oder die *Zahlungsbedingungen*. Gibt es beispielsweise unterschiedliche Regulierer in den Aufträgen eines Kunden, stellt dies ein Ausschlusskriterium für die Zusammenführung in einer Rechnung dar.

Die Abbildung 6.15 soll zeigen, welche generellen Möglichkeiten zum Anlegen von Fakturen bestehen.

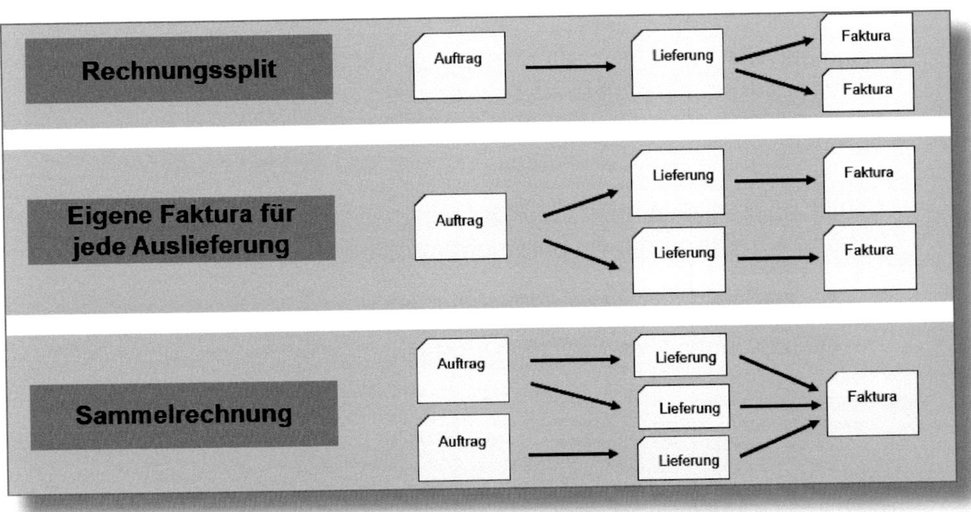

Abbildung 6.15: Möglichkeiten der Fakturierung

- *Rechnungssplit* – Aus einem Kundenauftrag wurde eine Auslieferung mit mehreren Positionen angelegt. In den Positionsdetails gibt es unterschiedliche Ausprägungen, die für die Fakturierung relevant sind, z. B. verschiedene Regulierer oder auch unterschiedliche Zahlungsbedingungen.
- *Eigene Faktura* – Für jede Auslieferung wird genau eine Faktura angelegt.
- *Sammelrechnung* – Aus unterschiedlichen Auslieferungen, die aus verschiedenen Aufträgen resultieren können, wird eine Einzelfaktura erzeugt.

Die dritte Option wollen wir uns nachfolgend ansehen: Um die Sammelverarbeitung für Fakturen zu starten, rufen Sie die Transaktion *VF04* auf.

In der Selektionsmaske (Abbildung 6.16) ist ein FAKTURADATUM ❶ einzugeben. Die Auswahl hierfür ist ausschließlich für die auftragsbezogene Fakturierung vorgesehen. Bei lieferbezogener Fakturierung ist das Warenausgangsdatum maßgebend.

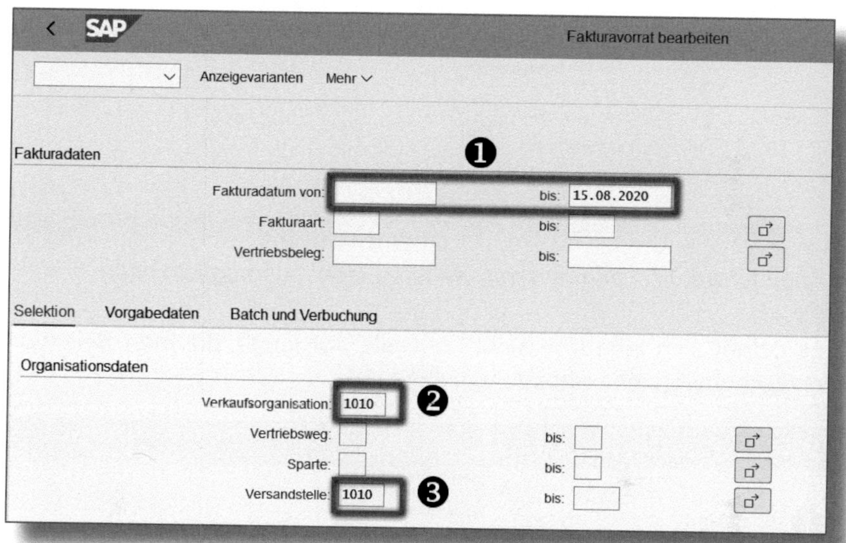

Abbildung 6.16: Fakturavorrat, Selektionsmaske

Im Bereich der ORGANISATIONSDATEN erfassen Sie die VERKAUFSORGANISATION ❷. Möchten Sie nur Belege fakturieren, die von einer bestimmten VERSANDSTELLE verschickt wurden, können Sie dies hier ebenfalls weiter eingrenzen ❸.

Scrollen Sie weiter nach unten, um zusätzliche wichtige Selektionskriterien zu erfassen, z. B. eine Auswahl bestimmter Kunden oder spezifischer Belege zu treffen. In unserem Fall (siehe Abbildung 6.17) wurden nur LIEFERBEZOGENE Belege ausgewählt ❶.

Möchten Sie auch aus Aufträgen eine Faktura erstellen, muss der entsprechende Haken gesetzt werden. AUFTRAGSBEZOGENE Fakturen sind

z. B. Gutschriften, Lastschriften oder Rechnungskorrekturen. Um den Fakturavorrat zu sehen, klicken Sie auf FAKTURAVORRAT ANZEIGEN.

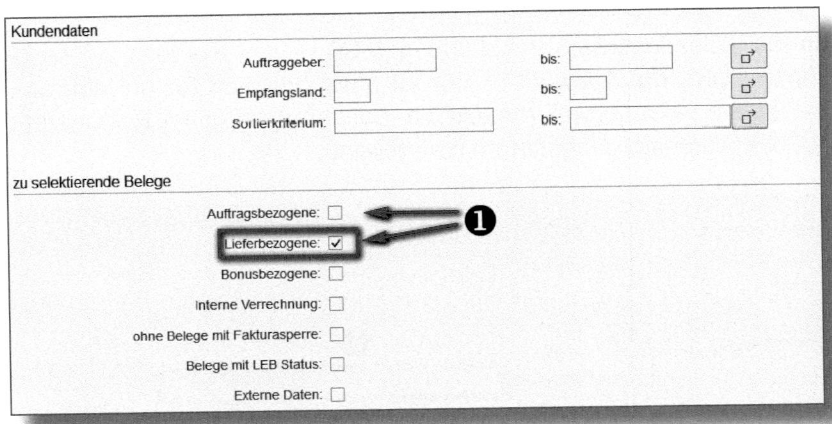

Abbildung 6.17: Fakturavorrat, weitere Selektionsmöglichkeiten

Es öffnet sich eine Übersicht über alle Vorgänge, die Ihrer Selektion entsprechen (siehe Abbildung 6.18).

SAP — Fakturavorrat bearbeiten

Protokollanzeige ❷ Mehr

❶

A	FkTyp	VkOrg	Fakturadatum	Auftr.geb.	Fk...	ELnd	Vertr.Bel.	B...	Adres...	Name des Auftraggebers	Ort des A...	Nettowert	Wäh...
✓	L	1010	10.08.2020	1000240	F2	DE	80020994	J	36108	Motormarkt Berlin GmbH	Berlin	25.000,00	EUR
✓	L	1010	10.08.2020	1000252	F2	DE	80020995	J	36155	Computer Teile Handels...	Berlin	16.500,00	EUR
✓	L	1010	10.08.2020	1000320	F2	DE	80020996	J	37134	Hamburger Medien GmbH	Hamburg	500,00	EUR
✓	L	1010	10.08.2020	1000320	F2	DE	80020997	J	37134	Hamburger Medien GmbH	Hamburg	12.500,00	EUR

Abbildung 6.18: Bearbeiten des Fakturavorrats

Sie können unter ❶ entweder alle Zeilen auf einmal oder jeweils nur eine markieren, aus der Sie dann eine bzw. mehrere Fakturen erstellen. Falls dabei Fehler aufgetreten sind, wird Ihnen die PROTOKOLLANZEIGE ❷ die nötigen Informationen liefern. Hier sehen Sie z. B., ob Aufträge zur Faktura gesperrt sind, also mit einer entsprechenden Sperre versehen sind. Auch wenn es einen Fakturasplit gibt, liefert das Protokoll hierzu die Gründe. Um exemplarisch zu prüfen, welche Rechnungen erzeugt werden, klicken Sie auf SIMULATION. Den Button dazu finden Sie rechts unten.

In diesem Beispiel werden nach der Selektion von vier Auslieferungen (siehe Abbildung 6.18) drei Rechnungen erstellt (siehe Abbildung 6.19).

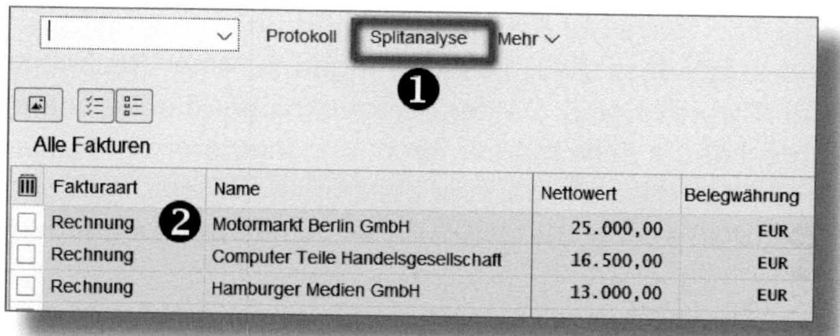

Abbildung 6.19: Fakturavorrat, Simulationsmaske

Mithilfe der SPLITANALYSE ❶ lässt sich beispielsweise nachvollziehen, warum Lieferungen an denselben Kunden nicht zu einer Rechnung führen. Per Doppelklick auf die gewünschte Zeile der Fakturenliste ❷ können Sie in die zugehörigen Details abspringen. In der sich nun öffnenden Maske sehen Sie, welche Artikel berechnet werden. Klicken Sie so lange auf ZURÜCK, bis Sie wieder in der Maske FAKTURAVORRAT BEARBEITEN sind (Abbildung 6.18). Dort wählen Sie den Menüpfad MEHR • FAKTURA • SICHERN, um die Fakturierung zu starten.

Die Fakturen werden im Hintergrund angelegt. Als Ergebnis wird Ihnen automatisch ein Protokoll angezeigt, siehe Abbildung 6.20.

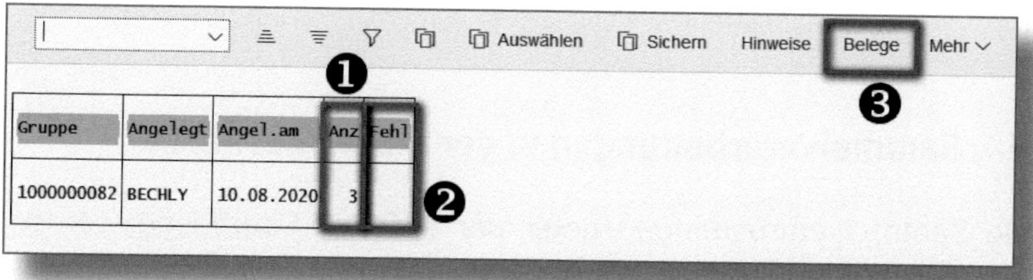

Abbildung 6.20: Fakturaprotokoll

Im Fakturaprotokoll können Sie die ANZAHL der angelegten Fakturen ❶ und bei der Fakturierung möglicherweise aufgetretene FEHLER ❷ sehen, die etwa entstehen, wenn die Überleitung der Rechnung in die Finanzbuchhaltung nicht funktioniert hat. Über den Button BELEGE ❸ erhalten Sie eine Aufstellung aller angelegten Fakturen. Von hier aus können Sie mit einem Klick in die Beleganzeige oder auch in den Belegfluss einer Rechnung wechseln.

Der in Abbildung 6.21 gezeigte Belegfluss gehört zum eben skizzierten Beispiel und zeigt, dass zwei Auslieferungen zu einer Rechnung zusammengeführt worden sind. Da der Belegfluss über die Rechnung aufgerufen wurde, hat die Zeile mit der Rechnungsnummer vorn einen Pfeil →. Das bedeutet, dass alle darüber abgebildeten Terminaufträge und die dazugehörigen Auslieferungen in dieser Rechnung zusammengefasst sind.

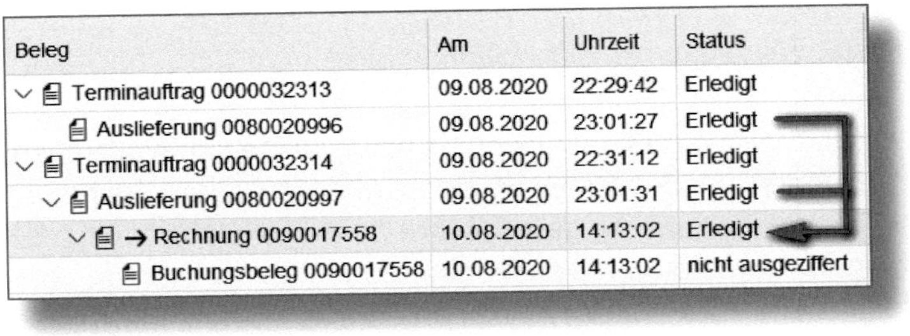

Beleg	Am	Uhrzeit	Status
Terminauftrag 0000032313	09.08.2020	22:29:42	Erledigt
Auslieferung 0080020996	09.08.2020	23:01:27	Erledigt
Terminauftrag 0000032314	09.08.2020	22:31:12	Erledigt
Auslieferung 0080020997	09.08.2020	23:01:31	Erledigt
→ Rechnung 0090017558	10.08.2020	14:13:02	Erledigt
Buchungsbeleg 0090017558	10.08.2020	14:13:02	nicht ausgeziffert

Abbildung 6.21: Belegfluss nach Sammelverarbeitung

Die Gruppennummer im Protokoll der Sammelverarbeitung (siehe auch Abbildung 6.21) vereint alle beteiligten Belege unter einer Ziffer. Diese wird vom System immer automatisch vergeben. Mithilfe der Transaktion *V.21* können Sie alle Sammelverarbeitungen später nachvollziehen. Die Gruppennummer kann dabei als Selektionskriterium dienen.

6.6 Sammelverarbeitungen in der Fiori-Oberfläche

Viele Sammelverarbeitungen unter der SAP-GUI-Oberfläche werden, wie in Abschnitt 6.5 bereits ausgeführt, als Hintergrundjobs eingestellt. So ist sichergestellt, dass der Großteil aller Belege automatisch erzeugt wird. Die gezeigten Transaktionen können über entsprechende Apps in der Fiori-Oberfläche ebenfalls genutzt werden. Da es sich hierbei um sogenannte *transaktionale Apps* handelt, entspricht die Bedienung jener der Transaktionen von SAP GUI.

Andere Optionen stehen in der Fiori-Oberfläche mit den Apps »Auslieferungen anlegen« und »Fakturen anlegen« zur Verfügung. Mithilfe einer entsprechenden Selektion können Sie in den zugeordneten Masken einen Liefer- oder einen Fakturavorrat erstellen.

In Abbildung 6.22 wurde in der App »Auslieferungen anlegen« nach der VERSANDSTELLE ❶ und dem GEPLANTEN ANLEGEDATUM ❷ selektiert. Markieren Sie alle Ergebnisse ❸ oder nur einen gewünschten Teil. Sodann können Sie mit Klick auf den Button LIEFERUNGEN ANLEGEN ❹ die Auslieferungen sofort einrichten. Dies entspricht der Vorgehensweise in Abschnitt 2.5.1.

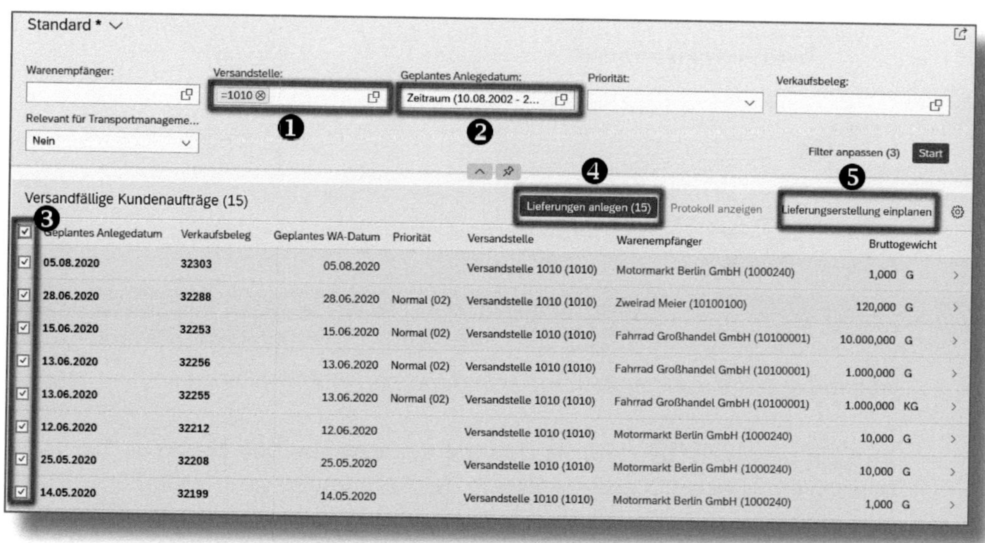

Abbildung 6.22: Sammelverarbeitung für Auslieferung in SAP Fiori

Möchten Sie einen Hintergrundjob anlegen, so klicken Sie auf den Button LIEFERUNGSERSTELLUNG EINPLANEN ❺. Sie gelangen in die Jobeinplanung für Lieferungen. Diese benötigen Sie, wenn Sie steuern wollen, wann die Verarbeitung erfolgen soll.

Die Jobeinplanung unter Fiori beinhaltet viele aus dem Umgang mit SAP GUI bekannte Funktionen. In Abbildung 6.23 sehen Sie die Jobeinstellungen für die Lieferungserstellung.

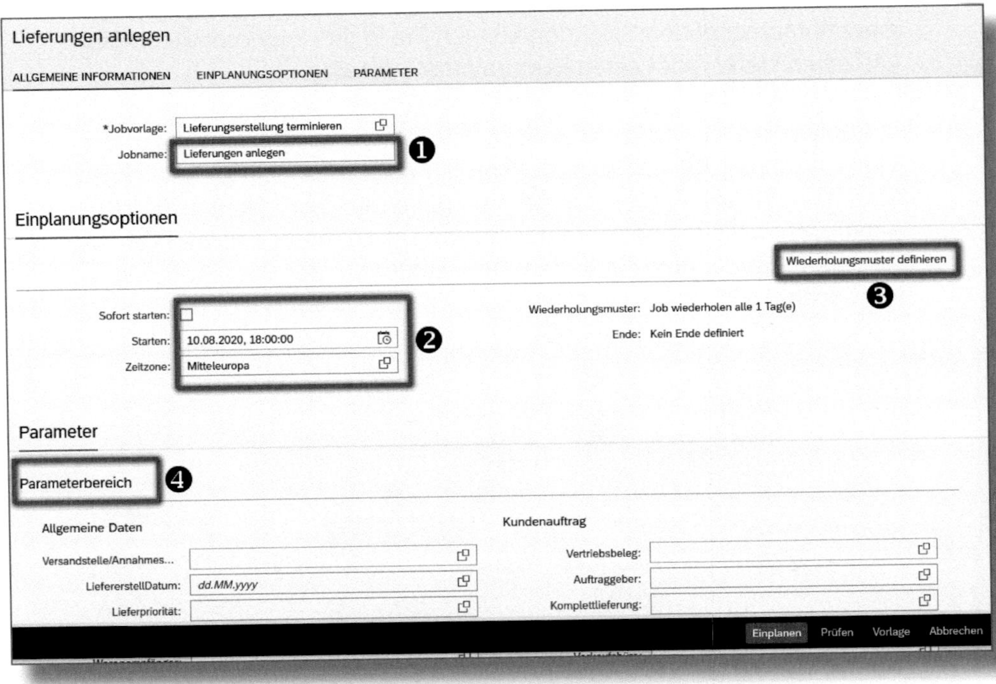

Abbildung 6.23: Jobeinplanung für Lieferungen in SAP Fiori

Im Feld JOBNAME ❶ sind Sie frei bei der Vergabe des Namens. Sie können ihn aber auch spezifizieren, z. B.: *Lieferungen vom 10.08.20*.

Im Bereich der EINPLANUNGSOPTIONEN erfassen Sie, wann der Job absolviert werden soll. Sie können ihn SOFORT STARTEN oder die Startzeit mit Datum und Uhrzeit angeben ❷. Soll der Job regelmäßig laufen, z. B. täglich oder nur an bestimmten Wochentagen, nehmen Sie die entsprechenden Einstellungen unter WIEDERHOLUNGSMUSTER DEFINIEREN ❸ vor.

Im Bereich PARAMETER ❹ ist es möglich, die Jobverarbeitung anhand unterschiedlichster Kriterien zu steuern, z. B. durch die Selektion nach Versandstelle, Vertriebsbelegen oder Auftraggeber. Indem Sie auf EINPLANEN klicken, werden die Jobparameter gesichert, und der Job wird zum gewählten Zeitpunkt ausgeführt.

Sie gelangen danach zurück in die Ausgangsmaske (Abbildung 6.22). Planen Sie Ihren Job sofort ein, werden alle Belege verarbeitet. Danach sollten keine lieferrelevanten Belege mehr vorhanden sein.

Die Einplanung der *Fakturajobs* erfolgt über die App »Fakturaerstellung einplanen«. Rufen Sie diese auf und klicken Sie auf den [+]-Button. Es öffnet sich ein Fenster, welches identisch ist mit dem in Abbildung 6.23 gezeigten. Lediglich der Name der Maske FAKTURAERSTELLUNG EINPLANEN unterscheidet sich von der Jobeinplanung für Lieferungen. Die Erfassungsmöglichkeiten und Funktionen sind identisch.

6.7 Zusammenfassung Sammelverarbeitung

Sie kennen nun die Funktionalitäten der Sammelverarbeitung, die Ihnen sowohl in der SAP GUI als auch mit der Fiori-Oberfläche zur Verfügung stehen. Haben wir uns in Kapitel 2 ausschließlich mit der Erstellung eines einzelnen Vorgangs bzw. Belegs beschäftigt, sollte dieses Kapitel Möglichkeiten aufzeigen, wie mit entsprechenden Voreinstellungen mehrere Belege gleichzeitig erzeugt werden können.

Die Bearbeitung einzelner Belege wird in der Praxis seltener angewandt als eine Sammelverarbeitung. Die Gründe hierfür liegen auf der Hand. Mit Letzterer wird in einem Schritt eine große Anzahl von Lieferungen oder Rechnungen erzeugt. Das spart Zeit und kann immer dann erfolgen, wenn das System nicht so stark ausgelastet ist. Mitarbeiter können sich während einer Sammelverarbeitung mit anderen Tätigkeiten beschäftigen.

Einstellungen für die Hintergrundjobs können von unterschiedlichen Mitarbeitern vorgenommen werden – von SAP-Beratern, Key-Usern oder auch von Anwendern aus den Fachbereichen, sofern sie über entsprechende Berechtigungen und Know-how verfügen.

7 Auswertungen im Vertrieb

Auswertungen sind in jedem Unternehmen ein wichtiger Bestandteil der täglichen Arbeit. Im Vertrieb werden Informationen über Umsätze, zu rückständigen Aufträgen oder Analysen von Kunden und Materialien erstellt, um die Verkaufsorganisation effektiv zu gestalten. Dabei ist mit S/4HANA Embedded Analytics eine Lösung für Auswertungen hinzugekommen, welche direkt in SAP S/4HANA eingebunden ist. Diese knüpft an bereits bekannte Möglichkeiten aus dem SAP-BW-Umfeld an. Daten, die während der Abläufe anfallen, werden in Echtzeit analysiert. Der Anwender kann sich dadurch unmittelbar eine Momentaufnahme dieser Daten anzeigen lassen. Dies bedeutet aber auch, dass die Analysen durch stetige Modifikationen, z. B. in der Auftragserfassung, ebenfalls Änderungen unterworfen sind.

7.1 Verwendung von klassischen Listen und Reports

Im Folgenden sollen zwei oft genutzte Reports vorgestellt werden, die Sie in der SAP-GUI-, aber auch in der Fiori-Oberfläche finden. Im Infosystem von SAP GUI wird darüber hinaus eine Vielzahl weiterer Auswertungen angeboten.

7.1.1 Auftragsliste erstellen – VA05

Die Transaktion *VA05* entspricht in der Fiori-Oberfläche der App »Kundenaufträge auflisten«. Die Funktionalitäten sind in beiden Anwendungen gleich. Nachfolgende Abbildungen sind aus der SAP-GUI-Oberfläche entnommen.

Öffnen Sie die Transaktion *VA05*.

In der zugehörigen Selektionsmaske können Sie anhand verschiedener Kriterien wie z. B. AUFTRAGSART, AUFTRAGGEBER, BELEGDATUM des Auftrags oder KUNDENREFERENZ wählen.

Möchten Sie z. B. alle innerhalb eines Monats erstellten Aufträge auswerten, geben Sie das entsprechende Datum ein ❶ (siehe Abbildung 7.1).

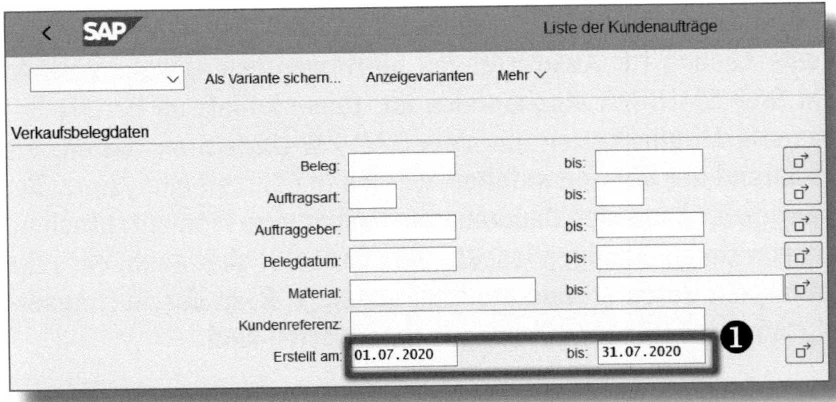

Abbildung 7.1: Kundenaufträge selektieren

Scrollen Sie weiter nach unten, um zusätzliche Eingrenzungen vorzunehmen, z. B. zur VERKAUFSORGANISATION, SPARTE oder zum PARTNER. Ganz unten entscheiden Sie, ob Sie ALLE KUNDENAUFTRÄGE oder nur OFFENE KUNDENAUFTRÄGE selektieren wollen. Klicken Sie anschließend auf AUSFÜHREN, um die Selektionsauswertung zu starten.

Die Bearbeitung der sich daraufhin öffnenden Liste (Abbildung 7.2) erinnert an Funktionalitäten, welche Sie aus MS Excel kennen. Für die Anwendung der meisten Funktionen aus der Symbolleiste ❶ muss zuvor die Spalte markiert werden.

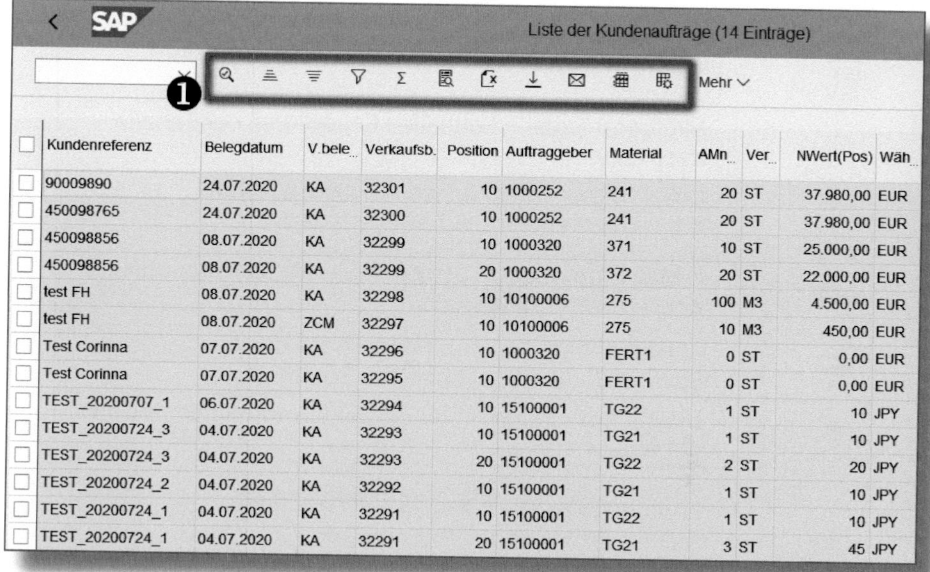

Kundenreferenz	Belegdatum	V.bele...	Verkaufsb.	Position	Auftraggeber	Material	AMn...	Ver...	NWert(Pos)	Wäh...
90009890	24.07.2020	KA	32301	10	1000252	241	20	ST	37.980,00	EUR
450098765	24.07.2020	KA	32300	10	1000252	241	20	ST	37.980,00	EUR
450098856	08.07.2020	KA	32299	10	1000320	371	10	ST	25.000,00	EUR
450098856	08.07.2020	KA	32299	20	1000320	372	20	ST	22.000,00	EUR
test FH	08.07.2020	KA	32298	10	10100006	275	100	M3	4.500,00	EUR
test FH	08.07.2020	ZCM	32297	10	10100006	275	10	M3	450,00	EUR
Test Corinna	07.07.2020	KA	32296	10	1000320	FERT1	0	ST	0,00	EUR
Test Corinna	07.07.2020	KA	32295	10	1000320	FERT1	0	ST	0,00	EUR
TEST_20200707_1	06.07.2020	KA	32294	10	15100001	TG22	1	ST	10	JPY
TEST_20200724_3	04.07.2020	KA	32293	10	15100001	TG21	1	ST	10	JPY
TEST_20200724_3	04.07.2020	KA	32293	20	15100001	TG22	2	ST	20	JPY
TEST_20200724_2	04.07.2020	KA	32292	10	15100001	TG21	1	ST	10	JPY
TEST_20200724_1	04.07.2020	KA	32291	10	15100001	TG22	1	ST	10	JPY
TEST_20200724_1	04.07.2020	KA	32291	20	15100001	TG21	3	ST	45	JPY

Abbildung 7.2: Liste der Kundenaufträge eines Monats

Die Symbole und ihre Bedeutung listet Tabelle 7.1 auf:

Symbol	Bedeutung
	Details – Es öffnet sich ein Fenster mit Detaildaten zum Beleg.
	Sortieren – Die vorher markierte Spalte ist Basis, um die Tabelle auf- oder absteigend zu sortieren.
	Filter – Sie können eine Filterauswahl in der zuvor markierten Spalte treffen, z. B. nach Belegarten filtern.
	Filter löschen – Das Icon erscheint erst, wenn Filter gesetzt sind.
Σ	Summenzeichen – Markieren Sie eine Spalte mit Beträgen oder Mengen, können Sie über diese eine Summe bilden.
Σ/Σ	Zwischensumme – Erscheint erst, wenn eine Summe gesetzt wurde.

Symbol	Bedeutung
	Druckvorschau
	Microsoft Excel – Schnelles Exportieren der Tabelle nach Excel
	Lokale Datei – Sie können die Liste als Datei in einem frei wählbaren Format herunterladen.
	E-Mail-Empfänger – Schicken Sie die Liste als Mail an einen anderen SAP-User.
	Layout ändern – Hiermit ändern Sie das Layout der Liste, z. B. durch Einfügen von Spalten.
	Layout auswählen – Wählen Sie ein vorangelegtes Layout aus.

Tabelle 7.1: Bearbeitungssymbole und ihre Verwendung

Um z. B. alle Aufträge einer Belegart zu filtern, klicken Sie auf die Spalte V.BELE... und anschließend auf das Icon . Geben Sie die gewünschte Belegart ein und bestätigen Sie mit Enter.

Um eine Summe zu bilden, markieren Sie die Spalte NWERT und anschließend das Icon Σ.

Ein Beispiel, wie eine Liste aussehen kann, wenn sie über verschiedene Funktionen bearbeitet wurde, sehen Sie in Abbildung 7.3. Achten Sie auf die kleinen Symbole in den Spalten. Diese zeigen an, wenn Filter ❶ oder Summen ❷ für diese Spalte verwendet wurden.

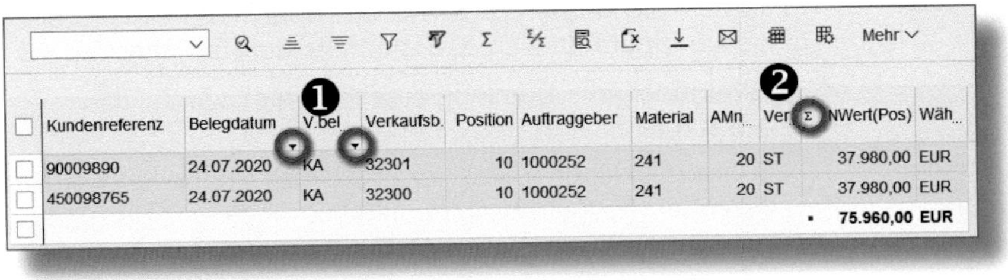

Abbildung 7.3: Liste mit ausgeführten Funktionen

In der Maske zum Ändern des Layouts, zu sehen in Abbildung 7.4, können Sie nun die Spaltenauswahl anpassen.

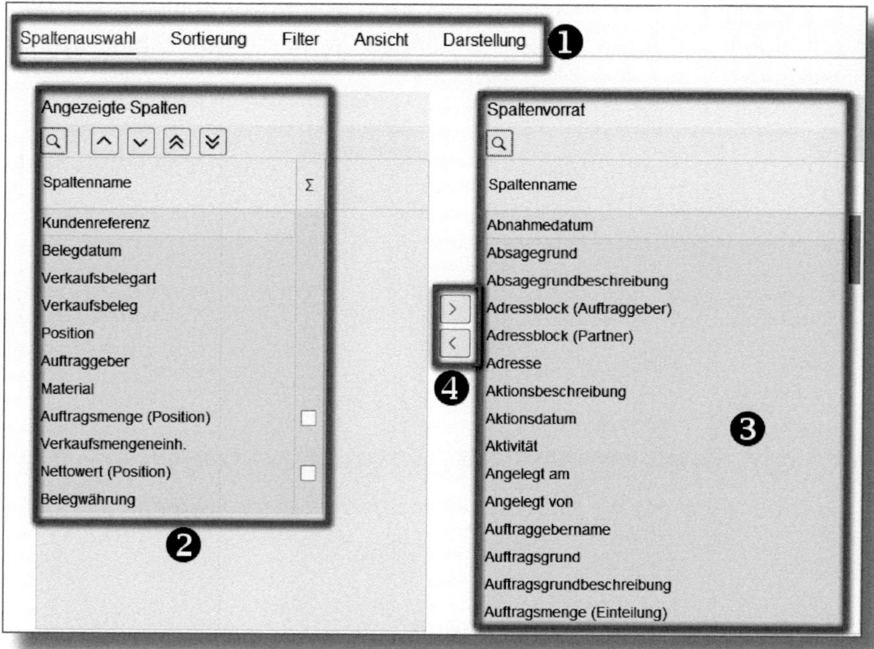

Abbildung 7.4: Layout ändern, Spaltenauswahl

Sie befinden sich nach dem Aufruf der Listbearbeitung immer in der Maske zum Reiter SPALTENAUSWAHL ❶ und können hier auch Sortierungen und Filter sofort setzen. Im linken Bereich ❷ sehen Sie die angezeigten Spalten Ihrer Tabelle. Im rechten Bereich ❸ steht eine Auswahl an Spalten zur Verfügung, die Sie noch einfügen können.

Zu empfehlen ist, dass Sie zunächst im rechten Bereich ❸ auf SPALTENNAME klicken. Damit wird die Liste alphabetisch sortiert, was die Suche nach dem richtigen Feld erleichtert. Haben Sie das gesuchte Feld gefunden, können Sie es per Drag-and-drop auf die linke Seite ziehen und dort einsortieren, wo es später angezeigt werden soll. Alternativ können Sie auch mit den Pfeilbuttons ❹ arbeiten. Klicken Sie anschließend auf `Enter`. Die Kundenauftragstabelle wird Ihnen mit den neuen Spalten angezeigt. Haben Sie die entsprechende Berechtigung, können Sie diese Einstellung speichern.

Über das Icon ▦ rufen Sie hinterlegte Layouts später wieder auf.

In Abbildung 7.5 ist zu sehen, dass drei Layouts zur Auswahl stehen. Mit einem einfachen Mausklick können Sie das gewünschte Layout aufrufen.

Layout auswählen
Layouteinstellung:
Alle
Layout
Bezeichnung Layout
Voreinstellung
0SAP
Aufträge - Kopf
1SAP
Aufträge - Positionen
3SAP
Aufträge - Einteilungen

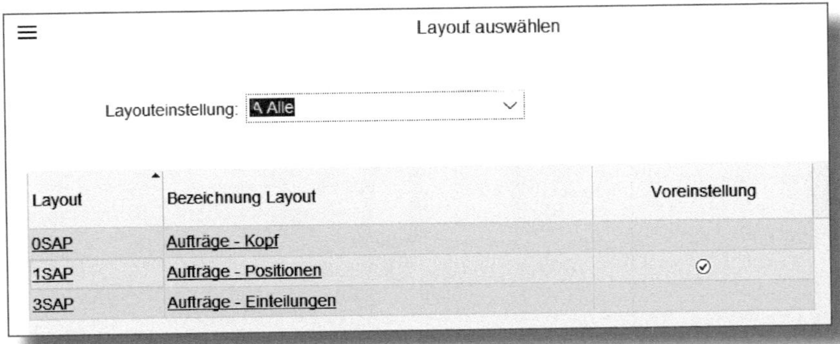

Abbildung 7.5: Maske zur Auswahl des gewünschten Layouts

7.1.2 Liste für Auslieferungen

Um sich einen Überblick über die Auslieferungsbelege zu verschaffen, ist die Transaktion *VL06F* hilfreich. Geben Sie die VERKAUFSORGANISATION und die VERSANDSTELLE sowie das BELEGDATUM ein. Klicken Sie auf AUSFÜHREN.

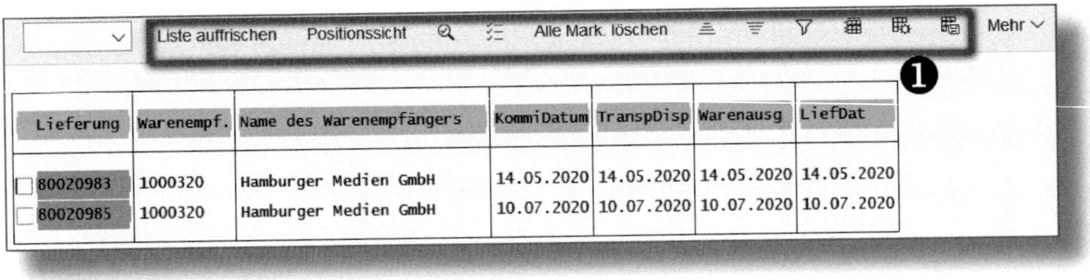

Liste auffrischen
Positionssicht
Alle Mark. löschen
Mehr
❶
Lieferung
Warenempf.
Name des Warenempfängers
KommiDatum
TranspDisp
Warenausg
LiefDat
80020983
1000320
Hamburger Medien GmbH
14.05.2020
14.05.2020
14.05.2020
14.05.2020
80020985
1000320
Hamburger Medien GmbH
10.07.2020
10.07.2020
10.07.2020
10.07.2020

Abbildung 7.6: Liste der Auslieferungen

Die in Abbildung 7.6 dargestellte Übersicht soll die Auslieferungen eines bestimmten Zeitraums auflisten. Das Design dieser Darstellung entspricht zwar nicht der Tabelle aus Abbildung 7.2, doch die wesentlichen Funktionen finden Sie auch hier in der Symbolleiste ❶.

7.2 Reporting mit S/4HANA Embedded Analytics

Auswertungen aus Stamm- und Bewegungsdaten sind immer sehr komplex und haben in der Regel eine lange Laufzeit. Im Zuge der S/4HANA-Entwicklung hat die SAP eine Lösung geschaffen, die Daten in Echtzeit analysiert, ohne dass eine vollständige BW-Lösung implementiert werden muss. Für den Endanwender im Vertrieb bedeutet dies, dass er mithilfe von *KPI-Apps* alle Funktionen und Analysen auf einen Blick erkennen kann.

> **KPI-App**
>
> Anhand von KPI-Apps (Key Performance Indicator) kann der Anwender den Fortschritt oder Erfüllungsgrad von Aktivitäten im Unternehmen ermitteln. SAP S/4HANA bietet dazu vordefinierte Apps. Für einen guten Gesamtüberblick sind diese zudem in einer Kachelgruppe zusammengefasst.

Mit Klick auf eine App kann der Anwender direkt detaillierte Informationen zu bestimmten Kennzahlen abrufen, auf die die Zahlen auf den Apps hinweisen.

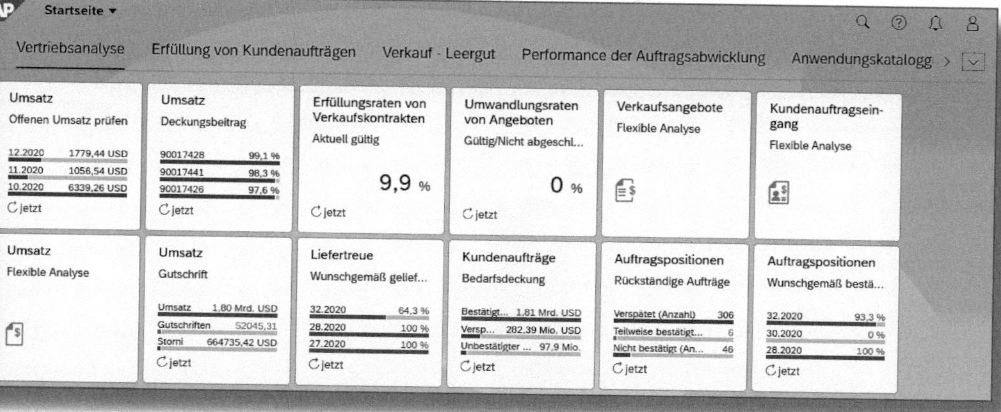

Abbildung 7.7: Kachelgruppe »Vertriebsanalyse«

In Abbildung 7.7 sehen Sie einige Apps, die in der Gruppe VERTRIEBS-ANALYSE eingeordnet sind. Je nach Anforderung sind darüber Auswertungen und Analysen durchführbar.

Kachelgruppe »Vertriebsanalyse«

Wird die Gruppe VERTRIEBSANALYSE bei Ihnen nicht angezeigt, so können Sie mit der Funktion App Finder die entsprechenden Apps suchen, siehe auch Abschnitt 1.3.

7.2.1 Analyse des Deckungsbeitrags

Als Beispiel für eine Kostenanalyse soll hier die Maske DECKUNGSBEITRAG betrachtet werden. Um dorthin zu gelangen, klicken Sie auf die App UMSATZ DECKUNGSBEITRAG (siehe Abbildung 7.7).

Zunächst wurden in der zugehörigen Maske (siehe Abbildung 7.8) die Selektionskriterien so angepasst, dass die Auswertungen in Euro und für die VERKAUFSORGANISATION *1010* angezeigt werden ❶.

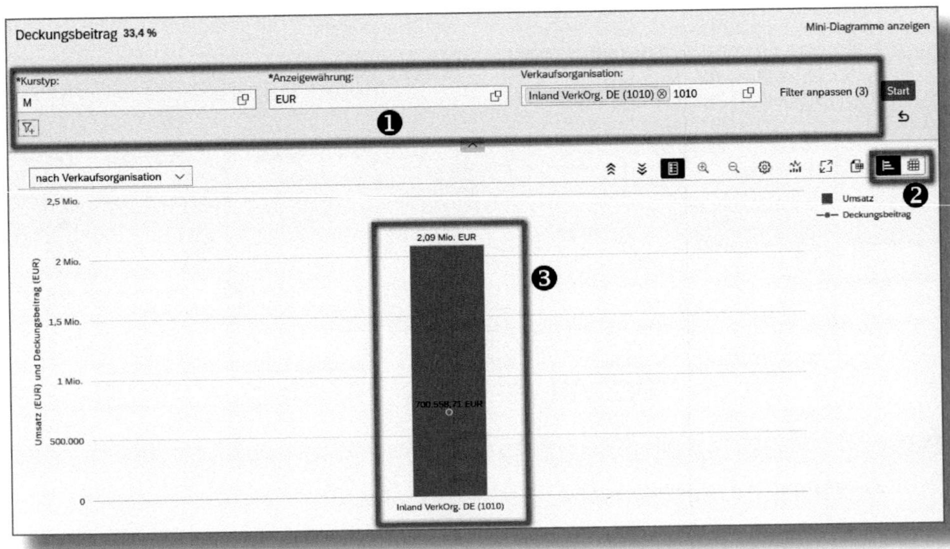

Abbildung 7.8: Maske zum Deckungsbeitrag

Nach einem Klick auf FILTER ANPASSEN können Sie in dem sich öffnenden Feld weitere Kriterien auswählen. Bei der Darstellung können Sie grundsätzlich immer zwischen einer Diagrammdarstellung und einer Tabellenansicht wechseln ❷. Im Diagramm selbst sehen Sie bereits die Gesamtwerte NACH VERKAUFSORGANISATION, hier den UMSATZ und den DECKUNGSBEITRAG.

Mit einem Klick auf den Balken zur Verkaufsorganisation ❸ in Abbildung 7.8 erhalten Sie eine Auswahl an Ebenen, in der Sie nun weiter nach unten navigieren können (siehe Abbildung 7.9).

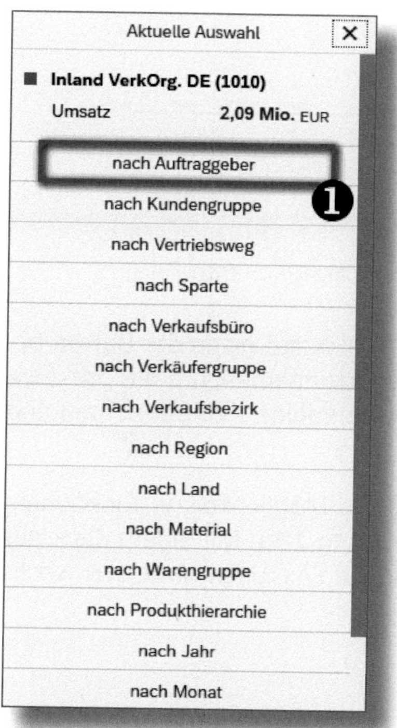

Abbildung 7.9: Absprung auf Ebenen unterhalb der Verkaufsorganisation

Klicken Sie hier beispielsweise auf das Feld NACH AUFTRAGGEBER ❶, werden Ihnen alle zugehörigen Kundennamen aufgelistet. Abbildung 7.10 zeigt die Kundendarstellung zum DECKUNGSBEITRAG.

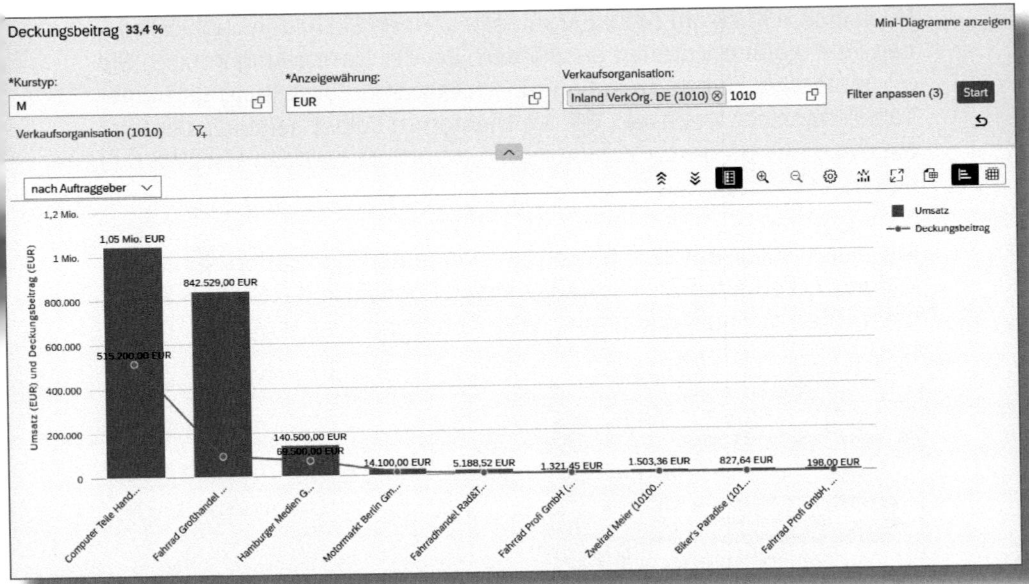

Abbildung 7.10: Kundendarstellung für Deckungsbeitrag

Das Prinzip wiederholt sich nun. Durch Klick auf einen der Balken besteht erneut die Option, eine Auswahl vorzunehmen, um die Umsätze und den Deckungsbeitrag aus anderer Perspektive zu betrachten und ggf. zu vergleichen.

Rechts unten in der Maske haben Sie die Möglichkeit, in funktionale Anwendungen zu springen, siehe Abbildung 7.11. Mit einem Klick auf ÖFFNEN IN... können Sie z. B. in die Maske FAKTUREN ANZEIGEN wechseln.

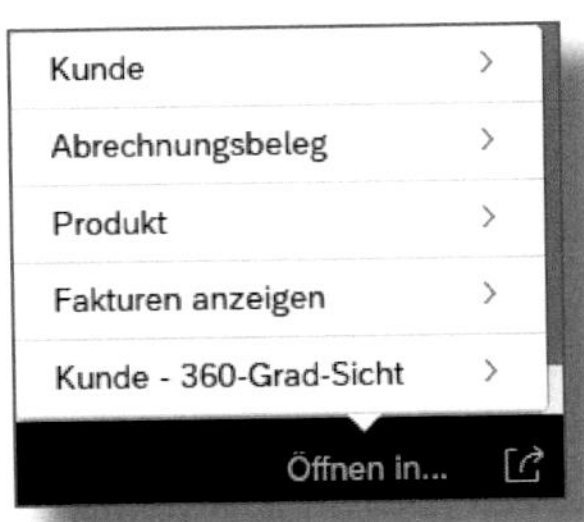

Abbildung 7.11: Absprung in funktionale Anwendungen

Verlassen Sie die App wieder mit dem Pfeilbutton oben links.

7.2.2 Kundenauftragseingang analysieren

Verwenden Sie die App »Kundenauftragseingang – Flexible Analyse«, um z. B. Umsätze nach Verkaufsorganisationen, Kunden oder anderen Dimensionen zu analysieren. Dabei können Sie auf verschiedene Felder zurückgreifen, die Sie bereits in der Kundenauftragsbearbeitung in Abschnitt 2.1 kennengelernt haben. Die Auswertungstabelle lässt sich dabei nach individuellen Anforderungen gestalten.

Geben Sie in der sich öffnenden Maske die ANZEIGEWÄHRUNG *EUR* ein und klicken Sie auf `Enter` oder den STARTbutton rechts oben, um den Analyselauf zu starten. Sie erhalten daraufhin eine Ansicht wie in Abbildung 7.12 dargestellt.

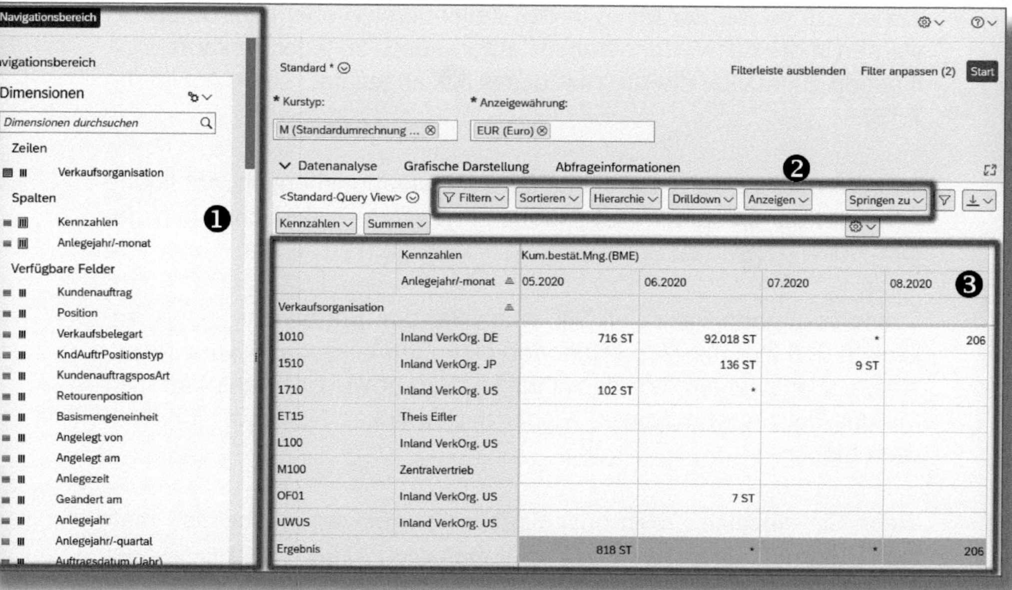

Abbildung 7.12: App zur Kundenauftragsanalyse

Die Kundenauftragsanalyse ist in drei Bereiche untergliedert:

❶ Links sehen Sie den Navigationsbereich, den Sie auch mit einem Klick auf Navigationsbereich ein- oder ausblenden können. Dieser dient v. a. dazu, die benötigten Felder in der Rubrik VERFÜGBARE FELDER schnell per Drag-and-drop in den gewünschten Zeilen- oder Spaltenbereich zu ziehen.

❷ Dieser Bereich bietet zum schnellen Filtern oder Einfügen eine Zusammenfassung der wichtigsten Bedienelemente an.

❸ Einen wesentlichen Teil der Maske nimmt die Auswertungstabelle ein. Hier werden die zugehörigen Zahlen zu den getroffenen Selektionskriterien aufgelistet. Nachträglich können hier Dimensionen des Bereichs VERFÜGBARE FELDER aus dem Navigationsbereich eingeblendet werden.

Wählen Sie im linken Navigationsbereich das Feld AUFTRAGGEBER und ziehen Sie es mit der Maus in den Zeilenbereich oberhalb. Daraufhin werden in der Auswertungstabelle automatisch zu jeder Verkaufsorganisation zusätzlich die AUFTRAGGEBER ❶ angezeigt (siehe Abbildung 7.13).

Als Alternative bietet es sich hier an, im Navigationsbereich (Abbildung 7.12) auf die entsprechenden Icons ▤ (Feld zu Zeilenachse hinzufügen) oder ▥ (Feld zu Spaltenachse hinzufügen) zu klicken.

Dasselbe Ergebnis erzielen Sie, wenn Sie den Button DRILLDOWN anklicken und aus der sich öffnenden Liste den Eintrag DRILLDOWN HINZUFÜGEN auswählen. Mit dem Eintrag DRILLDOWN ENTFERNEN können Sie das Feld AUFTRAGGEBER wieder in den linken Navigationsbereich verschieben.

Wenn Sie einzelne Zeilen oder Spalten im Auswertungsbereich markieren, dann können Sie auch Funktionen wie FILTERN, SORTIEREN oder SUMMEN verwenden.

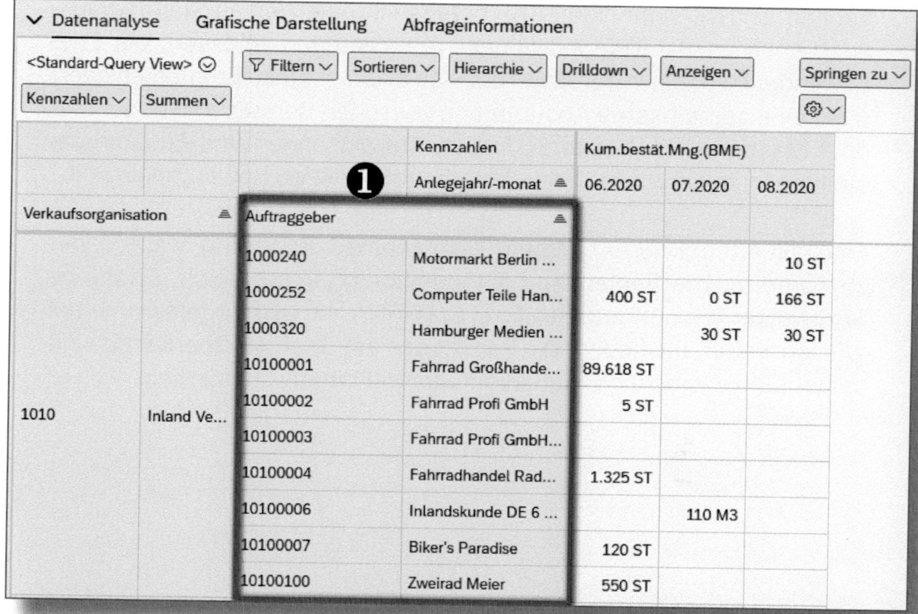

Abbildung 7.13: Kundenauftragsanalyse mit Kundenzeile

Die Nutzung der Auswertungsanalysen in der Fiori-Übersicht kann in der Praxis sehr komplex ausfallen. Die Anforderungen richten sich in der Regel nach Branche und Größe der Unternehmen.

7.3 Zusammenfassung

Das Thema Reporting kommt nach meinen Erfahrungen in allen Schulungen und Workshops zu kurz. Leider kann auch in diesem Buch lediglich ein kleiner Einblick in dessen vielfältige Möglichkeiten gegeben werden.

Die Gründe sind vielseitig. Einerseits benötigen alle Unternehmen Auswertungen und Reports, die je nach Branche sehr individuell ausfallen können, andererseits bietet SAP bereits eine Vielzahl an Standardauswertungen an, die viele individuelle Anpassungen zulassen. Der Endanwender ist dabei in der Regel auf sich allein gestellt. Empfehlenswert wäre eine gemeinsame Abstimmung zwischen Berater, Anwender und dem Management. Letzteres fordert Auswertungen und Zusammenstellungen, die der zuständige Mitarbeiter meist ad hoc erstellen soll.

Eine allumfängliche Abbildung des Themas Reporting wäre daher zu komplex. Die Bedienung ist modulübergreifend gleich. Erfahrene SAP-Nutzer können auch in SAP S/4HANA ihr bereits gesammeltes Wissen weiter anwenden. Die Funktionen auf der Fiori-Oberfläche sind selbst für Neueinsteiger gut erkennbar und intuitiv zu erlernen.

8 Integration mit anderen SAP-Modulen

Ein ERP-System wie SAP bietet den Vorteil, dass sich über verschiedene Anwendungen hinweg Stamm- und Bewegungsdaten gemeinsam nutzen lassen. Dafür bedarf es klar definierter Abläufe in Unternehmen, angefangen bei der Erfassung von Stammdaten bis hin zu Beschaffungs-, Produktions- sowie Vertriebsprozessen und – nicht zu vergessen – den Abläufen, die im Rechnungswesen oder dem Personalwesen stattfinden. Ziel eines ERP-Systems ist es, Informationen in Echtzeit weiteren Anwendern in anderen Abteilungen zur Verfügung zu stellen. So kann im Vertrieb bereits während der Auftragserfassung die Materialverfügbarkeit geprüft werden. Einige Schritte aus der Lieferungsabwicklung, die wir im Vertrieb durchführen, gehören betriebswirtschaftlich eigentlich zur Materialwirtschaft, werden aber im Vertrieb angestoßen. In diesem Kapitel stelle ich einige Zusammenhänge bzw. Schnittstellen zwischen dem Vertriebsmodul und der Materialwirtschaft sowie der Finanzbuchhaltung beispielhaft dar. Hierbei zeige ich, wie sich der Vertriebsprozess in die Logistik einfügt und welche Optionen der Anwender zur Steuerung und Kontrolle der Finanzbuchhaltung hat.

8.1 Materialwirtschaft

Bisher sind wir in den gezeigten Terminaufträgen immer davon ausgegangen, dass stets genügend Bestand vorhanden ist, um den Kunden die gewünschte Ware zu liefern. Was passiert aber, wenn der Bestand nicht reicht und die Menge zum geforderten Liefertermin nicht verfügbar ist?

Abbildung 8.1 soll den Übergabeprozess zwischen Vertrieb und der Materialwirtschaft darstellen.

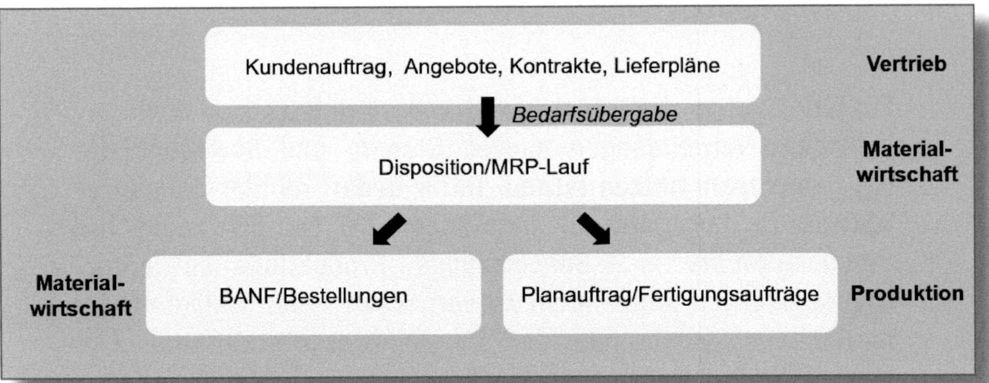

Abbildung 8.1: Prozess der Bedarfsübergabe

Im Vertrieb wird durch Kundenaufträge, Kontrakte oder Lieferpläne ein Bedarf erzeugt, d. h., der Bestand im Lager reicht nicht aus, um dem Kunden die gewünschte Ware zu liefern. Für die termingerechte Bereitstellung der Ware ist in einem Unternehmen die Disposition verantwortlich. Die technische Umsetzung in SAP erfolgt automatisch mittels der Materialbedarfsplanung (MRP-Lauf). Über den MRP-Lauf, den man häufig als Hintergrundjob zentral einplant, werden nun aufgrund verschiedener Parameter automatisch Beschaffungsvorgänge im Einkauf oder in der Produktion angelegt. Die Parameter, auf die der MRP-Lauf zurückgreift, sind sehr vielseitig. So spielen hier Einstellungen aus den Materialstammdaten, den Selektionskriterien zum MRP-Lauf, aber auch durch den SAP-Berater getroffene Hintergrundeinstellungen eine Rolle.

Für den Einkauf im Modul »Materialwirtschaft« können Bestellanforderungen (BANF) erstellt werden, die wiederum in eine Bestellung umgewandelt werden. Damit wird der Beschaffungsprozess für Handelsware angestoßen. Verantwortlich hierfür ist der Einkauf.

Handelt es sich um Ware, die Ihr Unternehmen selbst herstellt, wird im Modul »Produktion« zunächst ein Planauftrag angelegt, der in einen Fertigungsauftrag umgewandelt wird.

Die Prozesse in diesen Logistikmodulen können sehr komplex ausfallen und finden hier keine vertiefende Berücksichtigung.

8.2 Rechnungswesen

Die Integration der Faktura in das Rechnungswesen ist von großer Bedeutung. Es wird unterschieden in:

- *Externes Rechnungswesen* (Finanzbuchhaltung)
- *Internes Rechnungswesen* (Controlling)

Die im Vertrieb erzeugten Buchungen, wie Umsatzerlöse oder auch Umsatzkosten, werden in die Finanzbuchhaltung und im Controlling in die Ergebnisrechnung übergeleitet. Dabei werden die fakturierte Menge sowie die Liefermenge übernommen und für Auswertungszwecke abgespeichert.

8.2.1 Schnittstellen zwischen Vertrieb und Buchhaltung

Haben Sie die Faktura angelegt, wird in SAP automatisch ein Buchhaltungsbeleg erstellt. Woher weiß das System aber, auf welche Konten in der Buchhaltung gebucht werden soll? Die Informationen werden aus verschiedenen Stammdateneinstellungen und Einträgen des Vertriebsbelegs gezogen. Für die Ermittlung des Erlöskontos können folgende Kriterien eine Rolle spielen:

- Verkaufsorganisation und Kontenplan
- Kontierungsgruppe im Debitorenstamm
- Kontierungsgruppe im Materialstamm
- Kontoschlüssel der Konditionsart

Das System greift nun durch eine Zugriffsfolge – d. h. eine Regel, die im Hintergrund definiert ist – auf die Felder bzw. Feldkombinationen zurück, um die passenden Erlöskonten automatisch zu finden.

Der Anwender muss auf die richtigen Ausprägungen in den Stammdaten des Materials und der Geschäftsbeziehung achten.

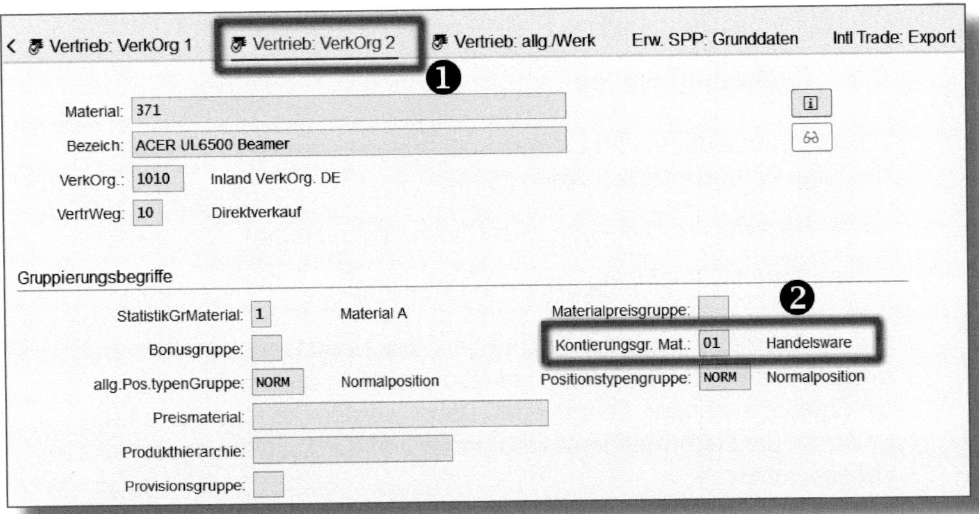

Abbildung 8.2: Kontierungsgruppe im Materialstammsatz

Im Materialstammsatz, siehe auch Abschnitt 3.2, finden Sie in der Maske zum Reiter VERTRIEB: VERKORG 2 ❶ das Feld KONTIERUNGSGR. MAT. ❷ (siehe Abbildung 8.2). In der Praxis werden hier Waren und Dienstleistungen, aber auch Leihgut unterschieden.

☛ Leihgut

Als *Leihgut* werden besondere Verpackungsarten bezeichnet. Dies können beispielsweise spezielle Mehrwegverpackungen sein, die einen besonders hohen Wert haben und für eine mehrmalige Verwendung eingesetzt werden.

Abbildung 8.3 zeigt den Kundenstamm, den Sie mithilfe der Transaktion *BP* aufrufen können (siehe auch Abschnitt 3.1.2).

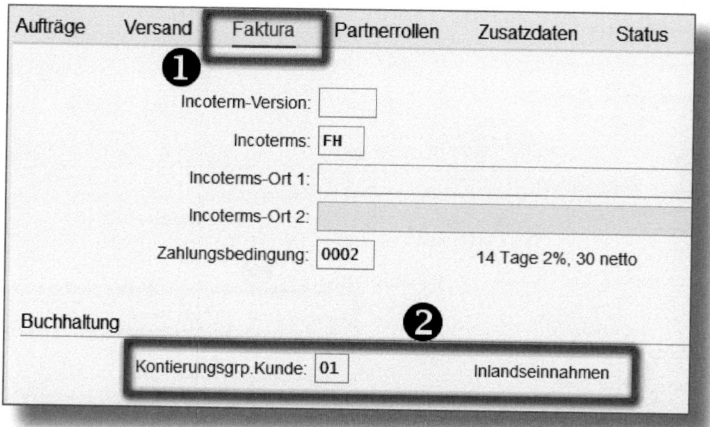

Abbildung 8.3: Kontierungsgruppe im Kundenstamm

Im Vertriebsbereich des Kunden können Sie in der Maske zum Reiter FAKTURA ❶ die hinterlegte Kontierungsgruppe (KONTIERUNGSGRP. KUNDE) ❷ sehen.

☛ Kontierungsgruppe

Sollte im Feld KONTIERUNGSGRP.KUNDE kein Eintrag enthalten sein, wird dieses Kriterium für die Kontenfindung nicht verwendet. Besonders für eine Differenzierung von Erlösen bei Inlands- und Auslandskunden wäre aber ein Eintrag sinnvoll.

Welche Kontierungsgruppe gefunden wurde, erkennen Sie im Terminauftrag auf Positionsebene in der Maske zum Reiter FAKTURA ❶ (siehe Abbildung 8.4).

Im Feld KONTIERGRP. MAT. sehen Sie in diesem Fall die Gruppe für HANDELSWARE.

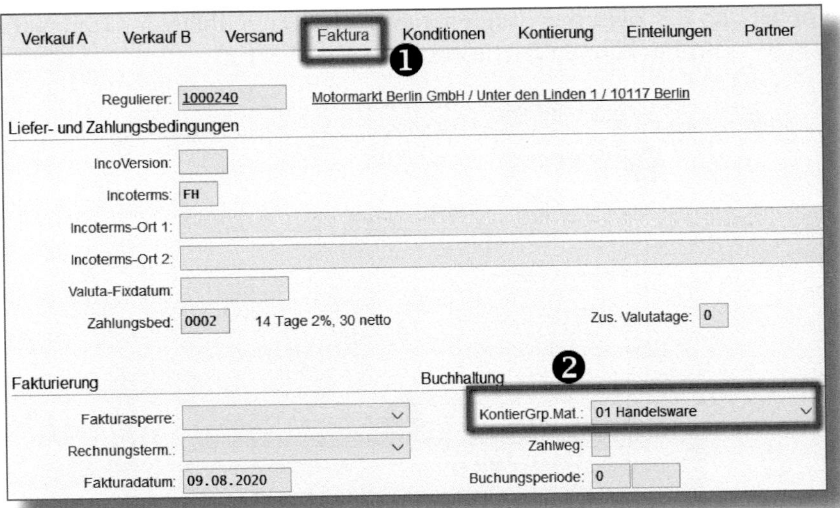

Abbildung 8.4: Kontierungsgruppe im Auftrag auf Positionsebene

Neben den Erlöskonten muss auch die Forderung an den Kunden in der Finanzbuchhaltung gebucht werden. Dies geschieht zum einen im sogenannten *Nebenbuch* (dem Debitorenkonto) und zum anderen im *Hauptbuch* auf einem Sachkonto.

Mithilfe der Transaktion *FBL5N* kann in der Finanzbuchhaltung die Postenübersicht zu einem Kunden aufgerufen werden (siehe Abbildung 8.5).

In der Spalte BELEGNUMMER ❶ ist die Rechnungsnummer aus dem Vertrieb zu erkennen. Die Spalte ART ❷ stellt in der Buchhaltung eine Belegart dar, die Geschäftsvorfälle differenzieren soll. Die Belegart *RV* bildet im Standard die Belege ab, welche durch eine Übergabe vom Vertrieb an die Buchhaltung erzeugt worden sind. Diese Einstellung kann in Ihrem System anders eingerichtet sein. Sinnvoll wäre es, Gutschriften mit einer anderen Belegart abzubilden, um diese von Rechnungen, z. B. in Auswertungen, abgrenzen zu können.

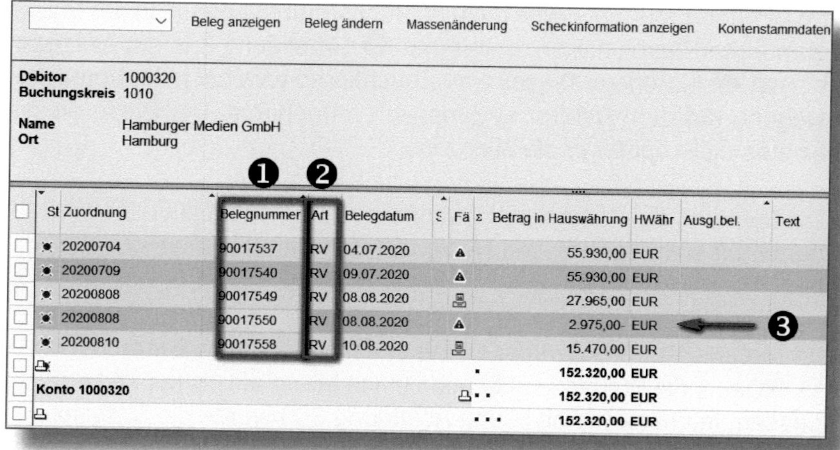

St	Zuordnung	Belegnummer	Art	Belegdatum	S	Fä	Σ	Betrag in Hauswährung	HWähr	Ausgl.bel.	Text
	20200704	90017537	RV	04.07.2020				55.930,00	EUR		
	20200709	90017540	RV	09.07.2020				55.930,00	EUR		
	20200808	90017549	RV	08.08.2020				27.965,00	EUR		
	20200808	90017550	RV	08.08.2020				2.975,00-	EUR		
	20200810	90017558	RV	10.08.2020				15.470,00	EUR		
							•	152.320,00	EUR		
	Konto 1000320						••	152.320,00	EUR		
							•••	152.320,00	EUR		

Abbildung 8.5: Transaktion FBL5N, Einzelpostenanzeige

Positive Beträge stellen eine Forderung gegenüber dem Kunden dar. Negative Beträge zeigen, dass es sich hier um eine Gutschrift handelt ❸, siehe auch Abschnitt 5.3.1.

Für die Buchhalter

Sollbuchungen werden mit einem positiven Vorzeichen und Habenbuchungen mit einem negativen Vorzeichen abgebildet!

Die Darstellung in Abbildung 8.5 zeigt die Buchung in der Nebenbuchhaltung. Automatisch wird in Echtzeit in der Hauptbuchhaltung ebenfalls eine Buchung durchgeführt.

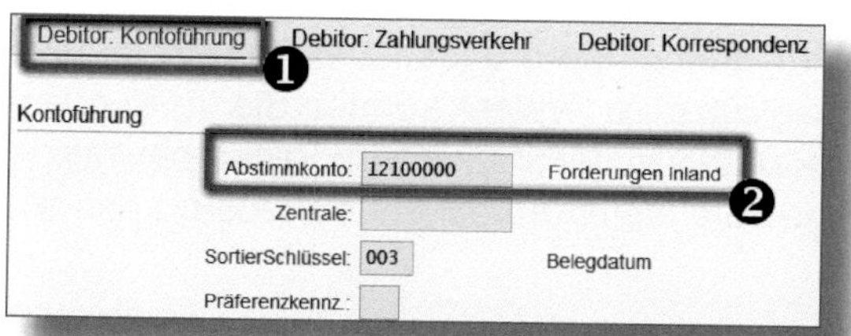

Abbildung 8.6: Abstimmkonto im Debitorenkonto

Im Debitorenstamm wurde dazu im Buchhaltungsbereich in der Maske zum Reiter DEBITOR: KONTOFÜHRUNG ❶ (Abbildung 8.6) ein ABSTIMMKONTO ❷ hinterlegt. Dieses Hauptbuchkonto wird bei jeder Kontenbewegung auf dem Debitor automatisch mitgebucht. Der Saldo dieses Kontos fließt später in die Bilanz ein.

Die Buchung der richtigen Umsatzsteuer hängt ebenfalls von verschiedenen Einstellungen in den Materialstammdaten und den Geschäftsbeziehungen ab.

Im Materialstammsatz können Sie in der Maske zum Reiter VERTRIEB: VERKORG 1 die Steuerklassifikation eines Materials prüfen und ggf. anpassen. In unserem Fall (siehe Abbildung 8.7) wurde die STEUERKLASSIFIKATION *1 Volle Steuer* ausgewählt. Handelt es sich um ein Material, welches den ermäßigten Steuersatz erhalten muss, so ist der Eintrag *2 Halbe Steuer* auszuwählen.

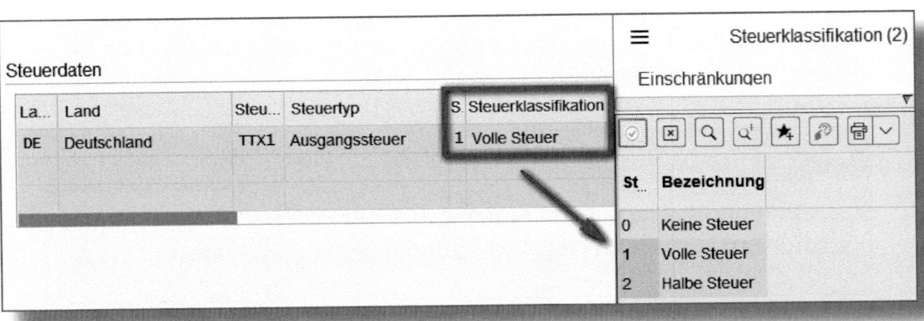

Abbildung 8.7: Steuerklassifikation im Materialstammsatz

Eine weitere Einstellung zur Steuerberechnung finden Sie im Stammsatz der Geschäftsbeziehung. Ob Sie einem Kunden Umsatzsteuer in Rechnung stellen oder nicht, sollten Sie grundsätzlich geprüft haben. Den entsprechenden Eintrag dazu im System können Sie im Kundenstamm in den ALLGEMEINEN DATEN in der Maske zum Reiter IDENTIFIKATION vornehmen. Dort tragen Sie die entsprechende Steuergruppe ein (siehe Abbildung 8.8).

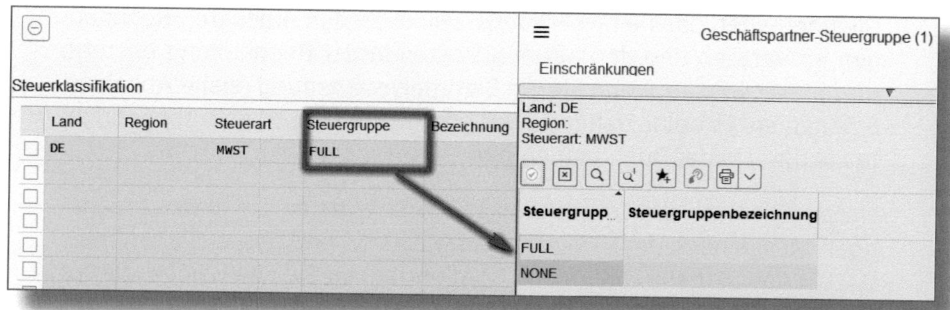

Abbildung 8.8: Steuerklassifikation im Kundenstammsatz

Die Einträge aus dem Material- und dem Kundenstammsatz führen nun bereits bei der Auftragserfassung zur Prüfung, ob und in welcher Höhe dem Kunden Umsatzsteuer berechnet wird.

8.2.2 Fehler bei der Buchungsübergabe

In Abschnitt 8.2.1 wurde gezeigt, wo wesentliche Schnittstellen zwischen dem Vertriebs- und dem Buchhaltungsmodul bestehen und wie die Einstellungen in den Stammdaten vorgenommen werden können. Natürlich sind auch vollständig erfasste Vertriebsaufträge notwendig, um die Übergabe der Faktura in die Finanzbuchhaltung durchzuführen. Ob ein Buchhaltungsbeleg erzeugt wird, kann auch von der *Fakturaart* abhängig sein, welche bei der Fakturierung verwendet wird.

Haben Sie eine Faktura erstellt (siehe Abschnitt 2.4.3) und es konnte kein BUCHUNGSBELEG erzeugt werden, wird Ihnen eine entsprechende Meldung in der Statusleiste angezeigt (siehe Abbildung 8.9).

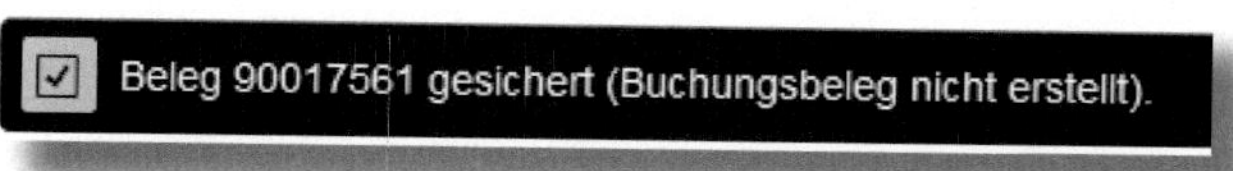

Abbildung 8.9: Meldung zu nicht erstelltem Buchhaltungsbeleg

Dies bedeutet, dass eine Differenz zwischen den erzeugten Rechnungen im Vertrieb und den offenen Posten in der Buchhaltung besteht. Komplexer wird es, wenn Sie die Sammelverarbeitung (siehe Abschnitt 6.5) nutzen. Es sollte daher täglich geprüft werden, ob es nicht gebuchte Fakturen in der Buchhaltung gibt.

Nutzen Sie dazu die Transaktion *VFX3*. Selektieren Sie in der zugehörigen Maske nach der VERKAUFSORGANISATION und geben Sie unter BIS DATUM das aktuelle Datum ein. Somit erfassen Sie alle Belege, die bis zum aktuellen Tag angelegt wurden.

Wenn Sie in der Transaktion *VFX3* weiter nach unten scrollen, können Sie potenzielle Gründe dafür wählen, warum Fakturen möglicherweise nicht in die Buchhaltung übergeben worden sind. In Abbildung 8.10 sollen alle Belege, bei denen es eine BUCHHALTUNGSSPERRE und FEHLER IN der RW-SCHNITTSTELLE gibt, angezeigt werden. Gerade nach einer SAP-Einführung kann es in der ersten Zeit immer wieder zu Schnittstellenproblemen kommen.

Klicken Sie auf den Button AUSFÜHREN.

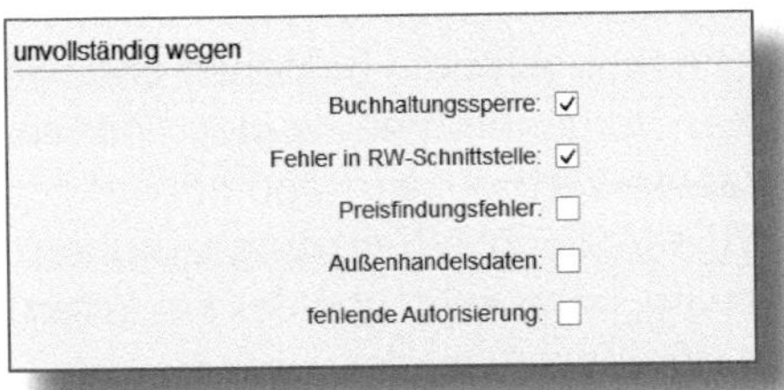

Abbildung 8.10: Transaktion VFX3, zusätzliche Selektionen

Sie erhalten eine Liste mit allen Fakturen, die noch nicht in die Finanzbuchhaltung übergeben wurden, siehe Abbildung 8.11.

Abbildung 8.11: Noch nicht gebuchte Fakturen

Markieren Sie den gewünschten Beleg, indem Sie einen Haken setzen ❶. Eine Mehrfachauswahl wäre hier möglich. In der Spalte UNVOLLST. WEGEN ❷ können Sie erkennen, weshalb der Beleg nicht gebucht wurde. Klicken Sie auf FREIGABE BUCHHALTUNG ❸ und erzeugen Sie damit ein Protokoll, welches Sie unter HINWEISE ❹ aufrufen können.

Das sich nun öffnende Protokoll (siehe Abbildung 8.12) gibt Ihnen Aufschluss über die tatsächlichen Ursachen der nicht erfolgten Buchung. Jeder Vorgang muss einzeln abgearbeitet werden.

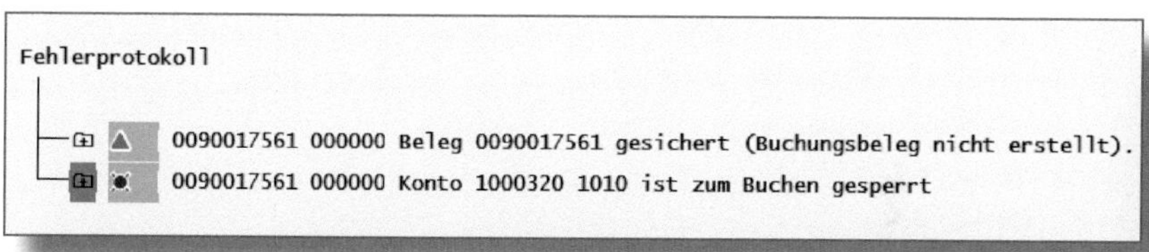

Abbildung 8.12: Fehlerprotokoll nach Freigabe Buchhaltung

Das Protokoll soll dabei helfen, Fehler zu beseitigen. So sind vielleicht Stammdaten zu ergänzen oder Anpassungen im Auftrag vorzunehmen. In diesem Fall gibt es eine Buchungssperre im Kundenstammsatz, die es zu entfernen gilt. Dazu rufen Sie die Geschäftsbeziehung auf, um dort die Sperre im Bereich FINANZBUCHHALTUNG zu löschen, siehe Abschnitt 3.1.1. Ist dies erfolgt, kann die Liste wie in Abbildung 8.11 erneut aufgerufen und die Buchung freigegeben werden.

Wie bereits eingangs erwähnt, ist die Prüfung nicht gebuchter Fakturen regelmäßig durchzuführen. Nur so kann sichergestellt werden, dass die Buchungen auf den entsprechenden Erlös-, Umsatz- und Steuerkonten auch vollzogen wurden.

8.3 Zusammenfassung

In diesem Kapitel haben Sie einen Einblick bekommen, wie sich der Vertrieb insbesondere in die Bereiche Materialwirtschaft und Finanzbuchhaltung einbindet und welche Abhängigkeiten vor allem in den Stammdaten definiert sein müssen, um eine Faktura auch in die Buchhaltung erfolgreich überleiten zu können. Wie tief die Verbindungen zwischen den Modulen sind, hängt von der Branche und den verwendeten SAP-Anwendungen ab.

Nicht nur Ihre Vertriebstätigkeiten wirken sich auf andere Module aus. Auch umgekehrt sind Effekte wahrnehmbar, etwa wenn der Lagermitarbeiter Material bucht oder der Buchhalter einen Zahlungseingang von einem Kunden zuordnet. So können Sie bei ausreichendem Bestand Ware sofort an den Kunden liefern oder bei Zahlungsverzug des Kunden auch schon mal eine Liefer- oder Auftragssperre verhängen.

9 Zusammenfassung und Ausblick

Was können Sie aus diesem Buch für Ihren Alltag im Vertrieb mitnehmen?

Zu Beginn wurde der Prozessablauf dargestellt, der in SAP als Standard definiert ist. Dieser Prozess stellt die Basis für alle weiteren, in den Unternehmen individuell einzurichtenden Abläufe, aber auch für alle anderen wie Kontrakte, Lieferpläne oder die Retourenabwicklung dar. Ich habe Ihnen gezeigt, wie ein Kundenauftrag erfasst wird und welche einzelnen Schritte notwendig sind, um diesen Auftrag bis zur Fakturierung zu bearbeiten. Nicht nur die Anlage der einzelnen Belege spielte dabei eine Rolle, auch Optionen für Änderungen wurden aufgezeigt.

Im Kapitel zu den Stammdaten ging es darum, die Voraussetzungen zu definieren, welche die Vertriebsprozesse überhaupt möglich machen. Hier haben Sie die Funktion der Geschäftsbeziehung sowie den Materialstammsatz aus Sicht des Vertriebs, die Konditionspflege und die Kunden-Material-Information kennengelernt. Sie haben außerdem erfahren, wie Angebote angelegt und in Aufträge umgewandelt werden und wie Sie mit Kontrakten in SAP arbeiten.

Welche Optionen zur Reklamationsabwicklung die SAP grundsätzlich als Standard anbietet, haben Sie in praxisnahen Beispielen gesehen und können diese nun möglicherweise in Ihrem Unternehmen umsetzen.

Informationen zur Sammelverarbeitung der Lieferungsbelege und Fakturen sollten Ihnen vor Augen führen, dass man viele Belege durchaus schnell und effizient erstellen kann.

Abschließend haben Sie einen Einblick in mögliche Auswertungen im Vertrieb erhalten und gelernt, welche Schnittstellen zur Materialwirtschaft und Finanzbuchhaltung bestehen.

Bei allen Darstellungen wurden die Prozesse sowohl mit SAP Fiori als auch in der SAP GUI abgebildet. So konnten Sie die Funktionalitäten in den verschiedenen Apps und diversen Transaktionen nachvollziehen. Die SAP legt in der Entwicklung des S/4HANA-Systems nicht nur ein hohes Tempo vor, sondern versucht, mit der Fiori-Oberfläche eine anwenderfreundliche Bedienung zu schaffen. Auch die individuellen Programmierungs- und Anpassungsoptionen von Apps sollen den Endanwendern in Unternehmen Spielraum geben, eigene Wünsche und Anforderungen schnell und ohne viel Aufwand umzusetzen.

Natürlich gibt es bei allen aktuellen Entwicklungen noch Optimierungsbedarf in den Anwendungsfunktionen. Sicher ist aber, dass SAP S/4HANA in den Unternehmen stetig an Bedeutung gewinnen wird. Daher sollten wir uns alle den neuen Herausforderungen stellen, um SAP weiterhin zu verstehen, motiviert sowie effektiv mit den Anwendungen arbeiten zu können und damit gewinnbringend an dieser Entwicklung teilzuhaben.

Wie ich eingangs erwähnt habe, lernt der Mensch sein ganzes Leben lang. Das vorliegende Buch kann hoffentlich einen kleinen Beitrag dazu leisten.

A Der Autor

Frank Bechly ist seit über 20 Jahren als freiberuflicher SAP-Trainer tätig. Seine Schwerpunkte liegen in den Bereichen Rechnungswesen (SAP FI und CO), Logistik (SAP SD) und Einkauf (SAP MM). Auch modulübergreifende und branchenbezogene Themen werden von ihm abgedeckt. Bei seiner Arbeit in Projekten fokussiert er auf das Erkennen von firmenspezifischen Abläufen und deren Umsetzung in SAP. Daraus entwickelt er mit verschiedenen Autorentools Dokumentationen und Trainings für Key-User und Endanwender. Er hält zudem Schulungen in Deutschland und der Schweiz, zum einen für die SAP, zum anderen aber auch für Direktkunden wie z. B. T-Systems.

B Index

M

O

P

R

S

T

V

W

C Disclaimer

Die in diesem Werk wiedergegebenen Gebrauchsnamen, Handelsnamen, Warenbezeichnungen usw. können auch ohne besondere Kennzeichnung Marken sein und als solche den gesetzlichen Bestimmungen unterliegen. Sämtliche in diesem Werk abgedruckten Bildschirmabzüge unterliegen dem Urheberrecht der SAP SE, Dietmar-Hopp-Allee 16, 69190 Walldorf.

In dieser Publikation wird auf Produkte der SAP SE Bezug genommen. SAP, R/3, SAP NetWeaver, Duet, PartnerEdge, ByDesign, SAP BusinessObjects Explorer, StreamWork und weitere im Text erwähnte SAP-Produkte und -Dienstleistungen sowie die entsprechenden Logos sind Marken oder eingetragene Marken der SAP SE in Deutschland und anderen Ländern. Business Objects und das Business-Objects-Logo, BusinessObjects, Crystal Reports, Crystal Decisions, Web Intelligence, Xcelsius und andere im Text erwähnte Business-Objects-Produkte und -Dienstleistungen sowie die entsprechenden Logos sind Marken oder eingetragene Marken der Business Objects Software Ltd. Business Objects ist ein Unternehmen der SAP SE. Sybase und Adaptive Server, iAnywhere, Sybase 365, SQL Anywhere und weitere im Text erwähnte Sybase-Produkte und -Dienstleistungen sowie die entsprechenden Logos sind Marken oder eingetragene Marken der Sybase Inc. Sybase ist ein Unternehmen der SAP SE. Alle anderen Namen von Produkten und Dienstleistungen sind Marken der jeweiligen Firmen. Die Angaben im Text sind unverbindlich und dienen lediglich zu Informationszwecken. Produkte können länderspezifische Unterschiede aufweisen.

Der SAP-Konzern übernimmt keinerlei Haftung oder Garantie für Fehler oder Unvollständigkeiten in dieser Publikation. Der SAP-Konzern steht lediglich für SAP-Produkte und -Dienstleistungen nach der Maßgabe ein, die in der Vereinbarung über die jeweiligen Produkte und Dienstleistungen ausdrücklich geregelt ist. Aus den in dieser Publikation enthaltenen Informationen ergibt sich keine weiterführende Haftung.

Weitere Bücher von Espresso Tutorials

Ilona Bauer:

Preisfindung und Konditionstechniken in SAP S/4HANA® – 2., erweiterte Auflage

- Grundlagen der Preisfindung in SAP S/4HANA
- Konditionstechniken in der Preisfindung
- Umsetzung eigener Preisfindungsstrategien
- Konditionskontraktabrechnung

http://5362.espresso-tutorials.de

Jörg Weißmann:

Praxishandbuch Vertrieb (SD) in SAP S/4HANA®

- SAP HANA, S/4HANA, Fiori kurz und knapp erklärt
- Praxisbeispiel vom Auftrag zur Faktura
- Organisation und Stammdaten
- Fehleranalyse in den verschiedenen Phasen des Vertriebsprozesses

http://5370.espresso-tutorials.de

Robin Schneider:

Praxishandbuch SAP® CVI (Customer-Vendor-Integration)

- Funktionen, Einrichtung und Arbeitsweise der CVI
- Kunden-/Lieferantenintegration in den zentralen Geschäftspartner
- Vergleich der Prozesse beim Brownfield- und Greenfield-Ansatz
- Arbeiten mit dem Synchronisationscockpit

http://5419.espresso-tutorials.de

Paul-Werner Neiss:

Schnelleinstieg in SAP S/4HANA® EAM – Anlagenmanagement

- Minimierung des Ausfallrisikos mittels geplanter Instandhaltung
- Schadenbeseitigung durch ausfallbedingte Instandhaltung
- Darstellung von Stammdaten und Prozessen der Instandhaltung in Fiori-Apps

http://5423.espresso-tutorials.de

Robin Schneider:

Praxishandbuch SAP®-Geschäftspartner (Business Partner) – Funktionen und Integration in SAP® S/4HANA (2., erweiterte Auflage)

- Das Geschäftspartnerkonzept der SAP
- Integration des SAP-Geschäftspartners in SAP ERP und SAP S/4HANA
- Synchronisation von Geschäftspartnern und Customer Vendor Integration (CVI)
- Überblick zu Einstellungen im Customizing und in der Stammdatenpflege

http://5468.espresso-tutorials.de

Simone Bär, Andreas Wunsch:

Abrechnungsmanagement in SAP S/4HANA® – Konditionskontraktabrechnung (2., eweiterte Auflage)

- Kundenbonus, Lieferantenbonus, Provisionsabrechnungen
- Sämtliche Abrechnungsszenarien in einem Modul
- Beispielprozess „Verkaufsprovision für Handelsvertreter“
- 2. Auflage mit neuen Funktionalitäten im Release 1909

http://5557.espresso-tutorials.de